河网地区城镇水环境综合整治技术与工程应用

李广贺　贾海峰　张　旭　刘建国　邹卫国　操家顺
沈耀良　陈　嫣　张占恩　等著

中国建筑工业出版社

图书在版编目（CIP）数据

河网地区城镇水环境综合整治技术与工程应用/李广贺等著. —
北京：中国建筑工业出版社，2019.12
ISBN 978-7-112-24173-6

Ⅰ.①河…　Ⅱ.①李…　Ⅲ.①城市环境-水环境-环境综合整治-
研究-中国　Ⅳ.①X143

中国版本图书馆 CIP 数据核字(2019)第 195524 号

本书在国家重大水专项"水乡城镇水环境整治技术研究与综合示范"课题支持下，以我国典型平原河网城镇——甪直镇为对象，详细剖析了河网地区城镇其社会经济、水系统结构与水动力状况污废水收集和处理、河流水质时空变化、水系生态景观等特征，总结了平原河网城镇水环境问题，提出了污水收集与管网优化运行、污废水协同处理、尾水深度处理、固体废弃物协同资源化、降雨径流污染控制、水系水动力调控和复合控制等水环境综合整治的技术体系，通过工程体系构建与技术应用，系统评估了技术效果与工程运行状况，为平原河网城镇水环境治理提供重要的技术与工程支撑。

本书可供给排水科学与工程、环境工程专业的科研人员和工程技术人员，及政府管理部门人员参考使用。

责任编辑：王美玲
责任设计：李志立
责任校对：党　蕾

河网地区城镇水环境
综合整治技术与工程应用

李广贺　贾海峰　张　旭　刘建国　邹卫国　操家顺
沈耀良　陈　嫣　张占恩　等著

*

中国建筑工业出版社出版、发行（北京海淀三里河路 9 号）

各地新华书店、建筑书店经销

北京科地亚盟排版公司制版

北京富生印刷厂印刷

*

开本：787×1092 毫米　1/16　印张：20¼　字数：504 千字
2020 年 4 月第一版　　2020 年 4 月第一次印刷
定价：**70.00** 元
ISBN 978-7-112-24173-6
(34589)

前　言

我国河网地区城镇多年来的经济快速发展，造成水环境基础设施建设相对滞后。同时，由于独特的自然地理和社会经济特征，存在水环境容量有限、自净能力差、污染严重等突出问题，显著影响社会经济的可持续发展和水环境安全水平。基于此，在国家重大水专项"水乡城镇水环境整治技术研究与综合示范"（2008ZX07313-006）课题支持下，以我国典型河网地区城镇——甪直镇为对象，详细剖析了河网地区城镇其社会经济、水系统结构与水动力状况、污废水产生收集和处理、河流水质时空变化、水系生态景观等特征，总结了河网地区城镇水环境问题，提出了污水收集与管网优化运行、污废水协同处理、尾水深度处理、固体废弃物协同资源化、降雨径流污染控制、水系水动力调控和复合控制等水环境综合整治的技术体系，通过工程体系构建与技术应用，系统评估了技术效果与工程运行状况，为河网地区城镇水环境治理提供重要的技术与工程支撑。

全书共分11章。第1章全面论述城镇社会、经济与水环境基本状态；第2章系统介绍河网地区典型城镇水系与水环境特征；第3章阐述城镇水环境整治环境要素与关键技术；第4章论述了水系水动力调控与多级复合水质改善模式；第5～9章分别介绍了污水收集与管网优化运行、污废水协同处理、尾水深度处理、降雨径流污染控制、固体废弃物协同资源化；第10章论述了水环境综合整治工程体系与运行效果分析；第11章系统总结环太湖河网地区典型城镇水环境综合整治技术与应用成效，提出多层次多要素强化污染复合削减与污染防控技术措施的实施。

在写作过程中，为本书提供素材的人员（排名不分先后）包括：孙朝霞、张玉虎、杨聪、董倩倩、刘通、蓝梅、魏琼琼、徐振华、李延吉、宋敏英、姜磊娜、周思佳、徐祥、谈旭辉、方前途等。书中还引用了不少专家学者的研究成果，在此一并表示衷心感谢！

本书所构建的具有指导性和普适性的河网地区城镇水环境综合整治技术与工程体系，为制定有效的城镇水环境治理措施和决策奠定技术与工程基础。

本书可为环境科学与工程、市政工程、环境管理等专业的教学参考书，也可供相关工程技术和管理人员参考。

著　者

2019 年 7 月

目　　录

1　城镇社会、经济与水环境基本状态 ………………………………………… 1
　1.1　城镇社会经济特征 ………………………………………………………… 1
　1.2　产业结构与污染源特征 …………………………………………………… 2
　1.3　河网地区城镇水系与水环境概况 ………………………………………… 3
　1.4　城镇水环境质量概况 ……………………………………………………… 4
　1.5　河网地区城镇水环境整治需求分析 ……………………………………… 5
2　太湖流域典型河网地区城镇水系与水环境特征 …………………………… 8
　2.1　甪直镇社会经济发展特征 ………………………………………………… 8
　2.2　城镇水系结构及水系水动力特征 ………………………………………… 9
　2.3　城镇水环境质量特征 ……………………………………………………… 14
　2.4　城镇水系生态环境特征 …………………………………………………… 16
3　城镇水环境整治环境要素与关键技术 ……………………………………… 19
　3.1　城镇水环境影响要素分析 ………………………………………………… 19
　3.2　河网地区城镇水环境问题识别 …………………………………………… 26
　3.3　城镇水环境整治技术集成模式 …………………………………………… 27
4　水系水动力调控与多级复合水质改善模式 ………………………………… 29
　4.1　河网城镇水系演变 ………………………………………………………… 29
　4.2　河网水质变化的多元统计分析 …………………………………………… 31
　4.3　河网水动力和水质模型建立 ……………………………………………… 34
　4.4　河网水系水动力调控与污染控制 ………………………………………… 44
　4.5　水系水质改善多级复合模式 ……………………………………………… 48
5　河网城镇污水收集与管网运行优化技术 …………………………………… 54
　5.1　国内外污水收集技术研究 ………………………………………………… 54
　5.2　人口密集城镇区水封式负压收集技术 …………………………………… 58
　5.3　室外负压抽吸收集技术试验 ……………………………………………… 66
　5.4　收集系统的运行控制模式 ………………………………………………… 74
　5.5　与传统重力排水系统的比较分析 ………………………………………… 76
6　河网城镇污废水协同处理技术 ……………………………………………… 79
　6.1　城镇污废水的预处理 ……………………………………………………… 79
　6.2　强化生物处理关键技术与工艺优化 ……………………………………… 91
　6.3　城镇污废水协同处理工艺 ………………………………………………… 96
7　城镇污废水处理厂尾水深度处理集成技术 ………………………………… 113
　7.1　尾水再生利用工艺分析与试验系统 ……………………………………… 113

7.2 单一模块试验研究 ……………………………………………… 117

7.3 组合工艺试验研究 ……………………………………………… 133

7.4 污染物去除机理分析 …………………………………………… 140

8 城镇降雨径流污染控制分离技术 …………………………… 146

8.1 城市降雨径流水质河道净化技术分类 ………………………… 146

8.2 城镇降雨径流水质特征分析 …………………………………… 147

8.3 超滤系统构建与工艺流程 ……………………………………… 149

8.4 超滤系统运行效果分析 ………………………………………… 151

8.5 超滤系统影响因素分析 ………………………………………… 158

9 城镇固体废物协同资源化技术与工艺研究 ……………… 164

9.1 城镇固体废物协同资源化的物质流模式 ……………………… 164

9.2 固体废物高温烧结制备陶粒技术 ……………………………… 165

9.3 高热值垃圾与工业边角料制备衍生燃料（RDF） ……………… 180

9.4 生物质水解供碳 ………………………………………………… 190

10 水环境综合整治工程体系与运行效果分析 …………… 205

10.1 综合整治技术集成与工程布局 ………………………………… 205

10.2 敏感密集区污水收集工程 ……………………………………… 206

10.3 污废水协同处理与升级改造工程 ……………………………… 215

10.4 污水处理尾水再生利用工程 …………………………………… 226

10.5 城镇固体废弃物协同资源化利用工程 ………………………… 234

10.6 径流污染控制、水动力调控与生态系统恢复 ………………… 264

10.7 城镇水环境改善综合效果评价 ………………………………… 298

11 结语与展望 ………………………………………………… 301

11.1 结语 …………………………………………………………… 301

11.2 展望与致谢 …………………………………………………… 302

参考文献 ……………………………………………………………… 304

1 城镇社会、经济与水环境基本状态

1.1 城镇社会经济特征

城镇通常规模较小，人口少于 20 万的小型城镇，是连接城市与乡村的纽带。城镇作为区域社会经济中心，功能齐全、生活便利，对于区域内的乡镇、村庄具有一定的辐射作用。长江三角洲和珠江三角洲地区是中国经济最为发达的区域之一，河网地区城镇化水平较高，数量众多，社会经济繁荣，历史文化底蕴深厚，属于我国具有代表性与典型性性的现代城镇类型。长三角和珠三角地区主要省市 2012 年底乡镇级区划数量分布情况见表 1.1。不同类型的乡镇级区划数量占总的乡镇级区划数量百分比如图 1.1 所示。

长三角和珠三角地区主要省份乡镇级区划数量（2012 年）　　　表 1.1

区划名称	镇	乡级	街道办事处	乡镇级区划总数
上海市	108	2	98	208
江苏省	836	96	349	1281
浙江省	650	279	412	1341
广东省	1131	11	444	1586
全国	19881	13281	7282	40446

分析表 1.1 及图 1.1 中数据可知，截至 2012 年底，我国长三角地区和珠三角地区的乡镇级区划中"乡"所占比例很少，远低于全国平均水平，尤其是上海市和广东省，而镇级则占有较大比例。

随着我国经济的迅速发展，长三角平原河网地区人口也迅速地膨胀，城镇人口迅速密集，新的居住区和商业区不断发展，城镇规模不断增大，工业企业数量也持续增加。表 1.2 为 2012 年长江三角洲平原区域人口总量及密度情况，由表可知，长江三角洲区域人口密集，2012 年该区域的城镇人口总量占全国人口总量不到 15%，但人口密度是全国人口密度的 14.31 倍。

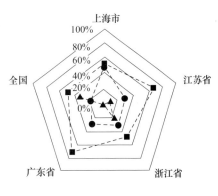

图 1.1　主要省份不同乡镇级区划数量
与全国平均水平比较（2012 年）

长江三角洲平原区域人口总量及密度（2012 年）　　　　表 1.2

指标（万人）	长江三角洲平原区域				全国	长三角地区占全国的比例	长三角密度与全国平均水平之比
	上海市	江苏省	浙江省	合计			
年末常住人口	2380	7920	5477	15777	135404	11.65%	11.22
城镇人口	2126	4990	3461	10577	71182	14.86%	14.31
乡村人口	255	2930	2016	5201	64222	8.10%	7.80

长江三角洲地区经济发达，从表 1.3 数据可知，2012 年生产总值占全国生产总值的 20.96%，人均生产总值是全国人均生产总值的 1.80 倍。

长江三角洲平原区域生产总值及人均生产总值（2012 年）　　　　表 1.3

指标	长江三角洲平原区域				全国	长三角/全国
	上海市	江苏省	浙江省	合计		
生产总值（万亿元）	2.02	5.41	3.47	10.89	51.95	20.96%
人均生产总值（万元/人）	8.54	6.83	6.33	6.92	3.85	1.80

长江三角洲河网地区虽然水资源总量充沛，但由于人口密度大，人均水资源量有限。表 1.4 为 2012 年长江三角洲平原区域水资源总量和人均水资源量与全国相比情况。可以看出，虽然长江三角洲平原河网区土地面积仅为全国约 1%，水资源总量占到全国的约 6%，水资源总量充足，但是由于人口密集，人均水资源量仅为全国约 0.54。

2012 年长江三角洲平原区水资源总量及人均水资源量与全国相比情况　　　　表 1.4

指标	长江三角洲平原区域				全国	长三角/全国
	上海市	江苏省	浙江省	合计		
水资源总量（亿 m^3）	33.9	373.33	1444.79	1852.02	29526.88	6.27%
人均水资源量（m^3/人）	143.4	472.01	2641.29	1176.38	2186.05	0.54

综上所述，长三角地区城镇社会、经济表现出高水平发展态势，势必面临巨大的水环境保护压力和重大的污染防治需求。

1.2　产业结构与污染源特征

随着社会经济的发展，长江三角洲的三个主要省市上海、江苏、浙江的废水排放量变化如图 1.2 所示。从图中可以看出，2003 年～2012 年十年间，其废水排放量基本呈增加趋势。

浙江省生活废水的排放量在 2006 年至 2012 年间均呈现增长趋势。集中式的污水处理设施的污水排放量相对于废水排放总量来说，仅占 0.1% 左右，如图 1.3 所示。

太湖流域作为典型的河网地区，太湖流域城镇水资源总量充沛，城镇居民区大多沿河而建，集聚程度高，城镇的工业废水和生活污水排放量不断增加，使得太湖流域城镇产生的工业废水和生活污水容易直接排放进入河网水系，从而造成水体污染。

对于太湖流域城镇污废水的处理，由于污染物组成复杂，各污染成分的浓度较低，加

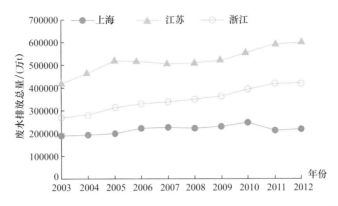

图 1.2 长江三角洲的上海、江苏、浙江三省市 2003 年～2012 年废水排放情况

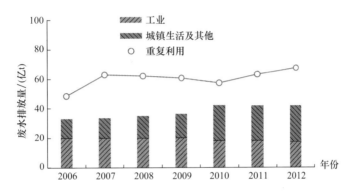

图 1.3 浙江省 2006 年～2012 年各类废水排放及重复利用情况

之区域雨水对污水的稀释作用，使得污染物浓度更加降低，波动性增大，难以选择正确合理的处理工艺和污染物去除方案，以保证污水处理设施的正常运转。

1.3 河网地区城镇水系与水环境概况

河网地区主要是指地势平坦、水系密布的区域，主要分布在东部的长三角和珠三角地区，河网密度（单位面积内河道总长度）在 2.0km/km² 以上。此外，长江、淮河中下游、黄河、海河下游等平原区内的河网密集区，也常被称为中国河网地区。

河网地区城镇的水系结构随着土地利用的变化而变化。在自然因素和人为因素的双重影响下，河网地区城镇的水系结构复杂多变，目前还没有对于河网地区水系结构分类的共识。国内对于河网水系结构的研究中，有研究将其分为干流型网状结构、井字型网状结构、近自然型网状结构等。

我国的河网地区一般流域宽阔，有足够的空间供河流分汊及横向扩展。因此，我国河网体系一般规模较大，分汊系数较高，并有大面积的泛滥平原和河间湿地。河道的坡降很小，一般小于 10cm/km。我国的河网地区河道的稳定性较高，且由于地处人口密集区域，河网地区河道修建有大量闸坝等构筑物，使得河道变得更为稳定，受人为因素影响明显。

河网地区城镇人口集中，湖泊密布，河网发达，水量充沛。湖泊、河流、湿地、池塘等是这些区域中典型的水体形态，自然水面率普遍达到10%以上。由于河网地区的河道坡降不明显，河网曲折交错，造成水流平缓、流向多变、流态复杂、水动力学条件差。随着大量河道被裁弯取直，河道人工化和硬质化现象明显，自然生态系统遭到破坏，生态系统退化，导致水体自净能力下降。

随着河网地区城镇的工业企业大量增加、人口迅速膨胀、城镇规模快速扩大，污染负荷显著增加。由于总体规划不够完善，工业产业布局不够合理，使得城镇的工业废水产生量在总量不断增大的同时，存在着成分在空间和时间上复杂多变等问题。此外，河网地区城镇还存在着古镇区基础设施建设薄弱等问题，导致了大量工业废水和生活污水直接排放进入河网，致使水环境质量日益恶化。同时，城镇的降雨径流污染控制与管理设施缺乏，陆地缓冲空间有限，导致面源污染物进入河网。

由于上述问题的存在，造成城镇水体富营养化。近年来，随着河网地区城镇水体污染严重，河水发黑发臭等水环境问题的日益显现，严重影响了人们的生活质量，危害人们的身体健康。为解决上述问题，需要对河网地区城镇的水环境进行综合整治，减少污染物的排放，改善其河网水动力条件和水环境质量状况，逐步重建并恢复城镇水生态系统。

1.4 城镇水环境质量概况

河网地区城镇河网纵横交错，居民依水而居。这一特征使得居民在充分利用河水的同时，为污染物直接进入水体进而造成污染物扩散、形成水体污染提供了有利条件。河网地区城镇虽然水资源总量充足，但随着水环境污染的加剧，依然面临着水质型缺水的问题。

河网地区水环境污染较为严重，河流富营养化现象普遍，尤其是太湖流域。引起社会巨大关注的2008年太湖蓝藻暴发事件，造成无锡市饮用水污染，即是由于太湖流域的严重富营养化污染引起的。以太湖流域的东南诸河为例，太湖流域东南诸河的二级水功能分区及河流水质目标的基本情况见表1.5。

太湖流域东南诸河基本情况 表1.5

序号	二级水功能区名称	河流	监测断面（点）	代表河长（km）	水质目标
1	新安江屯溪景观娱乐用水区	新安江	屯溪新安江大桥	13.4	Ⅱ～Ⅲ
2	率水屯溪饮用水源区	率水	屯溪率水大桥	2.5	Ⅱ
3	横江屯溪饮用水源区	横江	屯溪横江大桥	2	Ⅱ～Ⅲ
4	衢江衢州市城市景观娱乐、工业用水区	衢江	衢州	13	Ⅱ～Ⅲ
5	金华江金华城市景观娱乐、饮用水源区	金华江	金华	6	Ⅱ～Ⅲ
6	富春江桐庐景观娱乐、工业用水区	富春江	桐庐	6	Ⅱ～Ⅲ
7	钱塘江杭州饮用、城市景观娱乐用水区	钱塘江	闸口	8	Ⅱ
8	曹娥江嵊州市农业、工业用水区	曹娥江	花山	12	Ⅲ
9	慈江余姚农业、工业用水区	姚江	丈亭	30	Ⅲ～Ⅳ
10	剡江奉化饮用水源区、景观娱乐用水区	奉化江	溪口	14.4	Ⅱ
11	灵江临海农业、工业用水区	椒江	临海大桥	7.7	Ⅲ
12	灵江临海农业、工业用水区	椒江	西江二桥	36	Ⅲ

序号	二级水功能区名称	河流	监测断面（点）	代表河长（km）	水质目标
13	瓯江瓯海区鹿城区农业、工业用水区	瓯江	圩仁	25	Ⅲ
14	沙溪三明工业用水区	闽江	三明碧口	9.5	Ⅲ
15	闽江延平区景观娱乐用水区	闽江	南平塔下	5.8	Ⅲ
16	闽江北港福州市区过渡区	闽江	福州解放大桥	5.9	Ⅱ～Ⅲ
17	晋江泉州饮用水源区	晋江	泉州石垄	7	Ⅱ
18	北溪漳州、厦门饮用水源区	九龙江	漳州江东	70	Ⅲ

2012 年全年太湖流域东南诸河二级功能区内河流水质的月达标情况如图 1.4 所示，由图可知，2012 年河流整体达标率在 70％左右。图 1.5 为 2012 年太湖流域二级功能区内东南诸河未达标时超标水质指标统计情况，由图中数据可知，2012 年 1 月～12 月，其中因 N、P 元素超标的次数达 51 次，占到总超标次数的 72.9％。表明太湖流域河流富营养化污染问题需要引起高度关注。

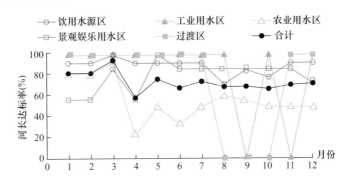

图 1.4　2012 年太湖流域二级功能区东南诸河水质月河长达标率

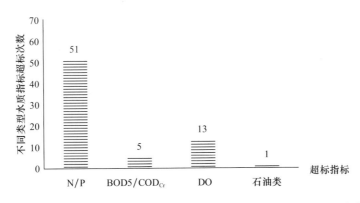

图 1.5　2012 年太湖流域二级功能区内东南诸河不同类型水质指标超标次数统计

1.5　河网地区城镇水环境整治需求分析

基于河网地区城镇普遍存在生活、工业污染负荷产生量大和成分复杂、水环境自净能力差，尤其是叠加城镇污水收集与处理、城镇固体废弃物收集与资源化、降雨径流控制程度低、水环境基础设施建设相对滞后等问题，造成了平原河网城镇水环境的恶化，影响了当地社会的可持续发展。

（1）产业污染负荷大、成分复杂，污水处理难度大

我国河网地区城镇社会经济发达，人口密度大，工业企业数量多。城镇的污染负荷污染源增加速率快，新增的污染量比较大。且城镇内民居稠密，工业产业结构不合理，存在工业企业与居住区混布的情况，工业和生活污染严重，污染物成分复杂多变，属于复合型污染。传统的生活污水处理技术对该类污水的处理难度大，需要进行有针对性的污水处理技术研发。

（2）污水收集基础设施滞后，污水收集系统建设难度大

我国城镇的污水管网系统覆盖率较低，排水管网建设滞后。现有的城镇排水体制一般为雨污合流体制，且部分雨污合流管直接就近排放进入河网，导致河流水体污染严重。近年来，河网地区城镇的很多新建区在推行排水系统的雨污分流体制，部分城镇在进行雨污水的分流制改造。但由于城市整体污水收集系统建设的滞后性，污水收集系统还仍存在很多问题，包括由于区域排水系统的不完善造成很多分流制的小区污水无法接入污水管道，只能排入临时的雨水管道或直接排入河道；合流制排水系统进行分流制改造难度大；在人口和建筑密集区，传统重力排水系统建设困难等。

因此，对于河网地区城镇水环境整治，污水收集和处理是重点，需要因地制宜地研发各种污水收集技术，结合当地的实际情况，通过建设有效的污水收集和处理基础设施，全面提升城镇综合污水处理率，减轻对水环境的影响。

（3）城镇降雨径流污染控制不容忽视

我国水污染控制多集中于点源的污染控制，对于降雨径流非点源污染的控制不够，多属于研究和技术示范阶段。然而在城镇地区，降雨径流污染对水环境的影响越来越大。在城市降雨径流污染方面，美国129种水体重点污染物中，约有一半在城市降雨径流中出现；我国北京和上海城区降雨径流污染占城市水体污染负荷的比例分别约为12％和20％。

我国城镇层面的降雨径流污染控制处于缺失状态。河网地区的城镇，其降雨量充足，河网水系发达，降雨径流污染易直接进入河网水系，再加上城镇固体废弃物的无组织排放，更进一步加重了城镇降雨径流的污染负荷。因此经由降雨径流进入水体的污染负荷是水体污染负荷来源的重要组成部分，应当引起充分重视，开展城镇降雨径流控制技术研究和工程应用。

（4）固体垃圾收集和处理系统不完善

我国小城镇的生活垃圾处理设施建设普遍滞后。河网地区城镇虽然经济较为发达，但在这些基础设施建设方面同样与城市差距较大，垃圾收集和处理系统不够完善，固体垃圾的乱丢乱弃现象较为严重。并且由于河网地区的城镇很多住宅都临近河道，导致固体垃圾乱丢进入河道现象严重。

大部分发达国家固体垃圾分类收集处理系统十分完善。美国要求居民把可回收的生活固体垃圾进行分类投放，并根据需要在居住区安放垃圾分类收集装置，主要分为铝制品、玻璃制品、报纸书籍、包装箱盒类、塑料制品与废旧电池六大类收集装置。普通居民家庭通常会在家里保留一个纸箱或类似的容器用来盛放这类垃圾，并不定期地一次性分类投放到最近的垃圾分类收集点，然后由专人负责定期清理这些分类收集装置。而我国城镇中垃圾分类的回收装置还比较少见，垃圾分类收集的监察管理体制也不够完善。因此针对我国河网城镇的固体废弃物的现状，有必要从水环境综合整治角度，着眼于循环经济和低碳生活的建设，开展其安全处置和资源化技术的研究和示范。

（5）城镇河道人工化严重，生态系统退化，自净能力差

随着社会经济的迅速发展，尤其是工业的迅速发展和城镇化的加快，人们基于排涝泄洪、水土保持、航运功能、水质改善、环境保护、生态恢复等各方面的要求，对河流的整治一直在进行中。最初的河流整治主要是着眼于排涝泄洪、水土保持和航运功能要求而进行的河道疏浚和护岸建设，由此导致河道渠化、河道断面形式单一、走向笔直、河道护坡结构也比较坚硬，城镇河道水系表现尤为明显。而这种人工化改造对维持水体自然生态系统的健康和水体自然净化能力、营造多样的自然生态景观以及维持人与水和谐发展等方面都产生了较大的影响。再加上工业废水和生活污水等污染负荷的过量排放，使城镇河道水质污染、生态系统退化严重。

在我国河网地区城镇，由于镇区民居稠密、道路狭窄、多具有众多文化底蕴深厚的古老建筑，河网与建筑交错布局，使得城镇普遍难以承受大规模施工扰动；河网密布但大多河道狭窄，污水排放点多且分散；河道生态系统单一、生态退化严重；河网水系与当地居民的日常生活息息相关，一些河湖是居民休闲娱乐的重要场所。由此，针对具有深厚历史文化底蕴的城镇水环境整治过程中，水环境治理、生态环境修复、水文化保护协调与统一显得十分重要，需要创新水环境综合整治的新思路，开拓新的技术路线与技术方法。

2 太湖流域典型河网地区城镇水系与水环境特征

太湖流域城镇水环境与其社会经济发展情况、河网水系结构、污染负荷特征、水景观文化等密切相关。江苏省苏州市甪直镇作为非常典型太湖流域河网地区城镇，其水环境特征及其水环境整治的问题和需求具有代表性，反映了河网地区城镇水环境问题及其整治的共性问题。因此本章将在对河网城镇水环境特征宏观分析的基础上，以太湖流域甪直镇为典型区，分析社会经济和城镇发展特征、水系结构和水动力特征、污水产生收集和处理系统特征、河流水环境质量特征、以及水系生态景观特征。

2.1 甪直镇社会经济发展特征

甪直古名甫里，是太湖流域保存十分完好的水乡古镇，有"神州水乡第一镇"的美誉，地处江苏省苏州市吴中区的东部，如图 2.1 所示。东与昆山市相邻，北枕吴淞江，南

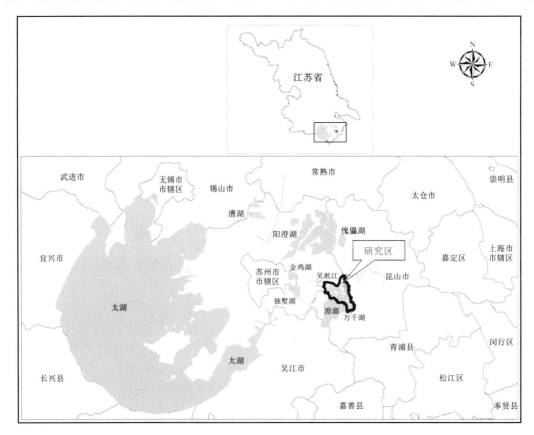

图 2.1　苏州甪直镇区位图

抱金澄湖,西连吴中区车坊镇,西距苏州 18km,东距上海 58km,苏州工业园与之一桥相连,苏沪机场路、环城高速公路、苏昆太高速公路、东方大道穿镇而过。用直镇镇辖 10 个行政村和 1 个古镇保护区,总面积 49.4km²。

用直镇是包括古镇区、别墅区、度假区、工业区四个不同功能区的现代化开放型城镇。自 20 世纪 80 年代后期,随着长江三角洲地区经济的快速发展,用直经济也进入了快速发展的轨道。1990 年,用直镇国民生产总值达 8609 万元,乡镇工业总产值达到 1.48 亿元。自 1995 年以后,用直国内生产总值的年增长率保持 15% 以上,2002 年国内生产总值 16.37 亿元,2007 年用直国内生产总值达到 47.67 亿元,如图 2.2 所示。

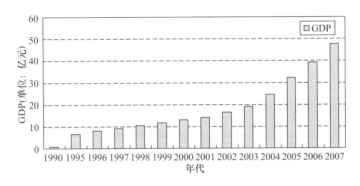

图 2.2 1990 年~2007 年用直镇国内生产总值(GDP)(单位:亿元)

第二产业以外向型为主,规模以上企业中绝大多数都是外商投资企业。工业化的发展吸纳了大量外来务工人员,主要集中于制造业与餐饮服务业,外来人口自 2001 年以来递增较快,每年以 50% 速度增长。随着用直经济的快速发展,人口的增多,新的居住与商业区域不断产生,镇区面积由 2001 年的 609 公顷扩展到目前的 709 公顷,企业数量越来越多,2000 年用直拥有工业企业 189 个,截至 2007 年底,用直工业企业有 606 个,工业企业从业人数 59117 人。

用直作为苏州的旅游重镇,历史悠久,文化底蕴深厚,名胜古迹众多,是国务院颁布的太湖风景区的主要景点之一。1961 年古镇区保圣寺的罗汉塑像被列入首批全国重点文物保护单位。2001 年古镇被联合国教科文组织列入文化遗产预备清单,同年被国家旅游局评定为 AAAA 级旅游景区。2003 年又被建设部和文物局命名为"中国十大历史文化名镇"之一。

2.2 城镇水系结构及水系水动力特征

2.2.1 城镇水系结构与水动力特征概况

用直镇属于典型的河网地区城镇的水系特征。湖、荡、潭、池星罗棋布,纵横交错,吴淞江是用直补水之源,澄湖是用直蓄水池,甫里塘、清小江、用直塘、南塘江是活水走廊,如图 2.3 所示。全镇内河道现有 188 条,水网稠密,水系复杂,是较为典型的水网地区。镇级河道 9 条，长 34.47km，镇级河道河面宽窄不一，流域较广，是整个甪直镇的水系骨干，特别是清小江、甪直塘两条骨干河流，全长 14.40km，涉及 13 个自然村。

图 2.3　甪直镇水系分布图

全镇水系的流向基本上以"从西向东、从北到南"为主流线。以吴淞江为主要补水源头，经过三条主要镇级河道（甪直塘、清小江、甫里塘）流入镇内各条支河。据资料详查，甪直历史上旧有大小长短不一河道 450 多条，水面积近 13.34km²，1992 年水面面积 7.4km²，387 条河流。2004 年镇区内有大小河道 200 多条，总长达 130km，2007 年统计共有 188 条河道，总长 170km，全镇水域面积 4.61km²，占全镇总面积得 10%。总体上水系河道条数与水域面积呈减少趋势，如图 2.4 所示。

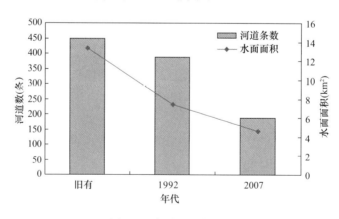

图 2.4　水系历时变化图

甪直古镇区内主要河流有 4 条，分别为西汇河、中市河、马公河和西市河，相互贯通，贯穿整个甪直古镇区。西汇河是"江南水乡第一镇"的中心旅游河道，全长 0.3km，连通中市河，河面宽为 4.8m，河底宽为 3m，高为 1.7m，平水期水深 1.0m 左右，平均流速为 0.03m/s，甫里塘与洋泾港是古镇区的主要来水源，图 2.5 中箭头代表水流方向。从水动力条件上,古镇区河流比降偏小、流速缓慢。其中地园浜、金巷浜、思安浜、云家娄、眠牛泾浜、石家湾为断头浜或断头河,存在水流滞留现象,为水流滞留区(图2.5所示椭圆形区域)。通过调查甪直研究区水系结构与连通性情况如图2.6所示,水系河道共有7处处于阻塞(半阻塞)状态,圆符号是实地现场调查时发现的阻断水处。

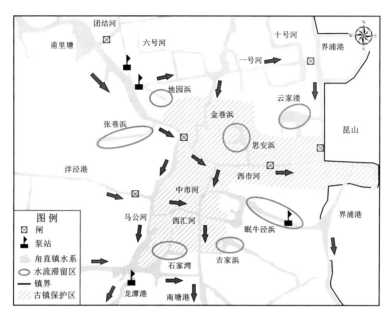

图2.5 水系水流方向示意图

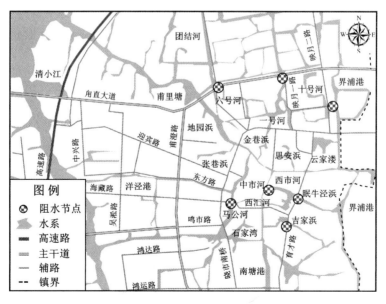

图2.6 水系阻断处分布图

甪直镇的河道人工化改造严重,分布着大量的闸坝和泵站。据统计,闸坝共计55座,含有泵站的闸共计14座,调控甪直镇水系水动力状态,其布局图2.7所示。

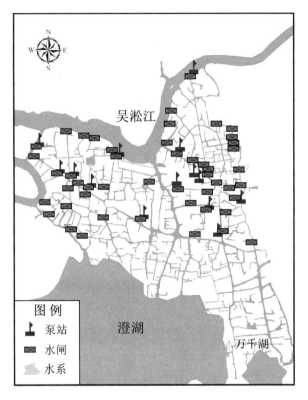

图 2.7　甪直水系闸、泵位置图

2.2.2　城镇河道水文、水动力特征分析

甪直镇地表水水位受太湖水位影响较大。上游太湖来水经吴淞江，其中部分水沿吴淞江继续向东经过昆山市，最终进入上海黄浦江系。由于该镇所处的地势较平缓，故水流流速较慢。全镇水系的流向基本上以"从西向东、从北到南"为主流线。以吴淞江为主要补水源头，经过三条主要镇级河道（甪直塘、清小江、甫里塘）流入镇内各条支河。甫里塘、清小江是甪直古镇保护区水系的上游来水源，清小江通过洋泾港流向古镇保护区。

甪直河流流速普遍较低，平均流速处于 0.01～0.11m/s 之间，如图 2.8、图 2.9 所示。平均流速值较大的河道是西市河西端、洋泾港西端，流速最慢的河道是 6 号洋泾港东。各监测断面平均流量实测值为 0.04～4.06m³/s，平均流量较大的河道为甫里塘入口、清小江入口，平均流量值小的是团结河与西汇河（古镇中心河道）。

水文监测结果表明，甪直河网各水文监测点所在河道的流态变化主要表现为流速和流量大小波动，没有明显的流向改变。从水文监测数据看，74.8% 的河流断面平均流速监测值小于 0.05m/s，流动缓慢。众多河道中，流速长期较快的仅有甫里塘、西市河和中市河。由于甪直河网不同河道断面尺寸差异较大，断面平均流速和流量没有表现出简单的大小对应关系。流量监测结果也存在较大的空间差异，最大可达 14.6m³/s，最小接近零。其中流量较大的主要是外围主干河道，其他支流河道流速基本都小于 1.0m³/s，断头浜基本上为滞流状态。

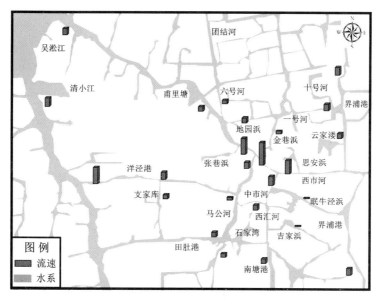

图 2.8 水系断面流速平均值

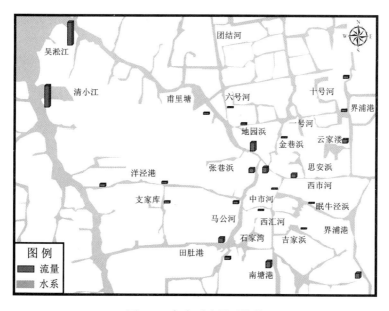

图 2.9 各水系流量平均值

用直河网上游主要来水河道为清小江、甫里塘和界浦港；下游主要去向为龙潭港、南塘港和界浦港 3 条河道。作为河水主要来源的 3 条河，清小江和甫里塘平均流量较大，分别约为 14.6m³/s、4.1m³/s；界浦港平均流量较小，约为 0.3m³/s。清小江和界浦港属于过境河流。清小江的部分河水经洋泾港和田肚港进入城镇，平均流量之和约为 1.1m³/s。因此，用直镇河网河水的主要来源是甫里塘，其次是清小江，小部分来自界浦港。

根据用直水利站水位自动监测记录资料显示，河水水位在 2.62～3.58m 之内；水位最高期处于 7～9 月，如图 2.10 所示。监测断面平均流速处于 0.01～0.11m/s，平均流量 0.04～4.06m³/s，洋泾港西、支家库流速分别为 0.01m/s、0.02m/s。8 月份流速、流量

13

低于其他月份。

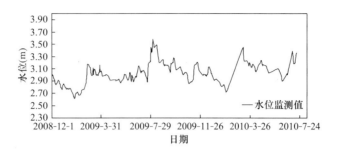

图 2.10　角直镇水位监测值

　　总体上，角直地处江南河网地区，地势平缓坡降不明显，建成区多为人工渠化河道，周边村庄河道保留着自然河道的形态结构，其河网密布交织，水流平缓，水动力条件差，河道曲折交错流态复杂。受下游水位顶托以及风向影响，部分时段河道表面水流向呈现反向流。

　　角直镇域河网流向基本上以"从西向东、从北到南"为主，吴淞江是外来水源，澄湖是蓄水池，由于该地主导风向为"东南"风向，次主导风向为"西北"风向，又属于感潮河网地区，水系流向有时呈现反向往复流。

2.3　城镇水环境质量特征

　　为了从时空分布上解析角直镇的水环境质量特征，基于前期调查，设置了水文水质同步监测断面，包括38个监测断面，其中22个为常规性监测断面D1~D22，基本覆盖了角直研究区上、中、下游的典型河道，还有16个为断头浜、辅助监测断面。监测频率每隔2个月监测一次，监测时间为2008年12月~2010年12月。

　　基于监测结果，角直河网水质较差，Ⅴ类和劣Ⅴ类水质状态所占比例如图2.11所示。主要污染物类型为可生物降解物质（BOD$_5$）和含磷物质（TP）。此外，四个主要水质指标的数值范围及其对应的水质类别范围均很广，可见角直河网水质存在较大时空变化。

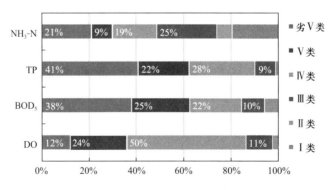

图 2.11　角直河网水质监测结果—水质类别情况

选择前 5 次（时间跨度大致为一年）监测数据来分析甪直河网水质的季节变化规律。图 2.12 所示为甪直河网水质监测数据中 DO、BOD_5、TP 和 $NH_3\text{-}N$ 四个指标随时间的变化情况。

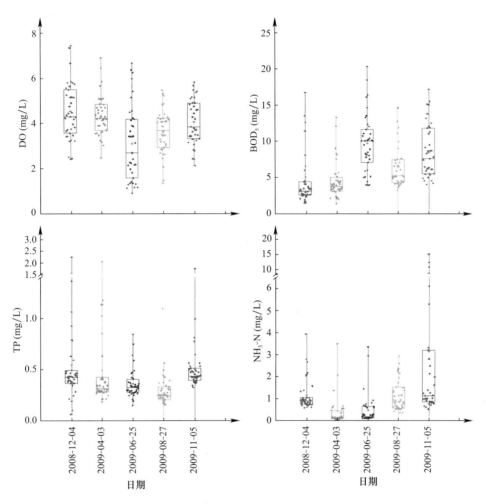

图 2.12 甪直河网水质随时间变化情况

由图 2.12 可以看出，DO 季节变化趋势明显，夏低冬高；BOD_5 较为明显地表现出夏高冬低的季节变化趋势；TP 的季节变化趋势与 DO 相似，夏低冬高，但变化幅度较小；$NH_3\text{-}N$ 的变化趋势也为夏高冬低。

水质指标值的变化是污染负荷、水量、水体降解能力等多方面因素综合作用的结果。DO 和 BOD_5 同为表征耗氧污染物含量的指标，二者的变化趋势表明甪直河网水体中耗氧污染物在夏季时候增多，出现年内最高值，冬季则降为低值。TP 表征含磷污染物的含量，其变化趋势说明夏季时候甪直河网水体中含磷污染物浓度有所下降。$NH_3\text{-}N$ 表征含还原态 N 的污染物的含量，其变化趋势表明甪直河网水体夏季该类污染物浓度有明显降低。

此外，甪直河网各监测点每次测量所得的水质指标值都存在较大程度的分散，说明甪直河网水体水质的空间差异明显。计算各监测点各水质指标（DO、BOD_5、TP 和 NH_3-N）前 5 次监测值的平均值，以此分别进行各监测点的水质优劣排序，统计位于各指标排序前十位和后十位的监测点。其中水质相对较优的监测点共计 19 个，水质较劣的监测点共计 15 个，说明水质较差的水体相对集中。

用直河网中水质较优的部分主要位于上游来水方向，而水质较劣的部分主要是断头浜以及流经主要生活区的缓流河道。水质的空间差异说明：一方面，由于生活、工业污染源使得流经该镇的河水水质变差；另一方面，作为水质保护重点的古镇区位于用直水系下游，区内河道水质整体较差。因此，水环境改善应考虑调整河网水系结构和水动力条件以优化污染源和水体的配比关系。

2.4　城镇水系生态环境特征

2.4.1　城镇水系水生态问题

随着城镇化进程的不断深入，我国河网地区城镇建设用地增加，导致水域面积减少，河滨景观破碎化，城镇水系水生态系统遭到破坏，生态景观日趋退化，导致河流水系和水生态遭到破坏。我国河网地区城镇水生态景观特征有如下几点：

（1）水生态环境破坏严重

随着城镇化的进程中对城镇水系的裁弯取直等改造运动，使得很多自然河流萎缩、断流甚至消亡。与城市相比，城镇存在占用水域面积建房等现象，导致河流堵塞、断头浜问题突出，水系水生态系统遭到严重破坏，生物多样性减少，水体自净能力下降。

（2）缺乏景观整体性规划

我国城镇在建设过程中整体性规划不够完善。对于河网地区城镇，水系是城镇景观建设中十分重要的环节，是当地重要的公共空间，且与整个城镇的整体形象密不可分。但在河网地区城镇的规划中，水景观、水文化措施的实施能力非常有限，缺乏与其他土地利用规划等的内在联系，整体性不足。

（3）水景观雷同，缺乏当地特色

河网地区城镇多依水而建，沿河水域景观是整个城镇景观的重点。当前，城建开发过程中忽视城镇景观视线、摒弃水域空间景观赖以发展的条件、影响传统水域空间城市风貌、丧失城镇景观特色，导致水域景观趋同化现象较为严重。其原因在于水系景观建设忽略了城市地域特点、缺乏个性化特征和文化底蕴。河网地区城镇因水系结构、水域面积、文化底蕴等有所不同，其水景观应当因地制宜，结合当地特色。

对于河网地区城镇的水景观建设，应当综合考虑社会经济情况和自然水系的条件，提出与城镇发展水平相适宜的水景观规划。重点恢复水系的自然格局，提高生物群落多样性，尽可能利用当地物种，减少城镇河流园林化现象。

同时，我国河网地区城镇大多文化底蕴深厚，尤其是江南地区。对于具有历史文化价值的河流、古桥、水井等，应当重点保护，并与河道景观相结合，规划出具有自然地理和文化特色的人文景观。

2.4.2 水系水生态调查和评价

为了对甪直河流生态环境有全面的了解，为后续工作提供基础资料支持，在2009年9月对甪直镇的河流生态环境（植物、动物、底栖生物）开展了现状调查。本调查共设置生态调查点5个，见表2.1。

甪直主要河道生态调查点　　　　　　　　　　　　表2.1

序号	断面名称	所在河流	备注
A	甫里塘吴淞江入口门	甫里塘	入镇区河流
B	中市河断面	中市河	古镇区
C	思安浜断面	思安浜	古镇区
D	洋泾港断面	洋泾港	镇区河流
E	界浦港断面	界浦港	出镇区河流

调查结果分析主要从浮游植物、浮游动物和底栖动物三个方面展开，分别对甪直镇水系中这三类动植物的种类、生态类型等进行调查，并对调查结果进行生物多样性和优势物种分析。

2.4.2.1 浮游植物

调查期间调查的河道共鉴定出浮游植物37种，其中绿藻门的种类最多，有16种，占43%；其次为硅藻门，有13种，占35%；蓝藻门和裸藻门各3种，分别占8%；甲藻门仅有2种，占5%。

平均藻类的数量为37.4868万个/L，生物量为0.5452mg/L。在藻类组成中，以蓝藻的数量最多，占28.5万个/L；裸藻为4.0704万个/L，绿藻为2.5152万个/L，硅藻为2.324万个/L，甲藻仅0.0316万个/L。从生物量看，以裸藻最高，为0.407mg/L；硅藻0.0855mg/L，绿藻0.0248mg/L，蓝藻0.0196mg/L，甲藻仅0.0083mg/L。

整个调查河道浮游植物的多样性指数均值为1.5289，均匀度均值为0.3898，丰富度均值为0.954。

2.4.2.2 浮游动物

(1) 种类组成和生态类型

调查期间调查的所有河道的区域共有浮游动物15种，其中原生动物有2种，占13.3%；轮虫10种，占66.7%；枝角类2种，占13.3%；桡足类1种，占6.7%。由调查结果可知：调查区域的浮游动物种类组成中的轮虫类和枝角类均占优势。

(2) 浮游动物的数量和生物量

各河道中浮游动物的平均数量为840.6个/L，生物量为11.77mg/L。在浮游动物组成中，以轮虫的数量最多，为681.4个/L；其次为原生动物，达110.8个/L；桡足类为42.2个/L，枝角类6.2个/L。这与采样季节有关，由于水温较低，不适宜于枝角类中的某些种类的生长与繁殖,但在水样中发现大量近亲裸腹溞的休眠卵粒。

不同河道浮游动物的种类组成、数量和生物量有着明显的差异。在有机悬浮物含量较高、COD_{Cr} 高达 80mg/L 的水体中,长足轮虫的数量和生物量分别高达 2632 个/L、17.108mg/L,而在 COD_{Cr} 含量为 8mg/L 的水体中,浮游动物的数量和生物量则相应减少,分别为 84 个/L、5.423mg/L,表明重污染河道中浮游动物中某些种类的出现与水体中有机悬浮物含量的高低有密切关系。

(3) 生物多样性分析

浮游动物定量调查中从 A～E 共 5 个点位,共发现 15 种浮游动物,种类最少的点位是 D 点洋泾港,仅有 3 种;种类最多的是 C 点思安浜,有 9 种,平均各点位出现 6 种左右。整个调查河道浮游植物的多样性指数均值为 1.2758,均匀度均值为 0.5464,丰富度均值为 0.622。

2.4.2.3 底栖动物

在调查的 5 条河道中,有底栖动物生存的河道只有甫里塘和中市河,其余 3 条河道均未采集到底栖动物。经鉴定,共采集到底栖动物 3 种,其中寡毛类中有颤蚓及水丝蚓,腹足类中有环棱螺。

寡毛类主要生活在甫里塘的底泥中,其数量和生物量分别为 374 个/m²、4.25g/m²。环棱螺则分布在中市河的直立附坡石壁上,底泥中未采集到底栖动物,平均数量和生物量分别为 2 个/m²、2.5g/m²。

甪直镇的主要河道一般水深在 1.5～2m 之间,且为块石直立附坡,不适宜底栖动物的生长与繁殖。环棱螺在天然水体中适宜生长的水深一般多在 1～1.5m 之间,当水深超过 1.5m 时,其数量则随水深的增加而逐渐递减。

甪直镇的河道大多数水体补偿深度年度幅多在 0.8～1.5m 之间,1.5m 以上的水深多处于厌氧状态,故底栖寡毛类和摇蚊幼虫则难以生存和发展,因而未能采集到水蚯蚓和摇蚊幼虫的分布。底栖动物的生长与底泥中的氮磷含量有关,呈抛物线形状,随着氮磷的增加,底栖动物含量达到顶峰,往后氮磷越高,底栖动物逐渐减少直到消失。

3 城镇水环境整治环境要素与关键技术

3.1 城镇水环境影响要素分析

为了了解甪直镇污染源的特征，对甪直镇的污染源类型及其排放特征进行了调查，调查路线如图3.1所示。主要调查工业污染源及生活污水排放特征。

（1）工业污染物类别与排放特征

通过对甪直镇企业的现场调查和访谈，了解各个企业生产工艺、水资源利用、污染物排放特征、废物综合利用情况类型；评价重点污染源，污染负荷的空间分布，识别工业污染源影响水环境质量的因素。

（2）生活污染物的排放特征

通过对甪直镇居民的调查，了解镇内居民生活用水系数、污水收集方式及排放去向；

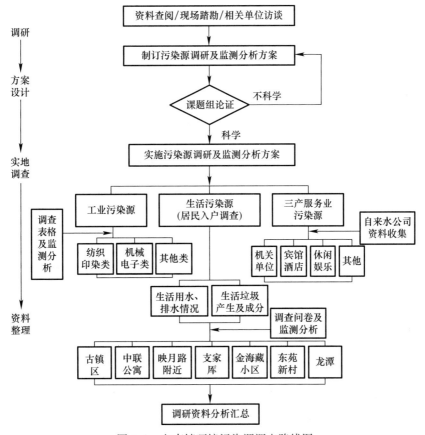

图 3.1 甪直镇环境污染源调查路线图

居民用水、排污的行为特征；生活垃圾产生系数、物理成分、重度、含水率、热值等；掌握居民的产污水平、废物综合利用的现状，识别生活污染源影响水环境质量的因素。

3.1.1 产业结构与用水概况

用直镇工业企业中纺织业、电子及通信设备制造业、金属制品业和塑料制品业企业数量最多，分别占企业的 29.05%、18.92%、15.54% 和 10.14%。据 2007 年对 127 家企业调查结果表明，工业总产值达到 590837.6 万元，最大为 15 亿元，最小为 12 万元，平均为 4726.701 万元。工业总产值最高的行业是电子及通信设备制造业，占总产值的 37.96%；其次是纺织业和金属制品业，分别占总产值的 19.01% 和 12.88%。企业数量最多的行业是纺织业，占企业总数的 29.05%；其次是电子及通信设备制造业和金属制品业，分别占企业总数的 18.92% 和 15.54%。

根据调查结果，148 家企业年用水量约为 904 万 t，新鲜用水量为 826 万 t，重复用水量为 78 万 t，重复用水率仅为 8.63%。万元工业产值用水量超过 100t 的企业有 21 家，其中 20 家为纺织企业，表明该镇纺织企业是用水大户。

用直镇各行业用水情况见表 3.1。纺织业、服装及其他纤维制品制造业和电力、蒸汽、热水的生产和供应业是主要的用水行业，三个行业年总用水量，约占全镇总用水量的 78.1%。

各行业用水情况汇总表 表 3.1

行业类型	总产值（万元）	年用水（万 t）	万元产值用水量（t/万元）	用水量占总用水量比（%）
纺织业	112301.6	514.37	45.80	58.65
服装及其他纤维制品制造业	23700	95.35	40.23	10.87
电力、蒸汽、热水的生产和供应业	11714	75.00	64.03	8.55
饮料制造业	25000	75	30.00	8.55
电子及通信设备制造业	224270	38.78	1.73	4.42
塑料制品业	50100	31.95	6.38	3.64
化学纤维制造业	1550	11.03	71.16	1.26
仪器仪表及文化、办公用机械制造	13000	7.03	5.41	0.80
金属制品业	76092	6.77	0.89	0.77
化学原料及化学制品制造业	25860	6.72	2.60	0.77
食品制造业	11260	5.18	4.60	0.59
非金属矿物制品业	3800	3.36	8.84	0.38
文教体育用品制造业	1470	2.48	16.87	0.28
黑色金属冶炼及压延加工业	500	1.20	24.00	0.14
普通机械制造业	350	1.06	30.17	0.12
造纸及纸制品业	1200	0.80	6.67	0.09
木材加工及竹、藤、棕、草制品业	4700	0.74	1.57	0.08
其他制造业	3900	0.24	0.62	58.65

3.1.2 工业废水排放状况

角直各行业的废水产生情况见表3.2。调查的148家企业，废水年产生总量为717.05万t，万元工业产值废水产生量为39.655t。2007年，全国万元工业产值废水产生量为22.973t。角直镇工业企业万元工业产值废水产生量是全国平均水平的1.73倍。

废水产生量超过10万t/年的企业有25家，占所有调查企业废水总产生量的74.96%，其中23家纺织企业，1家热电厂，1家塑胶企业。角直镇废水产生大户主要是纺织行业。从行业角度分析，化学纤维制造业、纺织业、服装及其他纤维制品制造业、电力蒸汽热水的生产和供应业、文教体育用品制造业万元工业产值废水产生量较大，废水排放量较高，远远高于全镇万元工业产值废水排放平均水平。

各行业废水产生情况　　　　　　表3.2

行业类型	工业总产值（万元）	年产废水（万t）	万元工业产值废水量（t/万元）	废水量占总废水量百分比（%）
化学纤维制造业	1550	10.90	70.32	1.52
纺织业	112301.6	505.12	44.98	70.44
服装及其他纤维制品制造业	23700	84.5	35.65	11.78
黑色金属冶炼及压延加工业	500	0.9874	19.75	0.14
电力、蒸汽、热水的生产和供应业	11714	22.4	19.12	3.12
文教体育用品制造业	1470	2.3178	15.77	0.32
非金属矿物制品业	3800	3.7587	9.89	0.52
有色金属冶炼及压延加工业	70	0.0626	8.94	0.01
塑料制品业	50100	29.8715	5.96	4.17
造纸及纸制品业	1200	0.7	5.83	0.10
普通机械制造业	350	0.1538	4.39	0.02
仪器仪表及文化、办公用机械制造	13000	5.35	4.12	0.75
食品制造业	11260	4.26	3.78	0.59
饮料制造业	25000	7.2	2.88	1.00
其他制造业	3900	0.7062	1.81	0.10
木材加工及竹、藤、棕、草制品业	4700	0.74	1.57	0.10
电子及通信设备制造业	224270	27.5095	1.23	3.84
化学原料及化学制品制造业	25860	3.12	1.21	0.44
金属制品业	76092	7.3877	0.97	1.03
合计	590837.6	717.0452	12.14	100

角直镇废水排入角直污水处理厂的企业，为83家，占总企业数的56.1%，占所有废水量的90.24%。

3.1.3 工业固体废物排放状况

产生的工业固体废物，多为一般工业固体废物，年产生量约为52131t，主要包括厂内废水预处理产生的污泥、煤渣、废钢铁等；煤渣产生量最大，约为 51270t/年，处理方式为外卖做砖瓦、铺路；其次为机械企业的废钢铁，产生量为 1030t/年，处理方式为企业回收。危险固体废物年产生量约为 160t，其中产生量最大的是溶剂渣，产生量约为 66t/年，处理方式为送至有资质的危险废物处理公司——吴中区固废处理公司处理；其次为树脂类，产生量为 62t/年，处理方式为送至有资质的危险废物处理公司处理。

另外，不少企业污水处理产生的污泥目前仍露天堆放在位于甫港村的三砖厂临时垃圾填埋场进行填埋。这些污泥中不同程度上含有较高浓度的 Cr、Cu、Pb、Zn、Ni、Cd 等重金属污染物（表 3.3），可能会对周围环境造成一定的污染。

几种工业固废的元素含量（mg/kg）   表 3.3

元素	污水处理厂污泥	热电厂粉煤灰	垃圾堆场		
			污泥（灰色）	污泥（黄色）	污泥（白色）
K	3177	4543	906	3379	
Ca	34826	22739	86308	149541	385974
Ti	907	6387	334	3633	
Cr	244	97	562	112	69
Mn	535	247	236	759	56
Fe	7921	21364	5962	100501	1230
Cu	293	83	1271	97	81
Pb	43	131	45	318	82
Zn	1046	106	491	739	
Ba	386	777	389	594	
Rb	140	46	148	35	
Sr	766	1770	1079	1171	546
Zr	120	662		271	
Ni	221		676	<99	64
Sb		34	872	126	
Sn	254		32	30	
Th		14			
S	4966	1806	3468	11083	17264
P					58582
Cl	445		408	1485	
As	41		64	86	
Cd	8		11	18	
Mo	20	41	32	40	
Se		14		33	
Au	94		110		
I			804		879

3.1.4 生活污水排放状况

用直镇居民生活用水来源主要是自来水，占调查总户数的 98.29%；除此之外，还有 12.0% 居住在老房子的家庭居民会使用井水和附近河水。调查区域的 292 户中，82.9% 的家庭有下水，只有 17.12% 的家庭无下水。82.19% 的家庭有水冲式厕所；12.33% 的家庭有简易厕所；2.40% 的家庭使用卫生旱厕；还有 3.08% 的家庭无厕所。

（1）生活污水排放去向调查

居民各种生活污水排放去向见表 3.4。各种污水大部分是直接排入下水道，部分居民淘米水、洗衣服废水及其他清洗水会进行重复利用，但有 7%～9% 的居民会将污水直接倒入附近河道。

调查家庭各种污水排放去向　　　　表 3.4

排放去向废水种类	A. 排入下水道	B. 排入河道	C. 排入室外地面	D. 其他用途	E. 排入农田
淘米水	66.78%	7.19%	2.40%	19.86%	3.77%
厨房其他清洗水	81.51%	8.90%	2.74%	5.14%	1.71%
洗衣服废水及其他清洗水	73.97%	8.22%	5.48%	11.64%	0.68%
洗浴水	81.51%	9.25%	1.03%	7.53%	0.68%
厕所粪尿及冲洗水	86.30%	7.53%	1.03%	0.34%	4.79%

（2）污水收集管网分布情况

除古镇保护区外，建成区其他污水管网主要分布在甫里村和甫南村。南北向的道路主要有正源路、中兴路、吴淞路、甫澄北路和晓市路，东西向的道路主要有迎宾路、耀雄路、海藏路、鸣市路、鸿达路、鸿运路、鸿福路等，上述道路路面下均铺设有 $DN450$～$DN600$ 不等的污水管。

其中，正源路的污水干管接入黄娄泵站，目前主要接纳来自黄娄农民公寓的生活污水；晓市路和海藏路的污水管接至 3 号污水泵站，海藏路以北的中兴路、吴淞路、甫澄北路、晓市路、迎宾路等道路下的污水管接入 1 号调节池，吴淞南路、鸿达路、鸿运路和鸿福路的污水干管接入 2 号调节池；其他污水管均直接进入污水处理厂提升泵房。

建成区内的韩家浜片区、淞南片区等规划污水管线尚未实施，地块内污水尚没有出路。

（3）用直镇现状污水收集率

目前，建成区（除古镇保护区）纳入污水收集系统的污水主要为工业废水，用直镇污水处理厂目前运行水量为 $25000\text{m}^3/\text{d}$，工业废水约占 88%，古镇保护区产生生活污水量约为 $425\text{m}^3/\text{d}$，建成区其他地块收集到的生活污水量约为 $2575\text{m}^3/\text{d}$。建成区（除古镇保护区外）的总人口数为 30505 人，根据《镇（乡）村给水工程技术规程》中的居民生活用水定额的推荐值，人均生活用水定额为 160L/（d·人），排水系数以 0.9 计，设定建成区人均生活污水量指标为 144L/（d·人），则应产生生活污水量为 $4393\text{m}^3/\text{d}$。因此，目前建成区（除古镇保护区外）的生活污水收集率估算约为 58.6% 左右。

古镇保护区内的污水主要为居民生活污水，工业和商业用水较少。由于尚未掌握保护区内居民的用水量统计数据，暂根据《镇（乡）村给水工程技术规程》中的推荐值进行计算。

设定保护区内人均生活用水量指标为 90L/（d·人），排水系数以 0.9 计，则人均生污水量指标为 81L/(d·人)，古镇保护区现有人口数为 20819，则保护区日产生污水量应为 1686m³/d。根据 2 座泵站的运行情况，可以计算出目前保护区的污水收集量为 425m³/d，因此，目前古镇保护区内的污水收集率约为 25% 左右。

根据古镇保护区卫生设施调研情况，目前区内粪便废水有一部分通过公共卫生设施得到收集，而大多数灰水未纳管，古镇保护区内粪便黑水的收集率应明显高于 25%。由于粪便中的污染物在生活污水的污染物含量中占大部分，采用常规污水收集率难以准确表达污染物的收集状况。

分散居住区多位于郊区，居住相对分散，现有管道尚未延伸到该部分区域，生活污水大多就近排放或下渗。部分区域按污水排放规划需要敷设污水收集管道，但考虑排水管道需要与市政道路等基础设施同步建设，而分散居住区离现有管道较远，因而近期内污水难以纳入市政污水管道。

调查期间，古镇保护区生活污水收集率仅为 25%，建成区其他地块的生活污水收集率为 56%，距离规划目标均有一定距离。古镇区采用传统单一的重力收集方式，已敷设的管道埋深最浅仅为 0.5m，最深不足 1.5m，由于排水管道埋深较浅，居民住宅稠密，污水管道只能接纳管道两侧建筑物内的污水，而非临街的建筑内污水难以接入到污水管，造成大部分污水仍然难以纳管，这是制约提高污水收集的一个关键因素，提高古镇保护区污水收集率更为迫切和严峻。由于古镇保护区地势低、地形平坦、河网密布，污水收集管网的敷设有较大的困难，目前已敷设的管道管径在 DN200～DN400，坡度均为 0.1%，远小于排水设计规范所要求的 0.3%～0.4%，易造成管道淤积。

3.1.5 生活垃圾产生与处置状况

用直镇居民生活垃圾调查及分析，目的是通过现场调查和分析，取得用直镇居民生活垃圾（包括企事业单位生活垃圾）的产生、利用及处理处置情况的真实数据，为后续开展有关生活垃圾的综合利用方面的研究提供科学依据。

（1）生活垃圾收集及处置概况

用直镇生活垃圾的收集和处置由镇环卫站负责，根据环卫站提供的数据，用直镇每天产生的生活垃圾约有 80～90t，而且每年都有一定比例的增长。在调查范围内，共设有 8 个二级垃圾中转站，实现生活垃圾的转运处理。

（2）生活垃圾调查取样方法

垃圾的调查和采样分析方法总体上依照中华人民共和国城镇建设行业标准《生活垃圾采样和物理分析方法》（征求意见稿）中的相关方法进行，包括入户调查取样和二级中转站垃圾取样。垃圾调查采样程序如图 3.2 所示。

入户调查取样方法：确定好调查对象后，发给一定数量的贴有编码标签的塑料袋，和住户协商好后，由住户将每日产生的生活垃圾存放至塑料袋中，次日早晨由调查人员上门收取样品。首先将每户的垃圾称重、记录。再将不同住宅类型的垃圾按垃圾的物理成分分类方法，即厨余、纸类、塑胶、织物、草木、金属、玻璃、灰土等进行分类，分别称取每类垃圾的重量。然后将不同类别的垃圾混合，按照每类垃圾重量的 5%～10% 的比例进行取样。取样后将剩余垃圾混在一起，按标准要求装满垃圾桶称重，确定垃圾的重度。

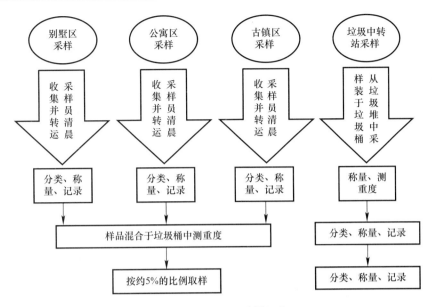

图 3.2　垃圾调查采样程序

二级中转站垃圾取样方法：对于二级垃圾中转站的垃圾，样品的分类和采集就在采集样品的中转站直接处理。首先按标准方法取样，装满垃圾桶称重，重复三次，计算垃圾的重度。将其中一垃圾桶垃圾倒在空地上进行分拣，分类称重，确定垃圾的物理成分。最后不同类别的垃圾按一定比例采样，采集样品分析。

(3) 调查结果与分析

根据调查区域内每户日均垃圾产生量和人均垃圾产生量情况的汇总，可知调查区域的人口当量排污系数为：0.678kg/（人·d）。相对于我国小城镇平均水平来说，用直镇的人均生活垃圾产量是比较低的。从不同居住区的数据看，古镇区居民的垃圾量最少，公寓住宅区次之，别墅区的垃圾量最大，说明人均垃圾产生量随居住条件的提高总体是呈上升趋势。需要说明的是在古镇区的垃圾中，含有相当一部分煤灰渣，约占近30%。垃圾成分相对简单，除了厨余类物质和灰土类（煤渣）外，其他成分很少。不同类型住宅区和两个垃圾中转站的生活垃圾的物理成分平均结果汇总于表 3.5 中。

垃圾物理成分汇总表（%）　　　　　　　　　　　表 3.5

	古镇区	普通公寓楼	别墅区	晓市路垃圾中转站	育才路垃圾中转站
厨余类	59.70	63.32	73.27	66.81	68.45
纸类	5.23	11.65	12.52	10.11	8.96
橡塑类	4.56	8.42	6.09	9.36	7.62
纺织类	0.23	0.94	0.75	1.80	1.96
木竹类	1.53	8.54	2.11	6.78	5.00
灰土类	28.75	0.03	0.89	1.02	4.04
砖瓦类	0.00	0.33	2.96	2.56	1.83
玻璃类	0.00	4.29	1.32	0.91	1.82
金属类	0.00	1.13	0.08	0.65	0.30
其他类	0.00	1.35	0.00	0.00	0.00

由表 3.5 可见，无论是从居民住宅区收集的垃圾还是从垃圾中转站采集的样品，垃圾中的主要成分均是厨余类物质，占垃圾总量的 60%～70%，其余依次是纸类、橡塑类、木竹类等（古镇区的情况例外）。这几类成分通常占总量的 90% 以上。

住宅区收集的垃圾样品的含水率约为 47.14%～69.65%，平均值为 59.4%。进一步计算不同类别的垃圾的含水率发现，厨余类垃圾的含水率最高，平均达 70%；其次是纺织类和纸类垃圾，平均含水率达 50% 多；其他成分的含水率较低。纺织类和纸类垃圾含水率较高的主要原因是垃圾没有分类收集，当它们与厨余类垃圾混在一起时，可能吸收了厨余类垃圾中的水分所致。两个垃圾中转站的样品的含水率在 61.2%～75.6% 之间，平均值为 70.4%，高于从居民住宅收集的垃圾约 10%。

根据垃圾采集情况进行了垃圾热值估算。所采集的垃圾样品的热值估算结果在大多在 5000～8000kJ/kg 之间，总体与文献报道的结果一致。同时还可以看出，不同垃圾样品的热值相差较大，这与不同垃圾样品中所含的高热值组分的含量不同有关。实测热值的变化范围更大，其主要原因是样品中灰渣类的比例较大，而灰渣类主要是煤渣，煤渣的燃烧完全程度差别较大，采样代表性难以控制，导致实测灰渣类的热值差别很大，最终导致整个样品的热值差别较大。但实测值和估算值的平均值十分接近，说明，当采样次数多时，样品的总体平均值还是有代表性的。

3.2　河网地区城镇水环境问题识别

通过对河网地区典型城镇水环境特征的分析，识别出主要有以下水环境问题。

（1）河网水系结构欠佳，水动力条件差

河网地区地势平坦，河道坡降不明显；水动力不足，水系存在明显的滞留、缓流区，部分河道平均流速甚至不足 0.02m/s。大部分河道断面平均流速监测值小于 0.05m/s，流动缓慢，水系之间连通状态较差。

同时，随着城镇化的快速发展，很多河道被城镇、工业用地侵占，形成了大量断头浜、湾等滞水结构，造成河水无明显流动、停留时间长，导致新旧污染物累积。一方面不利于周围污染源产生的污染物迁移扩散，显著降低了河道水环境容量和净化能力，另一方面水质恶化给整体感官环境也带来负面影响。

（2）污水收集系统的建设滞后，污水直接排放情况普遍

河网地区在社会经济快速发展的过程中，虽然区域中心城市发挥着重要的引领作用，广大的中小城镇的作用和地位也至关重要。然而中小城镇的基础设施建设普遍滞后，尤其是其污水收集和处置排放系统，生活和工业污水大多处于无序管理和直接排放状态，对水环境造成极大危害。据调查甪直镇建成区（除古镇保护区外）的生活污水收集率估算约为 58.6%，古镇核心区内的污水收集率约为 25%。尤其是有 18 家企业直接排放到水体中，占所调查企业总数的 12.16%；所排废水量为 36.86 万 t/年，占所有企业废水总量的 4.72%。

（3）污废水成分复杂，处理难度大

为了促进城镇的经济发展，提高人民的收入水平，大力引进和发展工业企业成为各级政府的首要任务。然而在河网城镇，由于缺乏产业布局规划，工业企业发展的自发性强，形成企业和居民交错布局，企业种类多样的局面。再加上工厂废水处理的缺失或不完善，使得城镇污废水来源复杂，处理难度大，现有的城镇污水处理厂处理水平不稳定，出水水质不达标。以用直镇为例，工业企业包括纺织业、电子及通信设备制造业、金属制品业和塑料制品业企业等，在调查的 148 家工厂企业中，纺织企业数量最多，占 29%。用直污水处理厂的来水水质呈碱性，有机组分种类繁多，进水 BOD_5/COD_{Cr} 值 0.26～0.28，可生化性差。根据污水处理厂出水水质情况分析，整体运行状况不佳，出水远不达标。

（4）城镇污废水处理厂缺乏尾水深度处理

提高城镇污废水处理厂尾水的处理水平，推进污水的再生利用，对于提高水资源利用效率、减少入河污染负荷和改善水环境非常重要。然而由于现状城镇污废水处理厂的尾水水质不稳定，无法满足污水的再生利用。尤其在我国太湖流域河网城镇，印染企业众多，针对印染废水再生利用存在的技术难题，解决印染废水再生利用存在的色度高、COD_{Cr}高、可生化性差等问题，找出适合印染废水再生利用的组合工艺，将大大推进城镇污废水处理厂尾水的再生利用。

（5）城镇降雨径流缺乏有效控制

随着城镇化的快速发展，使城市降雨径流洪峰提前、洪量增加，进而对地表污染物的冲刷能力增大，使非点源污染负荷增大。城市降雨径流带来的城市洪涝、水环境污染和缺水问题日益得到广泛关注，然而具体针对城镇降雨径流污染的控制，现在还基本上是空白。

（6）城市固体废弃物安全处置系统不完善，成为重要污染源

与大中城市相比，城镇数量众多但规模较小，环保基础设施与环境监管能力相对不足，是河网地区水环境治理中的薄弱环节。因产生规模、技术水平、基础条件、环保意识、管理体制等方面的限制，城镇固体废弃物处理方式单一，减量化、无害化、资源化水平较低，二次污染严重，对城镇容貌形象的影响大，对水环境的污染负荷贡献不容忽视，是太湖流域城镇水环境的重要污染源之一。

（7）城镇河网水系污染严重

随着社会和经济的发展，尤其是 20 世纪中叶以来，工业企业大量增加、人口迅速膨胀，污染负荷大量增加，各种工业废水和生活污水大量排入河网，致使水环境质量日益恶化。近年来，河网城镇水环境问题日益显现，水体污染严重，河水发黑发臭，严重影响人们的生活质量，危害人们的身体健康，成为限制当地社会经济发展的重要因素。为解决这些问题，需要对河网城镇水环境进行综合整治，改善其河网水动力学条件和水质状况、逐步重建恢复其水生态系统。

3.3　城镇水环境整治技术集成模式

针对河网地区城镇所存在的河网连通性与水动力条件、污水收集与处理、固废处理处置、点源和面源污染控制等环境问题，通过城镇水环境综合整治的关键技术识别与应用，构建城镇污水高效收集、污废水协同处理与再生回用、污泥与生活垃圾减量化与资源化处置、水系结构优化与水动力调控、水生态重构与修复等水环境安全保障技术系统，建设集水污染控制技术与控制策略于一体的河网地区城镇水环境综合整治技术体系成为水环境治理的关键。以此实现污染物负荷的显著削减，消除水体黑臭，水系基本通畅，水质得到基本改善。

入河污染源的控制是河道水环境改善之本。因此首先要对河网地区城镇研究区水系河道进行"控源截污"治理，包括污废水的源头收集系统的建设和完善、新建污水处理设施、现有污水处理厂的升级改造、生活垃圾与污水处理厂污泥等固体废弃物的资源化安全处置以及入河降雨径流污染的控制等。在此基础上实施改善恢复水质的措施，包括水系结构优化和水动力调控、河道内源控制、河道内水生态系统构建等，最终提升水体自净能力，实现河道水生态系统的良性循环。

由此，河网地区城镇水环境整治的工作思路总体上坚持以控源截污为前提，以水系连通为基础，以水系结构优化与水动力调控为重点，结合水环境与河流生态修复的最新理念与技术，构建完整的、系统的、符合城镇发展要求的水环境治理技术体系，形成河网城镇"水系调控—污水收集—污水处理—再生回用—生态修复"等综合整治技术集成模式。

河网地区城镇水环境治理技术集成的概念化模式如图3.3所示。

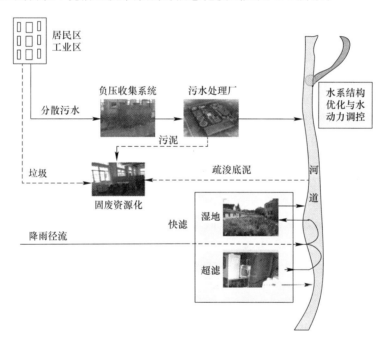

图3.3 水环境治理技术集成概念模型图

4 水系水动力调控与多级复合水质改善模式

4.1 河网城镇水系演变

4.1.1 河网水系演变研究方法

为了准确、客观地反映河网地区城镇河流的演变情况，识别水系演变的驱动力，支持城镇水环境的整治，以苏州市甪直镇为例开展了典型河网地区城镇水系演变研究。为了客观评价研究区河流的变化状况，采用的表达城镇水系演变的指标包括河流面积变化指标和河流密度变化指标。

参照 Strahler 水系分级方案，考虑河流面积和河流密度的变化情况，构建河网水面率（W_p），河网密度（R_d）、河频率（R_f）等指标表达不同时期流域河网水系及其变化特征。

河面率指河道两岸堤防之间所包括的河道面积与区域总面积之比，是土地利用和洪涝控制的指标之一；水面率（W_p）是指河道多年平均水位的河道水体所占有的实际水面积与区域总面积之比。显然河面率一般大于水面率，从河网形态结构以及水系景观保护的角度考虑，水面率具有更加重要的实际意义。本文采用的河网水面率为区域内水系水面积与区域面积之比。

河网密度也叫水道密度，是指单位面积内水道总长度，水道密度越大表明区域河道越多。计算公式如下：

$$R_d = \frac{L}{A} \tag{4.1}$$

式中　　R_d——河网密度，km/km^2；

　　　　L——河流总长度，km；

　　　　A——流域面积，km^2。

河频率（单位面积河流条数）表示河流数量发育。公式如下：

$$R_f = \frac{m}{S_f} \tag{4.2}$$

式中　　R_f——河频率；

　　　　m——某一面积内的河流条数；

　　　　S_f——某一区域的面积，km^2。

4.1.2　用直镇河流演化与水系空间分布

首先收集研究区内河流演变历史文献，包括用直镇建制镇之前的纸质文献、地方志书、河道普查报告、2004 年用直镇行政区划图、2009 年 10 月 QuickBird 卫星影像以及 Google earth 等，研究用直镇域河网水系 30 年来的演变。

利用 GIS 对选取的纸质水系地形图数字化，在几何校正、配准和追加历史文献资料的基础上，对河流干流和一、二、三级支流进行数字化，建立了 1979 年、2002 年、2009 年三个时间序列的河网分布图，结合用直水资源普查数据确定的河道名称和等级，对数字化后的河道进行核实修正，生成了三期水系分布如图 4.1 所示。

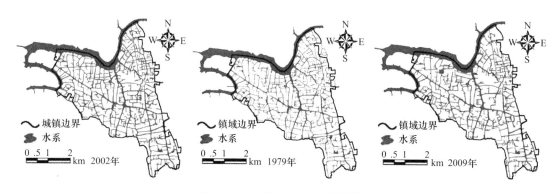

图 4.1　用直镇水系分布变化图

分析结果表明，从 1979 年到 2009 年，河道数量由 421 条减少到 187 条，水系面积由 13.72km² 减少到 4.61km²。由变化趋势可知，30 多年来，用直古镇河道数、水系面积明显减少；其中 1979 年到 2002 年水系面积减少幅度较大，由 13.72km² 减少到 6.16km²，2002 年到 2009 年水系面积减少幅度放缓。随着用直经济社会的快速发展，镇区面积的扩大、大量基础设施的建设以及工业企业用地量的增加，直接或间接造成一些支流河道被填埋，造成水系河道数量、面积逐渐减少。

（1）水系分布的空间变化分析

利用 GIS 通过地图代数的叠加运算，可以获得 1979～2009 年用直水系河道空间的相互转化状况。从消失水系空间变化分布如图 4.2 所示。由图可以看出，1979～2009 年用直镇水系空间变化较大，其中用直镇北部甫里村、甫港村、淞南村水系变化最为明显。究其原因，主要是由于该区域属于用直镇的工业区以及开发区，工业企业分布密集，致使部分水系河道被填埋；外加部分国道、高速公路建设是造成水系数化的因素之一。与此同时南部地区水系格局略微变化。

图 4.2　消失水系空间变化分布图

（2）水系的形态结构变化

用直河网水系及其变化特征差异显著，见表4.1。河网水面率、河网密度、河频率分别作为表征研究区河流面积、长度、数量发育的重要指标。由表4.1可知，从1979年到2009年的30年间，河网水面率下降了18.22%，河网密度下降了1.6%，河频率降了4.68%，表明用直镇河网无论是数量还是水面率都发生了变化。

用直河网水系特征   表4.1

年份	河网水面率（W_p）	河网密度（R_d）	河频率（R_f）
1979	27.44%	5km/km²	8.42/km²
2002	12.32%	3.5km/km²	4.82/km²
2009	9.22%	3.4km/km²	3.74/km²

用直镇水系形态特征变化主要体现在三个方面：（1）河道裁弯取直。表现为自然弯曲的河道人为地改造为直线型河道，如团结河、洋泾港目前就是人为改造后的直线型河道。（2）河道连通性降低。河道填埋、淤堵形成断头河，表现为河道长度变短，甚至完全消失。目前用直的断头浜、河数量较多，水系连通性较差，形成死水区域，水动力状况下降。（3）自然河道逐渐被人工或半人工河道取代。城镇建成区域河道多为水泥砌成护岸，随着城镇化建设的加快，镇区的水系河道水泥化、渠道化比例逐年增加。

（3）水系变化的驱动因素分析

用直镇是典型的河网地区城镇，河网水系是关键性因子；人类活动则是诱发其结构破坏、功能失调的主要驱动力；城市建设是造成水系面积与河道数减少的最主要驱动力；近30年来城镇化建设、桥梁建设、工业化发展等对河网水系产生不同程度的影响，造成城镇河流消亡，水系面积的减少。

水系变化的主要驱动因素有三个方面：①自然因素与人为活动共同作用的结果，历史时期以来，本区域平原性河网地区河流，上游来水及本地降水丰富，加上受潮水的顶托作用，河流在自然状态下发生着自然演化；同时，数次大规模疏浚，截弯曲直，多处填河建房筑路，改变了用直水系的形态结构。②水系演变与土地利用变化有着密切的关系。随着城市化过程中市域不断向外扩展，农业用地大量被征用为城市用地，河流或因为被倾倒垃圾，逐渐淤堵，或因为工业废水、生活污水的排放，水质变坏或因建筑的需要等等因素，逐渐被填没消失，取而代之的是大片的住宅、工业和交通用地，导致河网水系萎缩。③区域人口增长、经济活动频繁迫切，需要开展耕地整理。耕地整理是农村区域对原有耕地进行地块规则化，在这个过程中，原先不规则的一些河道被填没。这一现象在城镇镇区与农村交接边缘区域比较突出，边缘的土地由原来的河网纵横变为规则的地块。

4.2 河网水质变化的多元统计分析

4.2.1 河网水质变化的因子分析方法

FA是一种既可以降低变量维数，又可以对变量进行分类的方法。其实质是从多个实测的原变量中提取出较少的、互不相关的、抽象综合指标，即因子，每个原变量可用这些提取出的共因子的线性组合表示，见公式（4.1）；同时，根据各个因子对原变量的影响大小，将原变量划分为等同于因子数目的类数。在水质分析中，此方法主要用于提取污染因子和识别污染源。

$$z_{ij} = a_{f1}f_{1i} + a_{f2} + \cdots + a_{fm}f_{mi} + e_{fi} \tag{4.3}$$

式中　　z——变量的测量值；

　　　　a——因子载荷；

　　　　f——分子得分；

　　　　e——残差项；

　　　　i——样品数量；

　　　　j——变量数量；

　　　　m——因子数量。

4.2.2　河网水质影响因子分析

利用的数据源为 2008 年 12 月～2010 年 5 月共 8 次实际监测数据，平均每 2 月监测 1 次，包括 22 个常规性监测采样点 D_1～D_{22}，12 个污染指标，共 2112 个（22×12×8）监测样本。

按照特征值大于 1 的原则，因子分析结果如图 4.3、表 4.2 所示。按照主成分分析因子选取原则，在空间因子分析中提取前 3 个公因子，即 F_1、F_2 和 F_3，它们的累计贡献率达到 74.66%，能够反映原始数据的基本信息。F_1 的贡献率为 52.975%，通过因子载荷矩阵表可以看出与之相关因子主要是 NH_3-N、TP、COD_{Cr}、BOD_5、TN，其中 NH_3-N、TP、COD_{Cr}、BOD_5、TN 所占的因子载荷较大，且与 F_1 均呈正相关关系，代表了水体的污染类型主要是 N、P 的生活污染和 COD_{Cr}、BOD_5 有机污染。F_2 的贡献率为 13.079%，其中 pH 含有较高的因子载荷，与 F_2 呈较强的正相关关系，代表了水体的酸性水平，Temp 和 pH 是控制含氮水平

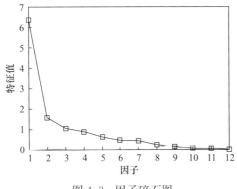

图 4.3　因子碎石图

的两个重要条件，其值的大小能够调节水中微生物对氮化物的分解，从而影响水中氮的含量。F_3 的贡献率为 8.606%，通过因子载荷矩阵表可以看出与之相关因子水体透明度。F_3 与透明度有显著的正相关（因子载荷 0.662）。

空间分析的旋转因子载荷矩阵　　　　　　　　　　　　　　　　　　表 4.2

指标	F_1	F_2	F_3
pH	0.045	0.834	−0.264
SD	−0.361	0.128	0.662
EC	0.705	0.329	0.192
DO	−0.648	0.425	0.198

指标	F_1	F_2	F_3
COD_{Cr}	0.893	-0.062	-0.091
BOD_5	0.867	-0.193	-0.051
SS	0.603	-0.629	0.190
PO_4^{3-}	0.768	0.213	0.236
TP	0.905	0.151	0.064
NH_3-N	0.922	0.165	0.025
NO_3-N	-0.639	-0.074	0.473
TN	0.853	0.180	0.345
特征值	6.357	1.569	1.033
贡献率%	52.975	13.079	8.606
累计贡献率%	52.975	66.054	74.660

因子得分反映了各个采样点的污染状况，见表 4.3，得分越高，其水质越差。地处古镇水系下游的眠牛泾浜桥的因子综合得分最高，其污染程度也最为严重，主要原因是由于施工河道被阻断，水质不流动，水体污染严重。而入镇上游水系的甫里塘、清小江因子综合得分最低，其水质最好。这一结果充分反映了上游河道来水水质好于镇区水系，甫里塘、清小江位于古镇区河流上游，是古镇区水系的来水源，人口密度低，河流水质受人为影响较小。可见研究区水质表现出明显的空间分异特征。

从各个公因子看，眠牛泾浜桥、金巷浜、洋泾港东、一号河东端要受 F_1 影响，均含有较高的因子得分。NH_3-N、TP 值最高，这些地点人口密度大，居民集聚，生活污染源没有纳入管网集中收集处理。眠牛泾浜桥、一号河东端主要受 F_2 影响，pH 含有较高的因子载荷，与 F_2 呈较强的正相关关系，代表了水体的酸性水平，Temp 和 pH 是控制含氮水平的两个重要条件，其值的大小能够调节水中微生物对氮化物的分解，从而影响水中氮的含量。甫里塘出口、甫里塘、金巷浜主要受 F_3 影响，水体透明度含有较高的因子载荷，与 F_2 呈较强的正相关关系。

采样点因子得分 表 4.3

采样点名称	编号	F_1 得分	F_2 得分	F_3 得分	因子综合得分	因子综合得分排序
水利站旁	D_1	-1.009	0.452	-0.474	-0.687	21
甫里塘	D_2	-1.373	1.032	1.118	-0.666	20
清小江	D_3	-1.394	1.204	0.324	-0.737	22
田肚港	D_4	-0.151	0.212	-0.068	-0.076	9
南塘港北	D_5	-0.142	-0.272	-0.492	-0.204	14
洋泾港东	D_6	0.719	-1.024	-1.595	0.151	6
马公河断面	D_7	-0.377	-0.451	0.105	-0.337	15
甫里塘出口	D_8	-0.953	0.119	2.503	-0.380	17
西市河西	D_9	-0.572	0.216	0.273	-0.337	16
团结河北	D_{10}	-0.322	-0.670	-0.736	-0.430	18
一号桥西侧	D_{11}	-0.275	0.289	0.232	-0.118	10

采样点名称	编号	F_1 得分	F_2 得分	F_3 得分	因子综合得分	因子综合得分排序
金巷浜	D_{12}	1.457	−2.279	1.206	0.757	2
界浦港	D_{13}	−0.217	0.317	−0.452	−0.147	11
一号河东端	D_{14}	0.701	1.329	-0.313	0.702	3
零号桥下游	D_{15}	−0.465	−0.185	−0.916	−0.464	19
眠牛泾浜桥	D_{16}	3.248	2.324	0.843	2.817	1
张家库	D_{17}	0.051	0.951	−2.347	−0.051	8
界浦港	D_{18}	−0.021	−0.578	−0.403	−0.163	12
中市河	D_{19}	0.144	−0.504	0.804	0.100	7
西市河东	D_{20}	−0.117	−0.555	0.044	−0.178	13
西汇河	D_{21}	0.556	−0.684	0.151	0.288	4
龙潭港	D_{22}	0.512	−1.245	0.194	0.160	5

因子分析中，提取了 3 个公因子，分别反映水体的含氮、含磷水平、有机物以及物理条件；因子得分的结果表明金巷浜、眠牛泾浜桥的污染最严重，水质最差，而上游水系水质最好。尽管不同断面水质与地理位置、污染源有关，但水文状况是不容忽视的重要条件，部分采样点水质受到与之联系的河道的影响。

4.3 河网水动力和水质模型建立

4.3.1 河网水动力模型构建

4.3.1.1 水动力模型简介

针对河网地区城镇河网水流流速缓慢、流态复杂、扰动频繁等特点，采用单元网格划分的方法，建立河网的水动力学—水质模型。已有文献综述表明，可供选择的水动力学模型有 ECOM3D 模型、EFDC 模型和 CII3D 模型。EFDC 模型及其技术文档均可开放获得，而且 EFDC 模型可与 WASP、CE-QUAL-ICM、WQ3D 等模型集成。综合考虑模型实用程度、数据可获取性、模型先进性和模型的可获得性，本研究选择 EFDC 模型用于用直镇河网的水动力学模拟研究。

EFDC 是威廉玛丽大学的 John Hamrick 开发的一个三维地表水模型，可实现河流、湖泊、水库、湿地系统、河口和海洋等水体的水动力学和水质模拟。EFDC 模型的基本物理过程模拟与 ECOM3D 模型和 CH3D-WES 模型相似，是一个多参数有限差分模型。此外，EFDC 包含一些非常有用的扩展功能，如水利构筑物的模拟、湿地植被条件的模拟等。同时，EFDC 模型还可进行干湿交替模拟。

EFDC 的基本物理过程模拟是一个多参数有限差分模型，在水平曲线正交网格、垂向拉伸网格上求解静水力学、湍流平均方程。模型采用 Mellor-Yamada 2.5 阶紊流闭合方程。箱式水动力模型具有很强的问题适应能力，可以根据实际研究内容的需要用于一维、二维和三维水环境模拟。

针对河网水流流速缓慢、流态复杂、扰动频繁等特点，本研究基于 EFDC（the Environmental Fluid Dynamics Code）采用单元网格划分的方法，建立其河网水动力模型。

模型的水动力学方程组为：

$$\partial_t(m_x m_y H u) + \partial_x(m_y H u u) + \partial_y(m_x H v u) + \partial_z(m_x m_y w u) - f_e m_x m_y H v =$$
$$- m_y H \partial_x(\phi + p + p_{atm}) + m_y(\partial_x z_b^* + z \partial_x H)\partial_z p + \partial_z(m_x m_y A_v H^{-1}\partial_z u) +$$
$$\partial_x(m_x^{-1} m_y A_H H \partial_x u) + \partial_y(m_x m_y^{-1} A_H H \partial_y u) - m_x m_y c_p D_p (u^2 + v^2)^{1/2} u$$

$$\partial_t(m_x m_y H v) + \partial_x(m_y H u v) + \partial_y(m_x H v v) + \partial_z(m_x m_y w v) + f_e m_x m_y H u =$$
$$- m_x H \partial_y(\phi + p + p_{atm}) + m_x(\partial_y z_b^* + z \partial_y H)\partial_z p + \partial_z(m_x m_y A_v H^{-1}\partial_z v) +$$
$$\partial_x(m_x^{-1} m_y A_H H \partial_x v) + \partial_y(m_x m_y^{-1} A_H H \partial_y v) - m_x m_y c_p D_p (u^2 + v^2)^{1/2} v$$

$$m_x m_y f_e = m_x m_y f - u \partial_y m_x + v \partial_x m_y$$

$$(\tau_{xz}, \tau_{yz}) = A_v H^{-1}\partial_z(u, v) \tag{4.2}$$

式中 u 和 v 为曲线正交坐标 x 和 y 方向上的水平速度分量；m_x 和 m_y 为水平坐标转换因子；w 为经坐标转换后垂直方向 z 上的速度；H 为总水深；ϕ 为自由表面位；f 为 Coriolis 系数；A_v 为垂直湍流系数；A_H 为水平湍流系数；c_p 为植被阻力系数；D_p 为植被密度系数；p_{atm} 为大气压力；p 为水压，可由下式求得：

$$\partial_z p = -gHb = -gH(\rho - \rho_0)\rho_0^{-1} \tag{4.3}$$

式中　　ρ——实际水密度；

　　　　ρ_0——参考水密度；

　　　　b——浮力。

模型中的三维连续方程为：

$$\partial_t(m_x m_y H) + \partial_x(m_x m_y H u) + \partial_y(m_x m_y H v) + \partial_z(m_x m_y w) = Q_H \tag{4.4}$$

式中 Q_H 为水量源汇项，包括降水、蒸发、渗漏以及动量通量可忽略的出入流。

求解水动力学方程，需要给出垂向湍流系数 A_v。采用 Mellor-Yamada（1982）模型计算垂向湍流系数：

$$A_v = \phi_A q l = 0.4(1 + 36R_q)^{-1}(1 + 6R_q)^{-1}(1 + 8R_q)ql \tag{4.5}$$

$$A_b = \phi_b q l = 0.5(1 + 36R_q)^{-1}ql \tag{4.6}$$

$$R_q = -\frac{gH\partial_z b}{q^2}\frac{l^2}{H^2} \tag{4.7}$$

以上各式中 q 为湍流强度，l 为湍流长度，R_q 为 Richardson 数，ϕ_v 和 ϕ_b 是稳定函数以分别确定稳定和非稳定垂向密度分层环境的垂向混合或输运的增减。

湍流强度和湍流长度由下列方程确定：

$$\partial_t(m_x m_y H q^2) + \partial_x(m_y H u q^2) + \partial_y(m_x H v q^2) + \partial_z(m_x m_y w q^2) =$$
$$\partial_z(m_x m_y A_q H^{-1}\partial_z q^2) + Q_q - 2m_x m_y H q^3(B_1 l)^{-1} +$$
$$2m_x m_y(A_v H^{-1}((\partial_z u)^2 + (\partial_z v)^2) + gK_v \partial_z b)$$

$$\partial_t(m_x m_y H q^2 l) + \partial_x(m_y H u q^2 l) + \partial_y(m_x H v q^2 l) + \partial_z(m_x m_y w q^2 l) =$$
$$\partial_z(m_x m_y A_q H^{-1}\partial_z(q^2 l))$$
$$- m_x m_y H q^3 B_1^{-1}(1 + E_2(\kappa H z)^{-2} + E_3(\kappa H(1-z))^{-2}) + Q_l +$$
$$m_x m_y E_1 l(A_v H^{-1}((\partial_z u)^2 + (\partial_z v)^2) + gK_v \partial_z b + \eta_p c_p D_p(u^2 + v^2)^{3/2} \tag{4.8}$$

这里 B_1，E_1，E_2 和 E_3 均为经验常数；η_p 为效率因子，大于 0 小于 1；Q_q 和 Q_l 为附加的源汇项；垂直扩散系数 A_q 一般取 $0.2ql$；κ 为冯卡门常数。

动力学方程采用有限体积法和有限差分结合的方法来求解，水平方向采用交错网格离散。数值解分为沿水深积分长波重力波的外模式和与垂直流结构相联系的内模式求解。

EFDC 模型系统用 FORTRAN77 编写而成，包括 efdc. f 和两个 include 文件：efdc. com 和 efdc. par。efdc. f 包含 1 个主程序，110 个子程序。对于每一个应用研究，模型配置和环境数据输入需要配置表 4.4 所示文件，其中第一列打"√"的为甪直镇河网水动力学模拟所需的配置文件。

EFDC 模型输入文件列表

表 4.4

甪直模拟	文件名	输入数据类型
√	aser. inp	气象数据时间序列文件
√	cell. inp	水平单元格类型识别文件
√	cellt. inp	水平单元格类型识别文件，用于平均物质传输
	depth. inp	指定笛卡尔单元格水深、库底高程和粗糙度的文件
	dser. inp	染料浓度时间序列文件
√	dxdy. inp	指定水平单元格间距、深度、库底高程等
	dye. inp	染料初始浓度分布文件
√	efdc. inp	主控制文件
	fldang. inp	指定 M2 潮汐 CCW 角度
	gcellmap. inp	指定一个笛卡尔曲线正交网格
	gwater. inp	土壤湿度特征文件
√	lxly. inp	指定单元格的中心坐标和方位
	mappgns. inp	指定南北方向或 y 方向上的单元格配置代表一个周期区域
	mask. inp	指定障碍物阻止特定单元格的水体流动
	modchan. inp	指定子区河道配置文件
	moddxdy. inp	指定单元格大小的调整系数
	pser. inp	水体开阔边界水面高程时间序列文件
	qctl. inp	水动力学控制构筑物特征文件
√	qser. inp	源/汇流量时间序列文件
	restar. inp	重启动文件
	restran. inp	任意时间步长平均的水体动力学文件
	salt. inp	初始盐度分布文件
	sdser. inp	悬浮物浓度时间序列文件
√	show. inp	运行显示控制文件
	sser. inp	盐度时间序列文件
	sfser. inp	甲壳类动物放养时间序列文件
	sfbser. inp	甲壳类动物生长时间序列文件
	tser. inp	温度时间序列文件
	vge. inp	植被阻力特征文件
	wave. inp	潮汐输入文件

模型主程序为 efdc.exe，主程序读取输入文件后进行计算，得到水动力学计算结果的输出文件，其中主要输出文件及其输出内容见表4.5。

EFDC 模型的主要输出文件列表　　　　　　　　　　　　　　表 4.5

文件名	输出数据类型
waspb. out	记录网格等效交换面积、特征交换长度以及扩散速度信息
waspc. out	记录网格初始体积、水深等信息
waspd. out	记录沉积物交换速率信息
waspp. out	网格在坐标系中所在位置信息
efdc. out	通过主程序读取各输入文件情况记录
*. hyd	记录各时间步长各网格的水量、水深，各网格界面的流量、平均流速等信息

*. hyd 文件可通过 Hydrolink 程序输入 WASP 中，作为水质模拟的基础，是本研究主要关注的水动力学输出文件。为了根据 WASP 版本设置合理的 *. hyd 文件格式、文件名称及其他相关参数，需要编写另外一个控制文件：efdc.wsp。

4.3.1.2　河网水动力模型建立

水动力模型所需的数据主要包括空间、水文、气象以及人工水利行为等方面的数据信息。选取了具有代表性的断面，实地测量其水深和断面形状，以反映河道高程和断面特征。气象数据输入文件 aser. inp 包括风速、风向、大气压、干球温度、湿球温度、降雨量、蒸发量和太阳辐射等数据，采用国家气象局资料室提供的 2007 年～2008 年上海站（站点编号为 58362）地面气象数据。

长期水文监测点为甫里塘角直站（站点编号 63403400，以下称角直站），该站记录了 1949 年～1992 年的水文情况。研究区域下游的第一个水文站为吴淞江周巷站（站点编号为 63404900，以下称周巷站），该站记录了 1949 年至今的水文情况。本研究从苏州水文局获取了角直站 1990 年～1992 年的水位日均值和周巷站 1990 年～1992 年、2007 年～2008 年的水位日均值。分析发现，角直站和周巷站水位变化趋势一致，水位日均过程线形状相同，如图 4.4 所示。两站所测水位值相关性好，相关系数为 0.991。

图 4.4　角直站和周巷站 1990 年～1992 年日均水位过程线

1990 年～1992 年，两站水位日均值差值（以下称绝对差值）维持在 0.29m 左右，占两站平均水位值的比例（以下称相对差值）维持在 10.5% 左右。前者的标准差为 0.035，后者的标准差为 0.01。假设角直站和周巷站水位相对差值为 10.5%，则可根据周巷站水位推算相应时刻的角直站水位，即：

$$Z_{角直站} = \frac{1 + 0.0525}{1 - 0.0525} \cdot Z_{周巷站} \qquad (4.9)$$

式中　$Z_{角直站}$——角直站水位，m；

　　　$Z_{周巷站}$——周巷站水位，m。

据此，利用 1990 年~1992 年周巷站水位数据算出的角直站水位数据与实测值吻合度极高，如图 4.5 所示。此三年角直站水位计算值与实测值的中值误差分别为 0.63%、0.70% 和 0.61%，在可接受范围内。运用同样的方法，利用 2007 年、2008 年周巷站水位数据计算角直站水位变化情况，计算结果如图 4.6 所示。本研究采用 2007 年、2008 年角直站水位计算值和周巷站水位监测值作为角直河网水动力学模拟的边界条件。

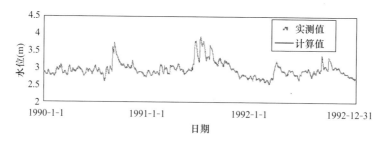

图 4.5　1990 年~1992 年角直站日均水位过程实测线和计算线

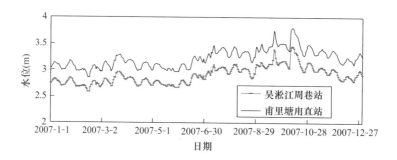

图 4.6　2007 年周巷站实测水位和角直站计算水位日均过程线

模型概化包括时间概化和空间概化。时间概化一方面要从实际问题的性质出发，考虑水体水文和输入条件的时间变化；另一方面需要考虑实际数据的详尽程度。此外，从计算的稳定性和数值的精确性考虑，计算时间步长和模型网格的大小是直接相关的，当其中一个增大或减小时，另一个也应相应地增大或减小。减小时间步长（同时减小网格大小）将增加水质模拟的详尽程度，但同时也增加了输入数据需求和模拟时间。本研究的水动力学模拟时间步长设定为 0.5min。

河网空间概化基于以下三个原则进行：①同一网格水动力学特征相似，水位变化不大，水质相似；②反映河道自然连接关系；③河道过流能力和纳蓄能力与真实值尽可能相同。角直河网空间概化结果如图 4.7 所示，网格与实际水域高度吻合。需要说明的是，眠牛泾浜南侧的河道是因建设江南文化园而新开，模型建立时尚未通水，因此本研究进行角直河网现状水动力模拟时对其不予考虑。

研究涉及的 EFDC 水动力学模型参数可分为原理参数和控制参数两大类，前者描述水动力学特征，后者控制模拟计算过程、结果判定等。原理参数根据实际研究性质、河网特征，查阅 EFDC 水动力学模型使用说明和 EFDC 实际应用文献确定。控制参数根据实际模拟精度需求、模拟计算稳定性和模拟结果合理性确定。

角直河网水动力模拟结果如图 4.8 和图 4.9 所示，其中水位模拟结果与实测情况高度吻合，水位模拟值与实测值之间的中值误差约为 1.6％，模拟精度高，达到了研究和应用的要求。

图 4.7 角直河网空间概化结果

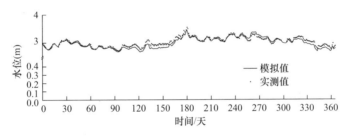

图 4.8 角直河网水位模拟结果（水利站旁河道）

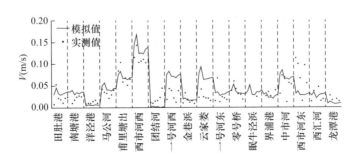

图 4.9 角直河网流速模拟结果

此外，河水流动状态与污染物质迁移和转换密切相关，角直河网流速模拟值与各水文监测点的实测值基本吻合，虽然部分数据存在一定差异，但是考虑到流速的随机变化及测量的不确定性，可以认为该模型的模拟结果基本反映了用直河网的流场分布和变化。

4.3.2 河网水质模型构建

4.3.2.1 河网水质模型简介

水质模型须与水动力学模型耦合，故应采用组合单元法进行水质模拟。目前满足研究需求的模型软件中，使用较多、应用效果较好的有 WASP、CE-QUAL-ICM、HEM3D 等模型。考虑数据的可获得性和应用要求，本研究选择 WASP 模型进行水质模拟。

WASP（Water Quality Analysis Simulation Program System）是由美国国家环保局（USEPA）暴露评价模型中心开发的用于地表水水质模拟的模型。WASP 有几个不同版本，本研究使用 WASP 7.2。WASP 由两个独立的计算机程序 DYNHYD 和 WASP 组成，两个程序可连接运行，也可以分开执行。DYNHYD 为一维的水动力学模型，本研究中不运用，故不介绍。WASP 程序也可与其他水动力程序如 RIVMOD（一维），EFDC（三维）相连运行；如果有已知水动力参数，还可单独运行。

水质分析模拟程序 WASP 是一个动态模型模拟体系，基于质量守恒原理，在时空上追踪某种水质组分的变化。WASP 由 TOXI 和 EUTRO 两个子程序组成，分别模拟两类典型的水质问题：有毒物质迁移转化规律（有机化学物、金属、沉积物等）；传统污染物的迁移转化规律（DO、BOD 和富营养化）。

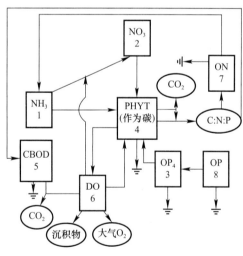

图 4.10　EUTRO 各变量之间的相互转化关系

EUTRO 可模拟 8 个常规水质指标，即 $NH_3\text{-}N$、$NO_3\text{-}N$、无机磷、浮游植物、CBOD、DO、ON（有机氮）和 OP（有机磷），其浓度分别用 C_1、C_2、C_3、C_4、C_5、C_6、C_7、C_8 来表示。这 8 个指标分为 4 个相互作用子系统，即浮游植物动力学子系统、磷循环子系统、氮循环子系统和 DO 平衡子系统，各子系统之间的相互转换关系如图 4.10 所示。EUTRO 模型充分考虑了各系统间的相互转化关系，除此之外，还考虑光照、温度等环境因素的影响。

氮循环子系统重点关注 $NH_3\text{-}N$、$NO_3\text{-}N$ 和 ON 这三类含氮物质的迁移转化过程，分别用以下方程描述其浓度变化：

$$\frac{\partial C_1}{\partial t} = D_{P_1} a_{nc} (1 - f_{on}) C_4 + k_{71} \theta_{71}^{T-20} C_7 \frac{C_4}{K_{mPc} + C_4}$$

藻类死亡　　　　　　　矿化

$$- G_{P_1} a_{nc} P_{NH_3} C_4 - k_{12} \theta_{12}^{T-20} C_1 \frac{C_6}{K_{NIT} + C_6}$$

藻类生长　　　　　　　硝化

$$\frac{\partial C_2}{\partial t} = k_{12}\theta_{12}^{T-20}C_1\frac{C_6}{K_{NIT}+C_6} - G_{P_1}a_{nc}(1-P_{NH_3})C_4 - k_{20}\theta_{20}^{T-20}C_2\frac{K_{NO_3}}{K_{NO_3}+C_6}$$

硝化   藻类生长   反硝化

$$P_{NH_3} = \frac{C_1}{(K_{mN}+C_2)}\left(\frac{C_2}{(K_{mN}+C_1)}+\frac{K_{mN}}{(C_1+C_2)}\right)$$

氨氮选择系数

$$\frac{\partial C_7}{\partial t} = D_{P_1}a_{nc}f_{on}C_4 - k_{71}\theta_{71}^{T-20}C_7\frac{C_4}{K_{mPc}+C_4} - V_{s_3}C_7\frac{1-f_{D_7}}{D}$$

藻类死亡   矿化   沉降   (4.10)

磷循环子系统重点关注 PO_4^{3-}-P 和 OP 两类含磷物质的迁移转化过程，分别用以下方程描述其浓度变化：

$$\frac{\partial C_3}{\partial t} = D_{P1}a_{pc}(1-f_{op})C_4 + k_{83}\theta_{83}^{T-20}C_8\frac{C_4}{K_{mPc}+C_4} - G_{P_1}a_{pc}C_4$$

藻类死亡   矿化   藻类生长

$$\frac{\partial C_3}{\partial t} = D_{P1}a_{pc}f_{op}C_4 - k_{83}\theta_{83}^{T-20}C_8\frac{C_4}{K_{mPc}+C_4} - \frac{V_{s3}(1-f_{D8})}{D}C_8$$

藻类死亡   矿化   沉降

浮游植物动力学子系统重点关注 Chl-a 的迁移转化过程，用以下方程描述其浓度变化：

$$\frac{\partial C_4}{\partial t} = k_{1c}\theta_{1c}^{T-20}X_{RI}X_{RN}C_4 - (k_{1R}\theta_{1R}^{T-20}+k_{1D}+k_{1G}Z(t))C_4 - \frac{V_{s4}}{D}C_4$$

藻类生长   藻类死亡   沉降

$$X_{RI} = \min\left(\frac{DIN}{k_{mN}+DIN}, \frac{DIP}{k_{mP}+DIP}\right)$$

营养限制因子

DO 平衡子系统重点关注 CBOD 和 DO 的迁移转化，分别用以下方程描述其浓度变化：

$$\frac{\partial C_5}{\partial t} = a_{oc}k_{1D}C_4 - k_D\theta_D^{T-20}C_5\frac{C_6}{K_{BOD}+C_6}$$

藻类死亡   氧化

$$- C_5\frac{V_{s3}(1-f_{D5})}{D} - \frac{5}{4}\frac{32}{14}k_{20}\theta_{20}^{T-20}C_2\frac{K_{NO_3}}{K_{NO_3}+C_6}$$

沉降   反硝化

$$\frac{\partial C_6}{\partial t} = k_2(C_5-C_6) - k_D\theta_D^{T-20}C_5\frac{C_6}{K_{BOD}+C_6} - \frac{64}{14}k_{12}\theta_{12}^{T-20}C_1\frac{C_6}{K_{NIT}+C_6}$$

大气复氧   氧化   硝化

$$- \frac{SOD}{D}\theta_{SOD}^{T-20} + G_{P1}\left(\frac{32}{12}+\frac{48}{14}\frac{14}{12}(1-P_{NH_3})\right)C_4 - \frac{32}{12}k_{1R}\theta_{1R}^{T-20}C_4$$

底泥耗氧   藻类生长   藻类呼吸

WASP 7.2 将水质模拟程序进行了封装，并开发了基于 Windows 的友好操作界面，主要配置均通过界面设置完成。WASP 7.2 可通过 Hydrodynamic Linkage 直接读取其他水动力学模型生成的水动力学文件（文件命名格式为 *.hyd）。此外，WASP 7.2 附带的

Hydrolink 程序可以将其他水动力学模型生成的其他格式的水动力学文件转换为 WASP 可读取的格式（ ＊.hyd）。

4.3.2.2 河网水质模型建立

WASP 以 EFDC 水动力模拟为基础，操作流程如图 4.11 所示。EFDC 进行水动力模拟后生成水动力学文件 ＊.hyd；WASP 7.2 附带的 hydrolink.exe 程序进行格式转换后生成 WASP 7.2 可读取的水动力学文件（ ＊.hyd）；WASP 7.2 读取水动力学文件，配置水质参数和输入条件，进行水质模拟，生成结果文件 ＊.bmd；WASP 7.2 附带的 Post-processor 程序，读取 ＊.bmd，对水质模拟结果进行后处理，生成图、表，分析模拟结果。

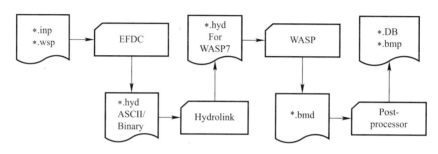

图 4.11　角直镇河网水动力学—水质模型模拟操作流程

除 EFDC 生成的水动力结果外，WASP 水质模型还需要表 4.6 所示的数据和资料。本研究开始为前，角直镇河网没有长期水质监测记录，因此采用前 5 次水质监测数据进行参数率定，用后 6 次监测数据进行模型验证。

角直河网水质模型数据需求　　　　　　　　　　　　　　　　　　　表 4.6

数据类型		描述
水质数据	边界水质数据	研究区域边界水体的主要水质指标值及变化趋势
	河网水质数据	研究区域内河水的主要水质指标值及变化趋势
	水温	研究区域内河水温度变化情况
污染源	点污染源	研究区域内点污染源，包括污染物种类、量和排放规律
	面污染源	研究区域内面源污染，包括污染物种类、量和变化规律

WASP 模型系统的参数包括扩散系数、生物化学反应常数、悬浮物沉淀速度。由于模型系统复杂，参数众多，无法用一元线性回归、多元线性回归方程方法以及参数优化算法进行参数估值。因此本研究根据模型使用说明，参考以往研究成果或经验数据确定部分参数取值，以模拟结果的合理性和误差大小作为检验参数取值是否合理的标准。部分参数通过模拟实验率定，得到角直河网水质模型参数。

考虑到数据的充实程度和重点关注的水质问题，在对角直河网水质进行模拟时，主要模拟氮循环子系统和 DO 平衡子系统。角直河网关键点位 DO 和 BOD_5 的模拟结果及其与实测值的吻合情况如图 4.12 和图 4.13 所示。模拟结果中各主要监测点各水质指标的中值误差统计见表 4.7。除少数奇点外，模型基本反映了角直河网 DO、BOD_5、NH_3-N 等水质指标的水平和变化趋势，模拟中值误差也在可接受范围内。

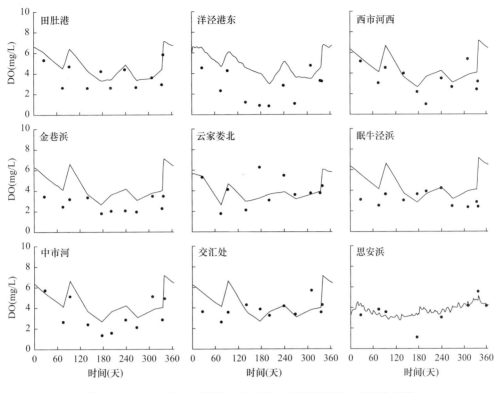

图 4.12　用直河网水质模拟结果-DO（点为测量值，线为模拟值）

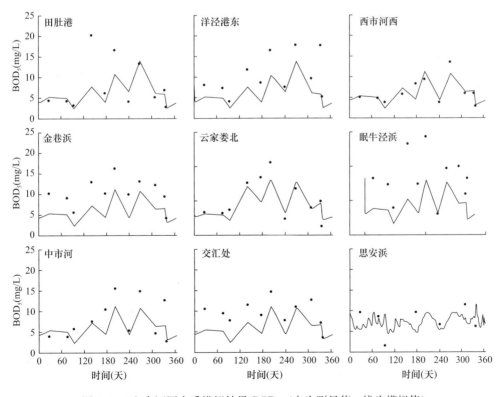

图 4.13　用直河网水质模拟结果-BOD_5（点为测量值，线为模拟值）

用直河网水质模拟误差分析 表 4.7

水质监测点	模拟中值误差（%）			水质监测点	模拟中值误差（%）		
	DO	BOD$_5$	NH$_3$-N		DO	BOD$_5$	NH$_3$-N
水利站旁	11.7	4.4	14.0	中市河	26.1	27.4	39.3
田肚港	31.5	22.7	37.6	西市河东	34.3	25.2	29.5
南塘港	21.3	21.9	36.7	西汇河	29.8	24.2	39.5
洋泾港东	40.9	25.9	49.5	龙潭港	39.4	28.3	35.6
甬端	36.8	17.9	33.6	十号桥	35.6	32.1	39.0
甫里塘出	39.4	22.2	30.5	六号河东	48.0	35.2	44.3
西市河西	26.4	17.6	33.7	六号河西	39.0	29.1	44.1
团结河北	26.8	26.2	31.4	云家娄	39.9	41.4	59.6
一号河西	30.6	22.2	36.3	地园浜	50.1	22.7	52.1
金巷浜	42.1	30.4	51.1	支家库桥	36.4	41.2	36.4
云家楼北	19.8	17.7	38.1	交汇处	28.9	28.7	44.5
一号河东	30.3	25.4	50.5	吉家浜	37.5	32.9	45.8
零号桥	4.8	3.5	20.3	万安桥	44.3	25.7	37.2
眠牛泾浜	38.5	34.3	54.1	思安浜	16.3	15.0	53.1
张家库	64.8	25.6	42.6	马公河	41.3	29.1	44.2
界浦港	23.8	19.3	35.4				

4.4 河网水系水动力调控与污染控制

4.4.1 水系沟通和污染负荷削减方案

该方案旨在通过调整水系结构及相关的水利调控设施，优化流场分布，改善水动力条件，强化河道功能，技术验证区生活污水收集和处理，实现验证区水环境质量改善。

本方案的主要内容是沟通河网的断头浜，尤其是位于居民生活区的断头浜，如图 4.14 所示，包括六号河（东支和西支）、十号河、思安浜、云家娄、石家湾、眠牛泾浜、吉家浜等。此外，疏通局部河道，实现水系连通与优化径流通道。

同时根据镇区污染源的解析，对古镇和支家库分散排放的生活污水、工业废水进行收集和处理。

本整治方案总体上是根据水系沟通和污染负荷削减，利用建立的水动力—水质模型进行前景分析，深入识别其对河网水动力条件和水质改善的影响。

由于水系结构优化，用直河网的水动力条件将得到有效改善，结果如图 4.15 所示。用直河网中主要的滞水区，如北部的六号河和十号河、中部的思安浜和云家娄、南部的石家湾和吉家浜，流速都有了显著的加快。水系疏通使得上述河道水动力条件改善，水体交换加快，进而恢复水体自净能力，改善河流水环境状态。

利用用直河网水质模型，基于上述方案的水动力模拟结果，结合目前的实际边界条件和初始情况，模拟得到水系沟通和镇区污染负荷削减实施后的水质状况。根据生活污水主要污染物类型，选用 BOD$_5$ 和 NH$_3$-N 作为水质考查和评价指标，其中 BOD$_5$ 按照用直水

系实测与 COD_{Cr} 的关系折合为 COD_{Cr}。结果如图 4.16 和图 4.17 所示。

图 4.14 角直河网水系结构优化方案示意图

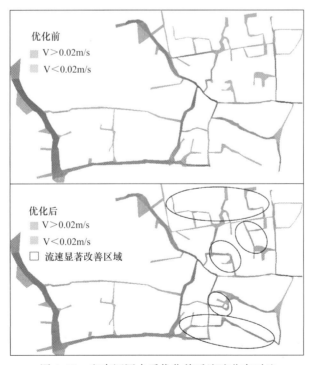

图 4.15 角直河网水系优化前后流速分布对比

图 4.16 为角直河网水质最差的 15 个监测点所在区域，水系结构优化前后的水质对比。由图可见，COD_{Cr} 和氨氮浓度均表现出显著降低。由此表明，水系沟通带来的水动力

条件和流场改善，提高了滞水河道的污染物输移外排能力，降低了相应水体的污染程度。

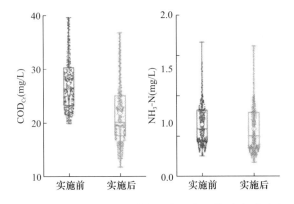

图 4.16 角直河网主要滞水区水系沟通前后水质对比

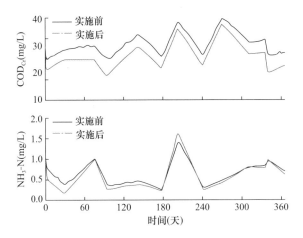

图 4.17 角直河网水系沟通前后水质对比

通过模型模拟分析，长效方案对角直河网水动力条件和水质改善的积极作用得以验证。本方案只涉及河网水系结构方面的内容，如果与削减污染源、建设生态修复工程等措施结合，将更有助于角直水环境的改善。

4.4.2 闸泵联合动力调控方案

闸泵联合动力调控方案是以在较短时间内快速改善并维持古镇区河道水质为主要目的，适用于古镇保护区水质严重变差，急需改善，且外江（甫里塘，甚至吴淞江）水质相对较好的情况。

科学调度现有水利设施。调水主要通道为甫里塘—西市河—中市河—眠牛泾浜，以及甫里塘—西市河—马公河—西汇河—眠牛泾浜。据此应对现有水利设置做出运行安排：调水前，关闭长港里闸、新开河闸、翔里浜闸、二号河闸、团结河南口闸、一号河西口闸、金巷浜南闸、思安浜闸、洋泾港东闸、中市河南闸、角直中学闸、龙潭港闸，开启西市河西闸；开启角直中学泵站开始调水。调水结束时关闭角直中学泵站，停止抽水；上述水闸可以恢复原状态。本方案所涉及的水闸、泵站位置如图 4.18 所示。

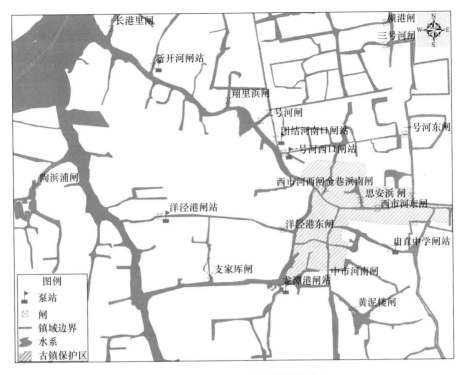

图 4.18　应急方案相关水利设施分布

为检验闸泵联合动力调控方案对甪直河网水动力调控及古镇水质改善的效果，2010年 12 月 1 日按照方案设计，进行了实际调水实验。

调水操作对古镇区河道及其关联河道的水动力改善效果明显，如图 4.19 所示。古镇区内主要河道的流速大幅提高，尤其是前文所述调水通道中的河水流速。此外，图 4.20所示的调水前后各监测点 DO 对比也体现出调水操作对古镇河道水质的改善效果。调水操

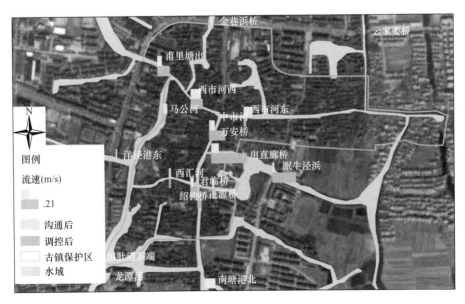

图 4.19　闸泵联合动力调控方案实验结果-流速

47

作可以增强水动力，改善复氧能力等，促进污染物净化。由于调小水质并不明显优于古镇河道水质，因而表现出的水质改善效果主要由上述作用造成的。据此，以调水操作为主的应急方案，能够快速有效地改善古镇保护区河道水质。

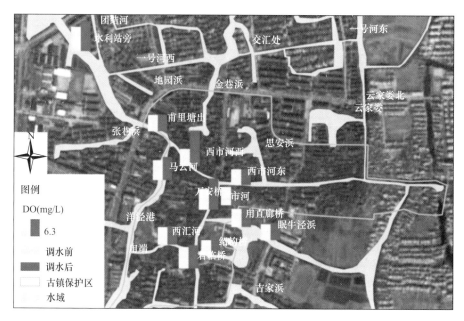

图 4.20　闸泵联合动力调控方案实验结果-DO

4.5　水系水质改善多级复合模式

4.5.1　多级复合水质改善技术框架

基于甪直水系的调研分析，结合上述研究，提出河网地区城镇区域水系水质改善的上、中、下游多级复合治理技术框架，如图 4.21 所示。

（1）上游河道截污与生态维持。为保证进入中游古镇保护区上游来水水质，需要维持现有入镇水质不恶化，要有针对性地进行上游河道的污染物截除和生态状态维持。通过河道两岸截污工程，削减两岸河道排污口污染负荷进入河道，同时开展支家库居民污水收集、河道底泥清淤、支家库断头浜水系激活、人工湿地以及河道景观生态建设等措施。协同进行生态维持，包括河道两岸景观生态建设，建立河岸带，防止水土流失。

（2）中游城镇水系的优化、调控与负荷削减。在古镇上游截污和生态维持，保障清水入镇的基础上，对中游镇区开展水系优化和动力调控以及负荷削减和生态修复技术研究，包括局部水系结构的优化，即通过河道的连通性、新开挖河道，增加河道水面率，同时视古镇河道水质情况，借助闸泵工程的联合调度，提高镇区河道水动力条件，改善水环境；在水动力条件改善的同时，开展污染河道复合湿地的生态处理和河道生态建设，削减河道污染负荷，恢复生态，提升自净能力。

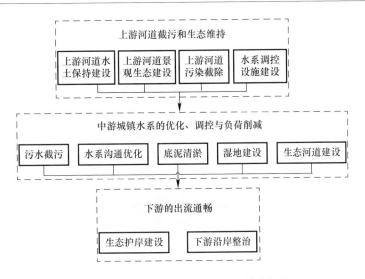

图 4.21 上、中、下游多级治理技术框架

（3）下游出镇水系通畅：为了保障镇区水系上中下游的流动，要保障下游出镇水系的畅通。围绕多年来由于上游来水下泄淤积河道底泥较深，以及两侧河岸带水体流失严重，开展南塘港清淤和生态驳岸建设。

4.5.2 多级复合水质改善技术

基于多级复合水质改善技术框架，提出区域层次的多级复合控制技术体系。该水质改善技术体系以控源截污为前提，以沟通水系为基础，以水系结构优化与借助闸泵调控的水动力调控为重点，同时开展河道疏浚与清淤、沿河湿地建设激活断头浜、景观生态建设、配套堤岸整治等形成完整的、系统的、符合甪直镇发展要求的水环境治理技术工程方案体系。具体的工程方案实施示意图如图 4.22 所示，充分体现上中下游的多级层次水质净化体系构建。

（1）上游河道截污与生态维持技术

上游洋泾港西段流速大、东段流速小，分别为 0.05m/s、0.01m/s，河道水质污染严重，整体上为劣 V 类水质。洋泾港西部河道两侧为工厂，东部河道两侧为生活、餐饮、娱乐洗浴等服务行业。现查明洋泾港—支家库河道共有 39 个排污口，49 个雨水口分布在河道两侧，部分为雨污合流管道，密度较大。通过实施截污、生活污水管网建设和生活垃圾分类收集、处理，资源再利用等，实现上游污染负荷削减和河道综合整治。

上游河道甫里塘景观生态维持。在景观生态学理论的指导下，结合当地的生态条件，以亲水和恢复历史文化水景观为目标，通过不同尺度与维度的水生、湿生、陆生生物群落结构配置与优化，建成甪直水系与水乡城镇景观相协调的滨河景观廊道，推进河岸景观建设，建立长效管理体制机制。

（2）中游城镇水系的优化、调控与负荷削减

包括镇区支家库生活污水的收集、河道的清淤、镇区水系结构优化与沟通、闸泵动力调控、污染河道的复合湿地处理、河道的生态修复等。

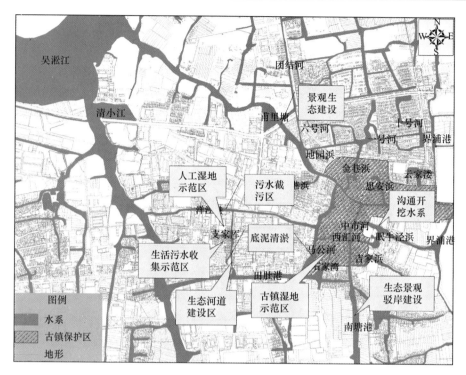

图 4.22　总体方案工程布局图

1）支家库生活污水收集：甫里村片区支家库居民聚集区域位于洋泾港以南，毗邻用直污水处理厂，经现场调研发现，居民家庭卫生设施基本为马桶，区域内设置有 10 个公共厕所，收纳居民的粪便污水，居民的其他生活灰水基本排入临近的支家库，而公共厕所内设有化粪池，化粪池出水排入支家库水泵。目前，对支家库的水质监测表明，COD_{Cr}、NH_3-N 和 TP 均劣于地表 V 类水标准，夏季河水富营养化严重，并散发恶臭。为此，通过工程技术措施将居民生活污水收集输送至污水处理厂进行处理。

通过支家库示范区居民生活污水收集工程，削减了污水直排对受纳水体的污染，收集污水量以 160m³/d（其中负压收集的污水量为 25m³/d）计，进水 COD_{Cr} 以 350mg/L、NH_3-N 以 30mg/L 计、TP 以 5mg/L 计，则每年可削排入支家库的 COD_{Cr}、NH_3-N 和 TP 污染物约为 20.4t/年、1.75t/年和 0.29t/年。

2）河道清淤。为有效清除河道底泥淤积，减少底泥二次污染，增加水体的流速。根据研究区河道的具体情况，确定需要进行底泥清淤的河道以及清淤工程量。根据河道的具体情况，使用挖泥船清淤。共清淤 134400m³，底泥运往甫里塘上游节点景观河道建设护岸建设用土，达到循环利用。

3）镇区水系结构优化与沟通：提出了需要沟通的阻水瓶颈点如图 4.23 所示。沟通和调控古镇区水系，做到古镇水系"水流畅通和水质维持"；沟通古镇下游的眠牛泾浜、吉家浜、张家库、南塘港等河流，实现镇区水系"出流通畅"，达到用直镇区水系的结构优化和畅通。同时进行河道的开挖与建设，增加古镇河网水面率，改善古镇区河道景观建设，与古镇人文水文化景观建设协调发展。2010 年 11 月监测所得的用直水系流速均值约为 0.043m/s，沟通前的 2009 年 11 月监测所得流速均值约为 0.033m/s，增幅约 30%。可见水系结构优化对用直水系流动状态改善效果明显。并且，水体流动性改善能够极大地促进水质改善。

图 4.23 水系沟通节点及优化（阻水节点）

4）闸泵动力调控。在水系连通性增强的基础上，考虑到研究区水系水流滞缓、河道坡降低，拟采用外力作用，通过闸泵改、扩建，优化闸泵控制规律等措施来提高河道的水流流速，增强河道的自净能力。将建成后泵站群系统的引调水扩容与其他措施结合起来，可以在较短时间内使用直古镇区水系水质得到改善。

5）支家库四段式多级复合湿地。针对重污染河道支家库水质改善，在水文和水质特征分析的基础上，研发了集断头浜激活与重污染河水异位净化为一体的四段式（滤池—下行式潜流湿地—上行式潜流—表流湿地）复合湿地处理净化技术。其四段复合工艺的布局如图 4.24 所示。支家库人工湿地位于支家库河道右岸，总用地规模 3171m²，其中水域面积 1020m²。水质改善日处理能力：设计处理能力 500m³/d，应急处理能力 1000m³/d。工程建设滤池与潜流湿地 375m²，表流湿地 1020m²，整治断头河道 1950m²。

该技术集断头浜激活与重污染河水异位净化功能为一体，如图 4.25 所示。采用四段式复合湿地处理净化技术，将滤池、下行式潜流湿地、上行式潜流湿地、表流湿地优化组合起来，有效提升悬浮物、有机物、氮的去除能力和生态景观价值，再耦合污水收集、清淤、河流景观生态建设技术等综合技术，实现平原河网城镇河流的水质改善和生态修复。

多级复合湿地处理技术的要点表现在：针对来水富含颗粒物和大分子有机物的特征，从前期滤池到一级、二级湿地的管线布置，综合考虑了颗粒物和有机胶体的逐级拦截和去除，避免了传统湿地易于堵塞的问题；四段式湿地中有些形成了好氧、兼氧、缺氧、兼氧、好氧几个阶段，提升了有机物的氮磷的去除效果。适用于重污染城镇水系治理；考虑湿地的水质净化与生态价值、景观的耦合，为支家库地段提供景观优美和谐的生态湿地公园。

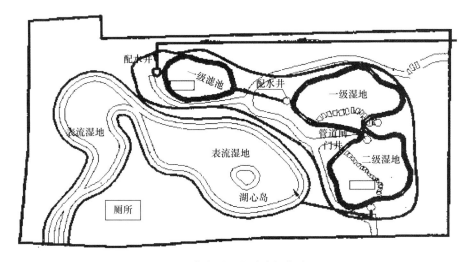

图 4.24 支家库四段式多级复合湿地

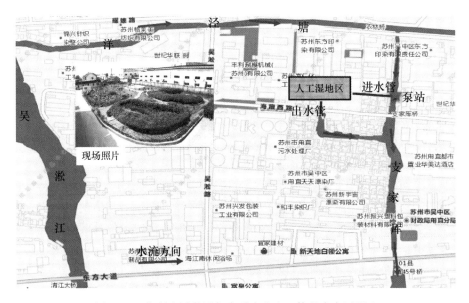

图 4.25 集断头浜激活与水质净化为一体的支家库湿地

6）古镇人工湿地。为了改善古镇西汇河水质，并为古镇补水，研发垂直流—水平流耦合的复合湿地技术，完成了古镇湿地（用地面积 469m²，日处理能力 200～300m³/d）。古镇湿地的建设加强了西汇河流动性。古镇湿地运行后，可将西汇河换水时间提高至 4～6 天，大大加速了西汇河河水循环，同时增强了水体自净能力。

7）支家库河岸带景观生态修复。针对支家库生态破坏严重，在截污、清淤、湿地净化的基础上，开展支家库的生态景观修复。对支家库河道的景观生态建设，采用生态型护岸，岸边广植绿树，把水、河道、河畔植物连成一体，在自然的地形、地貌基础上，建立起阳光、水、植物、生物、土体、护岸之间的河道生态系统，借以全面恢复并进一步增强其原有的自净能力，帮助其重新恢复正常的河道生态系统，从而从根本上解决河道的水污染问题。

（3）下游出镇水系通畅

下游城镇水系主要为南塘港，为保障其畅通，主要开展南塘港河道清淤、生态恢复（包括生态驳岸等）。

5 河网城镇污水收集与管网运行优化技术

5.1 国内外污水收集技术研究

5.1.1 传统重力收集系统

传统污水重力收集模式是城市排水系统的主要模式。其主要基于重力将污水收集，利用地形变化，自高地形向低地形收集。发展至今，重力收集技术已相当成熟可靠，相应的理论计算、设计规范和施工方法完整，在城市排水收集系统中具有难以替代的地位。但是，由于重力排水系统所具有特征，存在应用的局限性，实际应用、效率优化和环境保护方面具有劣势。

（1）对管径和管道坡度要求较高，易受地形限制。

为了避免管道的淤积和冲刷现象，污水管道设计流速应在最小和最大容许流速的范围之内。管道流速由管渠的水力半径、水力坡降和粗糙度决定。在重力流的情况下，水力坡降等于水面坡度，亦即管底坡度。重力管道为保障最小流速即自清流速，对不同管径的管道有最小坡度的要求。《室外排水设计规范》GB 50014—2006（2016 年版）明确规定，污水管的最小设计管径为 300mm，相应的最小设计坡度为 0.002～0.003。因此，在地势平坦、浅岩石层、河网密布等特殊地形地区，重力排水系统往往需要加大开挖深度或增设提升泵站，施工难度大、成本高。在管位紧张的地区，重力管的敷设也往往难以进行。

（2）密封性差，易渗漏。

重力排水系统对管道密封性要求不高，当地下水位较高时，会有地下水渗入，渗入量可能达到设计污水量的 20％～30％。过多地下水的渗入会带来泵站运行电耗升高、污水处理厂处理费用增加等问题。当地下水位较低时，管道渗漏则会造成污染物质渗出，污染周边土壤和地下水系统。

5.1.2 国内外污水负压收集技术

在密集城区及村镇等地区，受地形、住宅分布等因素的影响，传统重力排水系统的成本高、施工难度大、可实施性差。为提高这些地区的污水收集率，国内外开发了负压收集技术以替代传统的重力收集。

负压收集系统的基本是以负压为驱动力进行污水的抽吸与输送。负压收集系统基本由三个单元构成，即污水收集单元、负压管道单元和负压站单元。其中负压站单元主要为污水收集提供动力，负压站单元主要产生并维持系统中的负压。负压管道连通污水收集单元与负压收集罐，污水经负压管道的传输进入负压站。

负压收集系统一般分为室内负压收集和室外负压收集两种模式，不同的收集方式的收集管道和负压收集泵站基本相同，其主要区别在于污水收集单元不同，下面就室内负压收集和室外负压收集模式进行介绍，并结合古镇区的特点，对传统的室外负压收集提出优化改进措施。

5.1.2.1 室内负压收集模式

（1）室内负压收集原理

室内负压收集是指将负压收集管道与室内的卫生设备通过真空界面阀相连。卫生设备使用后，界面阀打开，污水在负压的作用下，以空气作为输送介质，通过真空管道输送到真空站。室内真空收集原理如图5.1所示。

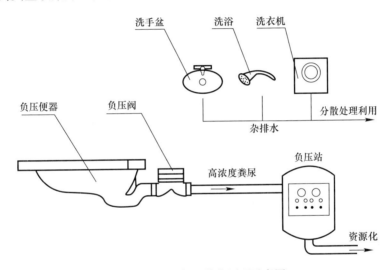

图5.1　室内负压收集原理示意图

以冲洗厕所为例，使用者按下冲厕开关，电磁水阀打开，自来水通过便器中的喷嘴呈扇形高速冲水，同时负压界面阀在负压的作用下按设定的时间延时打开，粪便与冲水在负压的作用下进入负压排污管网排入负压集污罐，到负压界面阀设定的时间关闭，隔断便器与真空管网的通道，保证负压系统稳定；电磁水阀按终端控制盒设定的时间延时后停止供水。随着电磁水阀和负压界面阀的每次开启，进入管道的污水在空气的携带下被逐级输送，最终进入负压集污罐内。

（2）主要组成单元

室内负压收集主要组成单元包括污水收集器具和负压阀如图5.2所示。污水收集器具可以是地漏、洗手盆、洗浴盆，也可以是负压便器等，通过开启负压阀，污水收集器具收集的污水被抽吸到负压管道中。

负压便器与传统便器排污的根本区别在于，传统便器排水的驱动力主要是水的静压，而负压便器排污的驱动力是负压，后者的驱动力是前者的几十倍，这也是负压便器能够有效节水的主要原因。

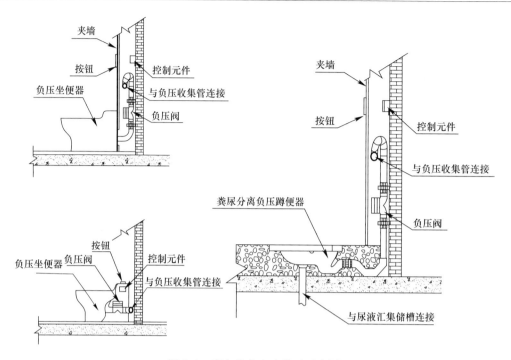

图 5.2 真空收集室内单元示意图

负压便器分为粪尿分离式和混合式。粪尿分离式负压便器设有排粪口和排尿口，粪、尿通过不同的排污口排出。混合式负压便器则仅有一个排污口，粪、尿混合由排污口排出。粪尿分离式和混合式负压便器，每种便器可制成坐式与蹲式。

粪尿分离式负压便器通过重力或负压，可以实现尿液的单独收集，主要含氮、磷的尿液可采用不同于粪便的工艺进行回收。粪尿分离式负压便器还有更节水的意义，小便如厕后，仅需对小便区冲厕。由于尿液的流动性好，通过小通径的液封单独排出，小便冲厕耗水可减少到约 0.1L。所以，即便是在采用粪尿混合处理对策时，也可以采用粪尿分离式负压便器，先单独收集尿液，再与粪便水混合，这样，粪尿的排污总量会低于混合式负压便器。

1）抽吸过程

水环式真空泵是系统的主要动力源，真空泵对负压收集罐、负压储能罐及管网进行抽吸，从而使其产生负压。水环式真空泵的动力由电机提供；水箱水位由水位计控制，使水箱水位保持在上、下水位之间；真空泵有进气口和出气口，进气口通过真空单向阀与收集罐及储能罐相连，真空单向阀的作用是在真空泵停止运行后，使收集罐及储能罐内仍能保持一定的负压度。系统中还设置了电接点负压表，系统负压度可由其监测，并控制真空泵的自动运行和停止，以保持收集罐、储能罐及管网的真空度为 0.05～0.07MPa，确保系统正常运行。

2）排污过程

经过多次冲厕过程后，进入负压收集罐内的污水液位到达设定的上液位时，料位计发出报警信号，操作人员打开排污球阀及电控柜面板上的排污泵启动旋钮，排污泵将负压罐内的污水通过排放管排至化粪池；当集污罐内的污水液位到达设定的下液位时，料位计再次发出报警信号，操作人员关闭排污球阀及电控柜面板上的排污泵关闭旋钮，完成一次排污过程。

（3）特点及适用性分析

负压收集系统的优点包括：节水性能好（每次用水 1L，普通厕所 6～9L）、管网安装方便、没有跑冒滴漏现象、并具备爬坡性能、粪便的无害化资源化处理、粪便和生活洗涤水分开排放收集，大大降低了中水回用的设备投资费用和运行费用等。

但针对农村污水，该系统在实际使用过程中存在的问题主要有：所有收集设备均需要负压收集设备；需要改变传统的室内卫生设备；设备质量和价格高；一旦系统中个别设备出现问题，将影响到系统中其他设备的正常使用；真空泵启运频繁，运行费用较高；当所有用户集中使用时或使用频率较高时，系统的真空来不及形成，会影响使用效果或使用功能等。

因此室内负压收集系统存在控制复杂、稳定性差、维护管理要求较高等弊端。

5.1.2.2 室外负压收集模式

室外负压排水收集系统一般由污水收集井及负压启动装置、负压排水管网、负压站、负压监控系统等组成，如图 5.3 所示。室外负压收集系统的室内卫生设施与传统的卫生设施相同，污水通过重力自流到室外污水收集井，室外负压系统的收集单元由污水收集井、负压启动装置组成。收集井的上方设负压启动装置，污水在收集井内作短暂贮存，当液位达到高位时，井内真空界面阀自动开启，污水在负压作用下，与空气一同进入负压收集管道，使污水井内到达低液位时自动关闭真空界面阀。

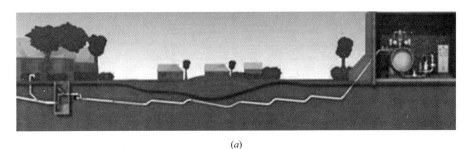

（a）

（b）

图 5.3 室外负压收集示意图

该系统具有小管径、不受地形限制、管道不易发生堵塞、无泄漏、可避免检查井中的臭气和污水溢出、利于环境保护等特点，但在实际应用中也和室内负压收集系统一样存在诸多难点，具体有：

（1）真空界面阀是其中关键设备，真空界面阀设备多且启闭频繁，一旦其中某只界面阀门失灵，影响到整个系统收集，系统稳定性差，维护工作量大，该负压系统对设备要求较高。

（2）需要设置负压监控系统，对每个阀门的开启状态进行监视，及时发现检修，对运行管理和设备检修要求高，整套系统复杂，管理难度大。

（3）污水抽吸主要通过空气携裹污水输送介质的方式，每次阀门开启时，负压系统中的负压被破坏，导致真空泵启运频繁，运行费用较高。

（4）整个系统复杂，对设备的要求较高，造价较高。

由于以上原因，室外负压收集系统难以推广使用，特别是在古镇及农村地区，经济水平相对较低，外来暂住和流动人口较多，传统的室外负压排水系统难以适用。

5.2 人口密集城镇区水封式负压收集技术

针对人口密集城镇区建筑住宅密集、街道狭窄、建筑抗扰动性差，如采用重力收集，由于管道需要一定的坡度敷设，使管道埋深，施工困难，且现场无法满足管位要求，导致工程实施难度大，即使投入大量的财力进行道路排水管道的敷设，但由于各住户污水很难接到重力收集管网，污水收集率低，效果仍不理想。

采用室内负压收集模式需要对室内的卫生设施进行大的改动，对新建小区统一实施具有可操作性，要对老居住小区进行改造，实施牵涉面广，在古镇区及农村地区实施难度大，工程费用较高，且该系统稳定性差、维护管理要求较高。

室外负压收集系统对室内的卫生设施保持不变，管道由于埋深浅，不受坡度限制，布置相对较为灵活。但传统室外负压收集系统的污水收集单元，均需要设置自动开启的真空界面阀。真空界面阀位于室外收集井内，若其中某真空启动阀关闭不严或损坏，否则将影响到整个系统的正常运行，导致系统运行不稳定。因此需要设置负压监控系统实时监控真空界面阀的运行状态，发现故障及时维修。真空负压收集系统对真空界面阀质量要求高，考虑到国内真空界面阀数量多且国内设备质量难以保证，导致系统检修维护工作量大，运行费用较高且管理难度大的问题，难以满足河网地区城镇污水收集的现实情况需要。

因此，在传统室外负压收集系统的基础上，结合城镇特点和要求，对室外负压收集系统从污水收集单元形式、管道单元布置、负压站配置及参数、污水收集控制方式等方面进行创新、优化和提升，提出室外水封式负压抽吸收集技术，达到设备要求低、稳定可靠、管理简单的要求。

5.2.1 室外负压抽吸收集技术原理

（1）新型室外负压抽吸收集技术原理

室外负压抽吸污水收集系统利用负压抽吸原理，在正常运行时，室内污水重力流到室外污水收集井，一个或若干个住户或区域设置一个污水收集井。污水收集井作为缓冲存水容积，在收集井底部与水封抽吸管相连，在水封抽吸管下部形成水封，在负压站内负压驱动下，污水从水封管抽吸管进入负压收集管道，负压收集管与负压站内的负压收集罐相连。

运行时，通过系统控制污水收集罐的最低负压和最高负压，在最低负压时，控制使与负压收集管连接的各污水收集井内的污水不溢出，在最高负压时，控制使水封抽吸管内水封不破坏。水封式负压收集系统如图 5.4 所示。

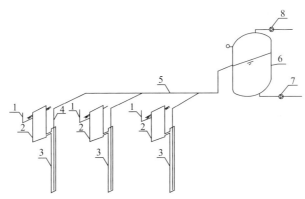

1—排水管；2—收集井；3—水封抽吸管；4—收集支管；5—负压收集管；6—负压收集罐；7—排水泵；8—真空泵

图 5.4 室外负压抽吸收集系统图

（2）室外负压抽吸收集技术特点

该负压污水收集技术是在传统真空收集技术的基础上，结合虹吸原理研发的一种新型室外污水收集技术，该技术与传统的室外真空收集技术均采用负压作为驱动力，具有收集管道小、埋深较浅，不需要保持严格的管道坡降等相同的特点。但由于两者构造不同，该技术还具有自身特点：

1）在污水收集单元，室外负压抽吸收集技术采用水封措施使管网内维持负压状态，不需要真空界面阀，无机械的控制部件和设备。

2）在收集管道单元，传统的真空收集管道是通过空气输送污水，在上坡段需要敷设成波浪形，以便于污水的输送。但室外负压抽吸系统收集时，空气不会进入负压管道，系统中的负压一般不会破坏。因此，与传统的真空收集系统采用空气作为输送介质相比，室外负压抽吸收集系统具有输送效率高、能耗省的特点，管道布置不需要布置成波浪形；该系统中污水管道输送与压力输送方式也不同，在管道最高点中的空气难以像压力管道一样通过排气阀排出，而是会在管道中积聚，从而影响到污水的输送。

3）在负压站单元，系统的运行模式与传统的真空排水系统有较大的区别。由于空气不进入系统，因此系统能够保持负压状态；真空泵和水泵均可为负压收集罐内提供运行的负压，真空泵等相关设备的配置与传统的方式明显不同，真空运行时间也大大缩短，运行能耗明显降低，同时省去了真空监控系统，使系统大大简化。

（3）外负压抽吸收集技术关键

根据以上分析可知，室外负压抽吸技术与传统的真空排水收集技术具有较明显的优势，为促使该技术的应用，进一步对室外负压抽吸收集技术参数、设备选型、运行控制模式、适用条件等方面进行研究。

1）针对不同组成单元，研究室外负压抽吸收集系统的影响因素和工艺参数，在污水收集单元方面，研究水封措施的效果、水封高度要求及影响因素；在负压管道单元方面，研究污水在管道中的输送规律，提出污水管道布置方式、布置要求及适用条件，研究系统中最低负压和最高负压的设定及影响因素；在负压站单元方面，研究负压站的关键设备配置和参数，提出防止系统负压破坏措施，提出管理简单、运行稳定可靠的控制模式。

2）探索适合粪便污水要求、管理简单、运行稳定可靠的负压设备、材料和控制仪表，研究适合无人管理、控制简单的真空站设备运行工况和管理模式。

3）对负压收集系统的施工、验收要求及相关标准研究，对室外负压抽吸系统各种应急情况下的处理方法及应对措施研究。

4）研究室外负压抽吸系统的适用范围，与传统重力收集系统的对比分析研究。

5.2.2 负压收集系统设计与计算

5.2.2.1 管道损失计算模型

负压收集系统利用负压作为传输动力来输送污水，污水中含有粪便及其他固体杂质，因此负压收集管道存在着气、液、固三相物质，研究三相流问题远比研究单相流和两相流体的流动复杂得多，其主要困难在于各相间的质量、动量和能量的相互作用、相互耦合关系十分复杂，难以精确描述。

（1）悬浮固体的影响

生活污水是液固两相流体。考虑到粪便等固体颗粒在污水中含量较低，且均匀悬浮分布，相当于一种新的均质牛顿流体，与水和空气等单相流体一样，研究中可将固相的存在影响归结到流体黏度和密度等物性特性之中，把污水组成的"伪流体"均质混合物近似看作液相，所以污水可视为单液相，满足下式所示的牛顿内摩擦定律：

$$\tau = \mu \frac{\mathrm{d}u}{\mathrm{d}y} \tag{5.1}$$

其中　　τ——牛顿流体的黏性切应力，Pa；

　　　　μ——牛顿流体的动力黏性系数，Pa·s；

$\mathrm{d}u/\mathrm{d}y$——流体的速度梯度，1/s。

目前国内外在工程上应用的摩擦阻力损失计算大都为海曾—威廉（Hazen-Williams）公式和修正的海曾—威廉公式，尤其以修正的海曾—威廉沿程水头损失计算公式的使用较为普遍。

海曾—威廉公式具体形式为：

$$h_{\mathrm{f}} = \frac{10.67 Q^{1.852}}{C_{\mathrm{w}}^{1.852} d^{4.87}} l = 9.96 \times 10^{-4} \frac{Q^{1.852}}{d^{4.87}} l \tag{5.2}$$

修正的海曾—威廉经验公式式为：

$$h_{\mathrm{f}} = \frac{29.3 Q^{1.852}}{C_{\mathrm{w}}^{1.852} d^{4.87}} l = 2.7 \times 10^{-3} \frac{Q^{1.852}}{d^{4.87}} l \tag{5.3}$$

式中　　h_{f}——管路的摩擦损失，单位：m 水柱；

Q——污水流量，单位：m^3/s；

d、l——分别为管径、管长，单位：m；

C_w——海曾—威廉粗糙系数，其与管道材料有关，对于塑料管，$C_w = 150$。

管路输送的生活污水如果是高浓度的粪便水，是一种高黏度、富含有机质、粒子细微的复杂浑浊胶体。当粪便水在真空管道以较高速度流动时，固体颗粒会悬浮在液体介质之中，均匀混合成高浓度、高黏度的浆状流体，其流变特性类似于污泥、泥浆，属于非牛顿流体。以单相非牛顿流模型来研究探讨污水的水力计算问题，可以得到满意结果。由此，将管道内的两相流体简化成粪便水（浆状流）的非牛顿流体单相流。

非牛顿流体单相管流将气、液两相流动与非牛顿液体流动的复杂性集于一体，在工程上，非牛顿流体单相流摩擦阻力压力损失计算一般不考虑多相流态对压降的影响，大多数是基于洛克哈特—马蒂内利（Lockhart-Martinell）相关规律，导出非牛顿流体单相流压降和持液率的计算公式。

关于非牛顿流体摩擦阻力损失的计算，可采用类似于牛顿液体的方法，即认为液相（即液相单独流过整个排污管道截面）的摩擦压降梯度可表示成：

$$\left(-\frac{\Delta p_f}{L}\right)_L = \frac{2 f_L \rho_L u_{SL}^2}{d} \tag{5.4}$$

式中液相折算速度 $u_{SL} = \dfrac{Q_L}{\left(\dfrac{\pi}{4}\right)d^2}$，液相摩阻系数 f_L 与幂率流体管流雷诺数有关，其

计算可采用 Metzer-Reed 雷诺数 Re_{MR} 表达式：

$$Re_{MR} = \frac{\rho_L u_{SL}^{2-n} d^n}{8^{n-1} K \left(\dfrac{3n+1}{4n}\right)^n} \tag{5.5}$$

式中　d——圆管内直径，m；

$\quad\quad f$——摩阻系数；

$\quad\quad K$——假塑性幂率流体的稠度系数，$Pa \cdot s^n$；

$\quad\quad L$——管长，m；

$\quad\quad n$——假塑性幂率流体的幂率指数；

$\quad\quad Q$——体积流量，m^3/s；

$\quad\quad u$——速度，m/s；

$\Delta p_f/L$——摩阻压降梯度，Pa/m；

下标 L 为液相。

其中，当 $Re_{MR} < 2000$ 时，液相处于层流状态，对于非牛顿流体的管内定常层流流动，其摩阻系数 f_L 计算式与牛顿流体的计算式具有相同的形式，即

$$f_L = 16/Re_{MR} \tag{5.6}$$

而当 $Re_{MR} > 2000$ 时，液相转变为湍流状态，f_L 计算公式如下。

$$f_L = [D(n)/Re_{MR}]^{\frac{1}{3n+1}} \tag{5.7}$$

$$D(n) = \frac{2^{n+4}}{7^{7n}} \left(\frac{4n}{3n+1} \right)^{3n^2} \tag{5.8}$$

（2）空气的影响

在负压收集管道中，进入管路的空气较少，大部分管道系统基本处于满管流状态，流速相对平稳，空气对污水在管道流动规律和管路压力损失产生的影响较小，该部分管道可将空气在运行状态下的影响忽略不计。

但是局部高点，原有存在管道内的空气以及水中溢出、管道中会泄漏少量空气，少量空气一般沿管道坡度或水流方向，在管道内水流速度较低的情况下，空气会上升到管线的局部高点积聚，从而影响过流断面和管线的阻力，当管道内的水流速度较大时，空气会被水流携裹，不断推流进入负压罐，如图5.5所示，污水管道局部向下凹，通过透明管水流状态发现，管道中的少量空气会沿着水流方向在如图5.5所示的局部高点积聚，从而影响系统的局部阻力损失。

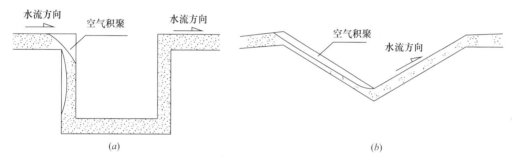

图5.5 空气在管线中积聚情况

5.2.2.2 管线布置及损失计算

负压收集管道由收集支管、收集管和转输管组成。收集支管是连接各收集井的支管道，收集管通过收集支管连接各真空收集点，污水由各抽吸点的收集支管汇集到收集管，转输管是从最后一个抽吸接入点处到真空泵站之间的管道。通过一根收集转输管接入到真空收集站的所有抽吸点组成一组，由于一组的抽吸点连接在同一根收集管道上，在管道布置时，应考虑真空抽吸时保证同一组所有的抽吸点的负压不被破坏，才能保证污水收集系统正常工作。

因此，对同一收集管上的各收集点的损失进行计算，具体是根据负压收集站设备的可能运行的状况，按保证各收集点的污水均能有效进入收集罐的原则，在最不利可能出现的工况情况下，确定负压收集站的最大真空度；同时按最不利可能出现的工况情况下，各集点的污水不溢出的原则，确定负压收集站的最小真空度；在最大真空度确定的情况下，根据各收集点的标高情况和管线的阻力情况，确定每个收集点所需要的水封高度。

阻力损失一般由摩擦损失（又称摩阻压降、沿程阻力损失）、静提升高度和局部损失等三项组成。下面就根据管线的布置情况及负压站可能出现的运行工况计算管线的阻力损失情况，以最后收集管道中的收集井作为计算基点，确定收集管的损失。

（1）管道向上坡方向

管道向上坡的方向，空气一般不会在此积聚，计算时，可通过真空站的压力，然后向各收集点进行推算，例如：已知 a_1 点的负压为 Ha_1，管道内水流方向为 a_2 流到 a_1，如图 5.6 所示，则 a_2 点的负压值为：

$$H_{a_2} = H_{a_1} - H_{0(12)} - h_{12} \tag{5.9}$$

式中 H_{a_1}——收集管起点接入点（或真空站）处（a_1 点）的负压值；

      H_{a_2}——污水接入点（a_2 点）的负压值；

    $H_{0(12)}$——a_1 与 a_2 点的管道标高差（静提升高度）；

     h_{12}——a_1 与 a_2 点之间的管道阻力损失。

根据以上公式，a_2 点负压值最小值是管道在最大流量抽吸的情况下，这时 a_1 与 a_2 之间阻力损失最大；在管道流量为零的情况下，阻力损失为零，a_2 点负压值最大值为：$H_{a2} = H_{a1} - H_{0(12)}$。

（2）管道向下坡方向

当管道沿水流向下方向汇集时，水流方向为 a_2 流到 a_1，如图 5.7 所示，则 a_2 点的负压值为：$H_{a_2} = H_{a_1} + H_{0(12)} - h_{12}$。

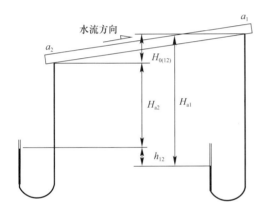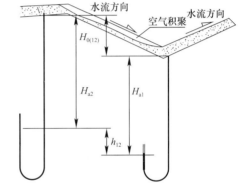

图 5.6   管道上坡方向负压值示意图   图 5.7   管道下坡方面负压值示意图

根据运行的情况，按以下三种工况进行计算：

工况一：在计算真空站所需最大真空度且管道在最大流量抽吸的情况下时，应考虑保证 a_2 点的污水能够有效抽吸完成，当管道内水满流时，则 $H_{a_2} = H_{a_1} + H_{0(12)} - h_{12}$。由于污水收集管道为负压收集管道，管道内的空气会在高点聚集，在抽吸力作用下，管道内可能出现非满流状况。则管道内非满流最不利情况下（a_2 点可能的最小负压，用于计算真空站所需最大真空度时）的最小负压：$H_{a_2} = H_{a_1} - h_{12}$。

工况二：真空站达到最大真空度且停止抽吸时，在已经确定最大真空度的情况下，应考虑保证各点水封不被破坏，则考虑考虑极端情况下管道内水流速度为零且管道满流的情况下，则此时阻力损失 $h_{12} = 0$，则管道可能产生的最大负压为（a_2 点可能的最大负压，用于计算水封高度时）：$H_{a_2} = H_{a_1} + H_{0(12)}$。

工况三：真空站达到最小真空度且停止抽吸时，真空站达到最小真空度的情况下，应考虑各抽吸点不被溢出，此时真空站达到最小真空度且停止抽吸时，a_2 点可能的最小负压为：$H_{a_2} = H_{a_1}$。

（3）起伏管道

如果一根收集管上接入有 a_1、a_2、a_3、…、a_n 共 n 个接入点，其中为 a_1 为真空泵站

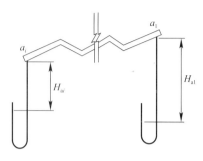

图 5.8 起伏管道负压值示意图

的接入点，管道敷设存在多次向上和向下情况，当管道 a_i 到 a_1 存在多段提升和下降时，如图 5.8 所示，由于负压收集管道由于管道内存在空气，空气会积聚在最高点或管道向下坡降地方，管道内存在空气的情况下与管道内充满水时管内的压力不同，空气的存在会导致管道内的负压降低或升高，因此，应根据系统的不同情况和运行工况按最不利情况进行计算。在不同工况情况下，a_i 点的负压情况如下：

1）工况一：在计算真空站所需最大真空度且管道在最大流量抽吸的情况下时，应考虑保证 a_i 点的污水能够有效抽吸完成，则 a_i 点在该工况下的可能最小负压为：$H_{a_i} = H_{a_1} - \Sigma H_{1_i} - h_{1_i}$。

式中 ΣH_{1_i} 为 a_1 与 a_i 之间的管道标多次上升的高度和（总提升高度）。

2）工况二：真空站达到最大真空度且停止抽吸时，在已经确定最大真空度的情况下，应考虑保证各点水封不被破坏，则考虑考虑极端情况下管道内水流速度为零且管道满流的情况下，则此时阻力损失 $h_{1_i} = 0$，则 a_i 点可能存在的最大可能负压为（a_i 比 a_1 高时为加、反之为减）：$H_{a_i} = H_{a_1} \pm H_{0(1_i)}$。

根据真空站内最大真空度值可计算出收集管网内各收集点的最大可能负压值，为防止接入点水封破坏，则任意一收集井处的水封高度必须大于该点的最大可能负压 H_{a_i}。

3）工况三：真空站达到最小真空度且停止抽吸时，真空站达到最小真空度的情况下，应考虑各抽吸点不被溢出，此时真空站达到最小真空度且停止抽吸时，a_i 点可能的最小负压为：$H_{a_i} = H_{a_1} - \Sigma H_{1_i}$。

5.2.2.3 负压收集系统设计参数确定

（1）负压站最高真空度

在最高真空度的情况下，当水泵正常抽吸时，收集管网中的任意一点的负压值（水位）能达到该点所在集水井内的最低水位，要保证集水井内能抽吸完成。

根据式 $H_{a_i} = H_{a_1} - \Sigma H_{1_i} - h_{1_i}$ 可知，在地形最低端或至真空泵站管道所需总爬升最大的点与真空站的 ΣH_{1_i} 越大，或与真空泵站距离最远端 h_{1_i} 越大，则负压值 H_{a_i} 越小，抽吸时集水井内的水位可能越高，因此，抽吸控制点最不利点一般在与真空泵站距离最远端、地形最低端或至真空泵站管道所需总爬升最大的点。

为了在真空站最大真空情况下，集水井内水位能够达到集水井内设定的水位，如图 5.9 所示，则在最大真空度的情况下，H_{a_i} 应满足下式要求：

$$H_{a_i} \geqslant \Delta H_1 + 安全富余水头(0.5 \sim 1.0\text{m}) \tag{5.10}$$

根据最大真空度情况下各集水井内设定的水位要求和管网的布置，可计算出真空站内最大真空度值。

由此可知，为降低系统中各点的最大真空度和水封高度，保证污水能够有效地抽吸，在管道敷设时应尽能水平敷设或顺坡敷设，不应像真空排水系统一样采用波浪形状敷设。真空泵站尽可能设置在地形低点或靠近地形低的抽吸点，以减少水封高度和抽吸真空度。

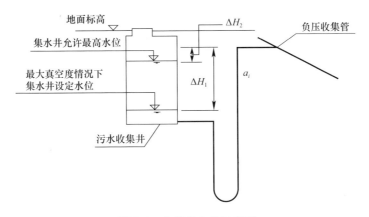

图 5.9 收集井水位示意图

（2）最低负压值

在最低负压值的情况下，任意一点的负压值需保证集水井内的水位不溢流。可能溢出的最不利点与抽吸控制点最不利点基本类似，一般在地形最低端或至真空泵站管道所需总提升最大的点。

为了在真空站最小真空度情况下，集水井内水位能够低于集水井内最高水位，则 H_{a_i} 应满足下式要求：

$$H_{a_i} \geqslant \Delta H_2 \tag{5.11}$$

（3）收集井水封高度

系统中的任意一点的水封深度必须大于最大可能负压值，防止抽吸点水封破坏。

为了减少水封高度，则不同点的高差应尽可能少，即对同一组收集井相互之间的地形标高差越大，为保证水封不破坏，会使水封深度增加。

在最高真空度已经确定的情况下，可根据 $H_{a_i} = H_{a_1} \pm H_{0(1_i)}$ 求出任意一点的水封深度必须大于最大可能负压值，水封高度控制点为离真空收集站最近点或管道所在地形标高最高点。

（4）污水泵

负压收集系统中的污水泵选择无堵塞排污泵。污水泵的流量由系统设计最大污水流量确定，同时需满足防堵塞所需要的最小流量要求。即

$$Q_{dp} = K Q_{max} \tag{5.12}$$

式中　　Q_{dp}——污水泵设计流量，m^3/h；

　　　　Q_{max}——系统最大设计流量，m^3/h；

　　　　K——安全系数，取 $2\sim3$。

（5）负压收集罐容积

负压收集罐容积主要由三部分组成：排水泵吸水最小容积 V_1、最高液位与最低液位之间容积（有效容积）V_2，上部空气体积 V_3。

收集罐的最小容积 V_1 按满足吸水管道的最小淹没深度计算。

由于排水泵在抽吸时，不断有污水补充进入收集罐内，因此，其有效容积 V_2 的容积可低于常规重力泵站集水井的容积，一般 V_2 可按不小于 $1\sim2min$ 抽吸时间计算有效容积。

空气有效体积 V_3 上部容积越大，即气体的体积大，可压缩性能较好，水泵或真空泵

65

启动的频率可适当降低，试验中采用上部空气体积 V_3 与水有效容积 V_2 基本相同，系统运行正常。

（6）真空泵

本系统真空度范围一般不高于 0.06MPa，真空泵选用水环真空泵，真空泵主要克服系统中泄漏所的气体，在系统气密性较好情况下，真空泵抽气量由下式计算：

$$Q_V = \ln \frac{P_0 - P_L}{P_0 - P_H} \times \left(\frac{2}{3} V_P + V_2 \right) / T_V \tag{5.13}$$

式中　　Q_V——真空泵抽气量，L/min

　　　　P_0——绝对大气压，取 0.1MPa；

　　　　P_H——真空泵关闭时真空系统最大真空度，MPa；

　　　　P_L——真空泵开启时真空系统最小真空度，MPa；

　　　　V_P——负压管网中单组支线系统管道容量最大值，L；

　　　　V_2——污水收集罐有效容积，L；

　　　　T_V——真空泵抽吸时间，min，可按 5~10min 之间计算。

5.3　室外负压抽吸收集技术试验

5.3.1　室外负压抽吸收集技术试验室试验

试验室试验的目的是针对室外负压抽吸收集理论进行分析；通过试验验证室外负压收集技术可行性；对室外负压抽吸收集系统的污水收集单元、负压管道和负压站等不同单元设备配置、工艺参数和影响因素进行系统的研究。

5.3.1.1　试验流程与装置

室外真空排水系统试验装置主要由污水收集井及抽吸水封管、负压收集管线、真空装置（包含真空罐、污水泵、真空泵等）、真空监控系统组成，试验装置流程如图 5.10 所示，试验装置现场设备图如图 5.11、图 5.12 所示。

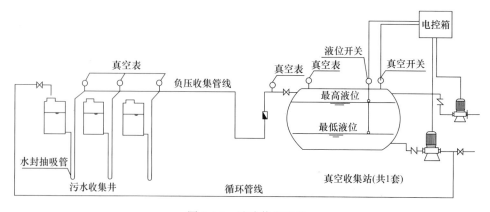

图 5.10　试验装置流程

图 5.11 污水收集井试验装置现场设备

如图 5.12 所示试验采用 3 套污水收集井进行模拟试验。污水收集井采用直径为 $\Phi800$，高 1000mm 的玻璃钢容器，有效容积为 $0.5m^3$，用于每户收集排出的污水，收集井设置地面上，水封管利用试验室下挖的地下部分空间，每套污水收集井通过水封管抽吸与负压收集管线相连，水封管低于收集井 2.5m，试验阶段采用自来水进行试验模式。

图 5.12 真空罐试验装置现场设备图

负压抽吸管线采用 $DN65$ 给水 UPVC 制作，连接三套收集井，同时局部管道布置成下凹状态，用于模拟管线起伏情况对负压收集管线压力的影响。

负压站主要设备有：1 个负压收集罐，用来存放污水，罐内设有料位计、真空开关；1 台水环真空泵及配套循环水箱；1 台干式泵用于将负压收集罐中的水排出；1 个电控柜，根据负压收集罐的液位和真空值用于控制水泵、真空泵等，当负压收集罐内水位达到预定水位时，污水泵启动排出罐内污水，同时当收集罐内的真空度达到最高真空度时，真空泵和水泵均停止工作，当罐内的真空度达到最低真空度时，启动真空泵或水泵。试验主要设备规格见表 5.1。

试验主要设备规格表　　　　　　　　　　　　　　　　　　表 5.1

项目	规格	材质	备注
收集井	直径为 $\Phi800mm$，高 1000mm，共 3 套	玻璃钢	附增设液位显示仪、液位开关、真空开关等
真空罐	卧式，直径 1.0m，长 1.5m，有效容积 $1m^3$。	钢制容器	
真空泵	流量 $20m^3/h$　$N=1.5kW$		水循环真空泵
排水泵	额定流量 $10m^3/h$，扬程 10m		干式排水泵，气蚀余量大于 7m
输送管路	$DN65$	UPVC	

5.3.1.2 装置安装与调试

试验装置安装过程中，对系统进行调试试验，同时在调试过程中对出现问题的部分设备进行更换。

（1）真空泵

真空泵采用水环式真空泵，配置循环水箱，启动后，真空泵运行基本正常，在试验过程中发现：真空泵停止抽气时，止回阀出现漏气现象，负压罐内的负压迅速释放，经分析，一方面是止回阀装在立管上，常规的止回阀对空气关闭不严，影响严密性；通过更换止回阀型号和安装位置后，解决止回阀出现漏气问题。另一方面，运行过程中出现真空泵噪声较大，经核查，原因是罐内的液位达到真空泵吸气管位置，通过严格控制罐内的最高液位，解决真空泵噪声较大问题。

（2）罐及管线气密性检查

通过对罐和管线进行分区分段检查是否有漏气现象，首先用真空泵使罐内真空度达到－0.03～－0.05MPa，关闭真空泵静置30min，以罐内真空度降低5%以内作为合格，试验对真空罐气密性测试、进水管路气密性、水封抽吸管等进行气密性试验，结果表明：采用蝶阀存在对体密封不严的现象，更换成塑料球阀后，系统的密封性能良好。

（3）水泵

在罐内负压释放时，水泵运行正常，关闭进水管，将水灌至罐内最高液位，打开水泵，随着液位的降低，罐内的真空度可达到－0.07MPa，说明水泵吸水高度能够满足要求。此时关闭水泵，罐内存在负压情况下停止一段时间后，出现水泵空转、无法排水的现象。经分析和试验研究认为，虽然污水泵顶的标高低于罐内的最低水位，但由于罐内存在负压情况下，泵内会有空气进入，使叶轮外存在空气，影响泵的运行。为此，在出口设置自动关闭球阀，与水泵同时开启和关闭，防止止回阀漏气；但问题仍存在，通过对进气点进行分析，考虑可能是因为空气从泵轴进入，将原有水泵更换成机械密封水泵，问题解决。

（4）系统控制

在前期试验阶段，试验过程控制箱采用手动控制，通过试验再调整控制模式。

5.3.1.3 试验及结果分析

（1）启动试验

试验方法：试验开始时每个收集井约到400L，单个收集井有效水深约0.7m，启动真空泵对收集井进行收集，当真空度超过35kPa时，此时抽吸管的水封破坏，收集罐内的负压被破坏，收集罐内的真空度随时间变化情况如图5.13所示，收集井的液位随时间变

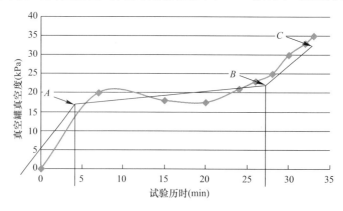

图5.13 真空泵抽吸时收集罐内的真空度与时间变化情况

化情况如图 5.14 所示。

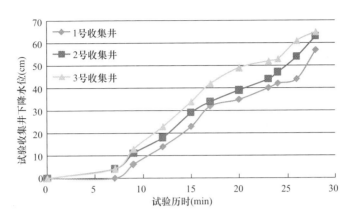

图 5.14　真空泵抽吸时收集井水位下降与时间变化情况

由图可知，初始阶段收集罐内的真空度随时间增加而增加，此后罐内的真空度达到 −20kPa 时（A 点），经过 A 点后真空度缓慢上升，说明负压收集管进水的需克服初始静压损失约 20kPa，此时，收集井内的水开始通过负压收集管进入收集罐，因此，A 点负压值为抽吸启动所需最低负压值。

7min 之后，收集井水位缓慢下降，在 7～28min 的抽吸阶段，真空度稳定在 20～25kPa 之间，抽吸 28min 后，三个收集井的水位均下降至最低点，收集井内的水抽吸完成，因此，B 点负压值为收集井污水抽吸完成负压值。

当收集井的污水抽吸完成后，此时真空度上升速度增加，至 35kPa 时，收抽吸管水位达到最低水位，水封破坏，空气由收集井内的抽吸管进入收集罐，罐内真空破坏，因此，C 点负压值为系统允许最高负压值。

根据试验可知，真空度由开始抽吸到 A 点，罐内真空速度上升较快，真空泵抽吸主要克服用于收集罐内的真空度提高，从 A 到 B 点真空上升速度较缓，这时，收集井内的水进行到收集罐内，真空抽吸主要用于收集井的水收集，因此罐内的真空度提高缓慢，当收集井内的水抽吸完成后，此时真空泵抽吸又用于提高罐内的真空度，考虑到真空度大时，真空泵吸气量会适当降低，故 BC 段的真空上升速度略低于 0A 段真空度上升速度。

（2）收集井进水试验

对收集井进水工况条件进行了模拟试验。具体试验方案为：各收集井水底部加入少量水，开启真空泵，使罐内的真空度到 34kPa 时，三个收集井内的液位均达到最低值；此时，关闭真空泵，然后向其中 1 号收集井内缓慢加入水，观察真空罐内真空度及三个收集井内水位变化情况，随着水的缓慢加入，真空罐内的负压值也缓慢降低，在到达 B 点前，加入收集井的水通过收集管道进入收集罐，收集井内水位一直保持在最低水位；负压到 −25kPa（B 点）后，收集井内的水位开始上升。

经观察可知，B 点以后，1 号收集井内少量水流到收集罐内的同时，通过虹吸流到 2 号和 3 号收集井，使三个收集井内的水位均开始缓慢上升，当 1 号收集井达到最高水位时，系统达到收集启动所需最低负压值，试验结束。具体如图 5.15 和图 5.16 所示。

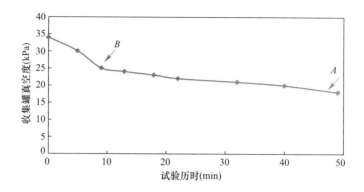

图 5.15 集水井进水情况下收集罐内的真空度与时间变化曲线

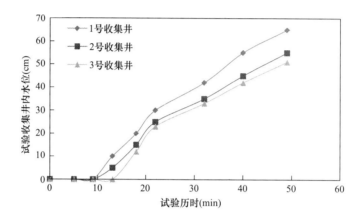

图 5.16 集水井进水情况下水位与时间变化曲线

根据试验表明：

1）当收集罐内的在最高允许负压值应保证系统的水封不被破坏，最低负压值应保证收集井内的液位不溢出，当收集罐的真空值在抽吸完成负压值 B 与最高允许负压值 C 之间时，进入收集井内的污水均能进入负压罐内且收集井内能够保持在最低液位。

2）负压抽吸过程中，除收集管内原有残留、污水中溢出或泄漏的空气外，空气一般不进入负压收集管道，与传统的通过空气携裹污水的真空收集方式明显不同。

3）水封井之间宜设有防污水回流措施，防止因虹吸导致污水由标高的收集井流入标高低的收集井。

5.3.2 室外负压抽吸收集技术现场试验研究

通过对类似粪便污水的现场模拟试验，模拟真实情况下的室外负压抽吸技术的运行情况，进一步优化系统的配置和组成，探索适合粪便污水环境要求的管理简单、运行稳定可靠的负压设备、材料和控制仪表。通过对室外负压抽吸系统的运行模式进行分析，选择适合负压收集的设备、运行模式和控制模式；分析室外负压抽吸系统应急情况下的处理方法及应对措施。

5.3.2.1 现场试验装置

为使试验更符合实际情况需要,负压站内设备按 50～100 户左右规模进行配置,负压站主要由负压收集罐、真空泵、干式水泵及控制系统等,如图 5.17 所示,现场布置如图 5.18 所示。

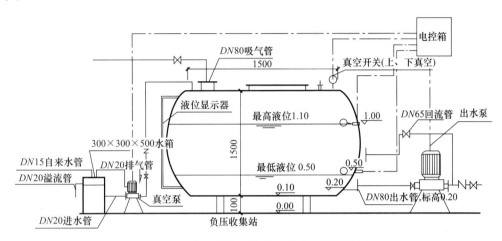

图 5.17 负压收集系统真空站装置设计简图

污水收集井选择 1 户进行,收集井分为两格,前面一格类似化粪池的第一格,对浮渣和沉淀物进行初步去除,防止对水封式负压抽吸管和收集管的堵塞,其示意图如图 5.19 所示。

图 5.18 负压站试验装置现场示意图

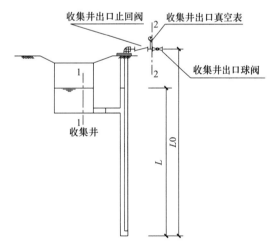

图 5.19 收集井水封管示意图

各部分装置主要材料及设计参数见表 5.2。

试验装置主要材料表 　　　　　　　　　　　　　　　　　　　　　　　表 5.2

项目	规格	材质	备注
收集井	Φ0.8×1.0m,有效水深 0.8m,埋于地下		应用连通真空保压管的一格
真空保压管	外套管直径 150mm, 内套管直径 65mm,有效高 3.0m	铸铁管	偏心套封

项目	规格	材质	备注
真空罐	卧式,直径1.5m,长2.5m,有效容积2.2m³	钢制容器	详见P15089S152,旁边增设液位显示
真空泵	流量100L/min		水循环真空泵
排水泵	额定流量30m³/h,扬程$H10m$,功率$P4kW$,吸水高度7m		1440r/min,参考设备手册
输送管路	$DN65$	PVC	局部采用透明软管,便于流态观察
真空表	真空表(0～-0.1MPa)		2只

5.3.2.2　设备选择

(1) 收集系统设备选择原则

1) 污水收集系统在真空环境中,所有设备需要适合真空密闭的环境,保证系统不泄漏;

2) 污水收集系统主要输送粪便污水,设备应适用粪便污水的环境,满足防堵塞、防腐蚀的要求;

3) 设备简单、系统运行稳定可靠;

4) 维护方便,对运行管理要求不高,宜满足无人管理要求。

(2) 关键设备选择

1) 水泵及真空泵

水泵可采用潜水泵和干式泵,潜水泵由于密封在负压收集罐内,水泵的检修需要打开负压收集罐,影响到系统的气密性,检修不方便,较少采用,因此试验采用干式水泵。根据前期试验,干式泵设置在收集罐外,为防止空气进入,对水泵泵轴密封性能要求较高,同时污水泵需要满足防堵塞性能,并且气蚀余量不宜小于6.0～7.0m。在真空泵方面,前期试验表明:采用水环式真空泵能够满足系统抽真空要求。

2) 真空开关及液位开关

在实际运行中,需要根据真空度和液位对水泵和真空泵进行控制,真空开关和液位开关的选择是系统能否稳定运行的关键,罐内的真空度不能高于设定的真空值,否则抽吸点的水封将会破坏,考虑到主要用于污水的收集,环境条件相对较差,且要求设备价格和运行维护要求低,对多种型号的电接点压力表、真空开关和液位开关进行试验,从设备的可靠性和稳定性、控制的精确性、环境的适应性、操作维护简便等方面进行试验和比选。

3) 管道

试验中,管道采用UPVC管道,具有施工方便、防腐性能好等特点,同时为了能观察污水在管道中的运行状态,部分管道采用透明的塑料管。

5.3.2.3　试验结果及分析

(1) 静态抽吸试验

首先模拟人工开启阀门情况下的抽吸情况。试验方法是:预先使收集罐保持一定的真空度,然后打开收集井侧的收集排水阀,污水在真空作用下进入收集罐,测定收集罐在不同真空度时收集井内污水的抽干时间,收集井顶与进水管最高点之间的静提升为1.75m,因此,试验真空度分别保持在0.025～0.045MPa,试验结果见表5.3。

不同真空度时收集井内污水的抽干时间 表 5.3

真空度（MPa）	0.025	0.030	0.035	0.040	0.045
抽十时间（min）	>60.0	>45.0	33.0	9.0	3.7

结果表明，收集井内真空度越大，收集井内污水进入收集罐内的速度越快，在真空度为 0.030MPa 时，收集井内污水输送 45min 后几乎停止流动，即该真空度启动时，45min后，由于收集井内水位降低，不足以克服管道的损失和提升水头，当收集井真空度提到 0.045MPa 时，收集井内的污水在 5min 之内全部进入收集罐内。

根据试验可知，收集井顶与进水管最高点之间的静提升为 1.75m，但收集井内的真空度需要达到 0.025MPa 时以上时，污水才开始进入收集井，最初怀疑是因为进水中含有杂质收集管进口阻力增大，后采用清水试验，问题仍然存在，经初步分析，阻力可能因采用弹簧式止回阀局部引起，为此，试验更换止回阀进行试验，具体结果见表 5.4。

负压收集系统中局部损失的变化（拆除原止回阀） 表 5.4

真空度（MPa）	0.025	0.030	0.035	0.040
抽干时间（min）	>20.0	10	1.67	1.0

由表 5.4 可知，止回阀形式更换后，污水的阻力损失大大减少，收集罐在同样真空度情况下，污水流速明显加大。

（2）模拟粪便污水收集试验

考虑到收集系统管道输送的生活污水有可能是粪便污水。为此，试验采用污水处理厂污泥模拟粪便污水进行试验，具体是选择用直污水处理厂浓缩后污泥（含水率 80%），现场配制不同浓度的污水，见表 5.5。确定输送最大 TS 过程的适宜条件，为改进收集系统设计、保障系统稳定运行，提供技术参考。

管道模拟污泥输送试验参数 表 5.5

污泥/污水（质量百分比）	启动真空度（MPa）	有无沉积现象
2.0%	0.020	悬浮无沉积
10%	0.030	少量沉积
20%	0.035	部分沉积
30%	0.035	绝大部分沉积

试验发现，当输送污水中的污泥浓度低于 10% 时，如果收集系统在一定真空度下，管道可以实现对污泥有效的输送，管道内一般不会出现污泥沉积，当管道中出现少量沉积时，可采用以下方法进行：通过在收集井处设置进气阀，在污水管道中引入少量空气，对管道内的沉积具有一定的冲刷作用。

为防止管道系统堵塞，宜减少悬浮物质及沉积物进入管道，可在进入管道前设置类似化粪池的前格，对悬浮物质和沉积物具有较好的去除作用。

（3）负压站运行控制试验

系统需要控制的设备有排水泵、真空泵、出水阀门。主要控制的信息有：高位真空压力开关、低位真空压力开关、高水位开关和低水位开关等。

控制系统方式可采用 PLC 控制或电气元件进行控制，考虑到降低控制系统的造价和系统的维护方便，系统采用电气元件控制方式，具体控制要求是：①当收集罐内的水位在到达高位时，开启排水泵和球阀，关闭真空泵，当收集罐内的水位到达低位时，关闭水泵和球阀，开启真空泵；②当收集罐内的真空度在到达高限时，关闭水泵或真空泵，当收集罐内的真空度达到低限时，开启真空泵或真空泵。

试验过程中，负压站采用自动运行的模式，最高真空限值设定为-45kPa，最低真空度为-30kPa，收集罐内高位浮球处的水位刻度为 45cm，低位浮球处最低限约低于 0 刻度以下 10cm，试验过程中，负压站的水泵和真空泵自动运行，同时不断在收集井内补充污水，收集井内的污水不断进入负压收集罐内，当负压收集罐内在真空最低和最高之间时，收集井内的污水一直保持在最低水位。

试验记录负压收集罐内的负压值及水位刻度随时间的变化情况如图 5.20 和图 5.21 所示。由图可知：当水泵开启时，由于排除收集罐内的污水，罐内的负压值会升高，当负压值达到最高限时，此时关闭水泵，此时，由于收集井内的污水不断补充进入收集罐内，收集罐内负压会缓慢降低，当罐内的负压值降到最低值时，再开启水泵，直到最低水位时停止，才关闭水泵切换成真空泵运行。

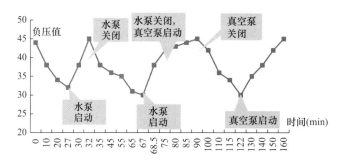

图 5.20　负压收集罐内真空度随时间变化图

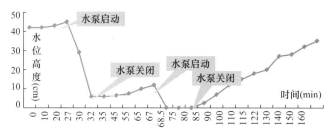

图 5.21　负压收集罐内水位随时间变化图

5.4　收集系统的运行控制模式

经过调研，镇区的住宅形式均为单层或二层住宅，每家每户污水单独排出到住宅外，其住宅形式与农村住宅基本相似，根据收集泵站与收集井的运行情况和开启方式，有多种运行模式供选择，试验过程中对不同运行模式进行系统的试验，根据试验可知，采用不同的运行控制模式，负压收集系统均能满足污水收集要求，实际运行过程中，应根据不同的情况，选择不同的运行控制模式，包括负压收集站定期开启、收集井阀门定期开启和系统自动运行三种运行控制模式。

5.4.1 负压收集站定期开启控制模式

该模式负压收集站采用定期开启方式，收集井阀门常开，具体工作原理是：每户污水重力流到污水收集井，污水收集井具有一定的贮存容量，收集站内的设备根据时间设定自动或人工定期开启使污水收集罐形成负压，利用负压作为动力将收集井内的污水抽吸进入负压收集罐内，当负压收集罐内的真空度达到高限时，此时，污水收集内液位达到低位，负压站内设备停止运行。

该模式对污水具有较好的抽吸效果，运行管理简单，但收集井需要具有一定的贮存容量，对于短时间用水量较大的情况，需要及时调整负压站的工作时间，否则会导致收集井内水溢出，适用于农村每天用水量相对稳定、对管理要求不高的地区。

5.4.2 收集井阀门定期开启控制模式

收集井阀门定期开启控制模式是在结合室外和室内真空收集的基础上，考虑到原有室外控制系统较复杂，针对当地自动化要求低、系统稳定性要求高的特点，在每户家庭室外设置一个污水收集井，家庭生活污水重力流到在室外收集井内进行短暂贮存，当室外收集井水位达到高位时，液位信号反馈到室内，使用者按下阀门开关，收集井污水在负压的作用下进入真空排污管网排入真空集污罐，阀门按设定的时间延时关闭，并显示关闭信号，随着阀门的每次开启，进入管道的污水在空气的携带下被逐级输送，最终进入真空集污罐内。

该模式负压收集站采用保压运行的方式，收集井阀门定期开启和延时自动关闭，该模式负压收集站采用保压运行的方式，收集井阀门常开，即负压收集站真空低于最低限值时，开启真空泵或水泵，当真空高于最高限值时，关闭真空泵或水泵。

该系统相对于传统的室外收集系统，借鉴室内真空排水系统的方法，通过人工控制真空界面阀的开启，一旦能够阀门出现故障，可关闭手动阀门并进行及时检修，从而不影响到其他用户的使用，提高了系统的稳定性，同时省去了负压站内复杂的界面阀监控设施，有效降低了工程投资，提高了系统的稳定性。相对于传统的室内真空排水系统，不需要对室内原有的卫生设备改造，由于污水在收集井内短暂贮存，真空界面阀门启动频率由一天多次到几天一次，负压站内真空泵启运频率也降低，有效降低运行费用。

由于该系统每户家庭需要单独设置污水收集井并进行控制阀门的开启，每户需要单独配置收集井，且收集井具有一定的贮存容量，当收集井内水位较高时，需要人工定期开启收集井阀门，主要适用于类似古镇、农村等居住类型单一的地区，且地形相对复杂的地区，对多层住宅污水收集不适用。

5.4.3 收集系统自动运行控制模式

收集系统自动运行控制模式负压收集站采用保压运行的方式，收集井阀门常开，即负压收集站真空低于最低限值时，开启真空泵或水泵，当真空高于最高限值时，关闭真空泵或水泵，每户污水重力流到污水收集井，污水收集井具有一定的贮存容量，收集井内的阀门由每户人员根据收集井液位情况开启，阀门开启后，待收集井内水位达到低位时，阀门延时自动关闭。每户污水重力流到污水收集井，收集井内的污水在负压作用下及时输送到负压收集罐内，因此收集井的容量可大幅度降低。

该模式采用自动化的运行模式，在运行过程中不需要人参与控制，管理较为简单，同时可降低收集井的容量，并多户共用同一个收集井，系统灵活，适应性较强。

5.5　与传统重力排水系统的比较分析

5.5.1　工程经济和运行效益比较

室外排水系统都主要采用重力系统，在重力作用下，使一定流量的污水在相应的管径和坡度条件下由高处流向低处。重力排水系统具有技术成熟可靠、设计规范齐全、施工相对简单、运行维护成本较低的特点，但其缺点也十分明显，受地形限制影响较大。

对于起伏较大的丘陵、山地或水网密布地区（尤其是山地和水景别墅）以及无条件大规模开挖的旧城（尤其是具有文物价值的古城）改造项目则力不从心，需设大量提升泵或倒虹管，致使施工难度及运行维护成本大幅度增加。

从工程投资、运行费用、施工及运行管理等方面，新型室外负压排水系统和重力排水系统的比较进行简要对比分析见表5.6。

新型室外负压抽吸排水系统和重力排水系统的比较　　　　　　　　表5.6

	负压抽吸排水系统	重力排水系统
埋深	不需要顺坡敷设，埋深约0.7~1.2m，管槽窄且浅，开挖量小，约为后者的50%	最小埋深0.7m，最大埋深4~6m
管径	污水采用满流，管道管径小，节约管材	污水采用非满流，管道管径大
材料	UPVC、HDPE	UPVC、HDPE、钢筋混凝土管
管内水流状态	压力流，无污染物沉积	重力流，有污染物沉积
环境影响	开挖量小，建设周期大幅缩短，施工时对交通、环境影响小；系统密闭，无污水污染物渗漏，无臭气溢出，运行时对环境影响小	管沟开挖土方量大，沟槽维护要求高，施工周期长，对交通影响大；运行时与大气相通，有污水污染物渗出，有臭气溢出；有雨水渗入
障碍物	可以绕过障碍物、灵活敷设、不受地形影响	改线、顶管或倒虹
运行维护	水封管的定期清淤，管道的维护和真空泵、污水泵的维护	检查井和管道的定期清淤、维护；各级提升泵的运行

（1）工程投资分析

在排水管道敷设费用中，主要包括管材费用、沟槽土方、支撑和排水费用等，其中，管材费用所占比例最大，通常在60%以上，沟槽土方、支撑和排水费用约占10%~30%，后者受埋设深度和施工方法的影响很大。

在重力排水工程中，管道的埋深一般在0.7~4m，有的甚至达到6m。当埋设较浅，采用列板支撑时，沟槽土方、支撑及排水费用约为总铺设费用的 15%～20%，当埋设较深，采用钢板桩保护槽壁时，费用可达 40%～60%。在高地下水位地区，非建成区不同管径和埋深的开槽埋管估算费用如图 5.22 所示。

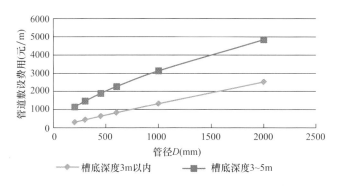

图 5.22　非建成区不同管径和埋深的开槽埋管费用

同样埋深条件下，$DN450$ 管道的敷设费用为 $DN200$ 的 2 倍，同样管径的管道，当埋深从 3m 提高到 5m 时，敷设费用增长约 175%。这还是在非建成区开槽埋管的费用模型，对于建成区的管网改建或新建工程，由于存在障碍物避让、周边建筑物保护等措施费用，管径、埋深深度和施工方法对总敷设费用的影响将进一步加大。

（2）运行能耗分析

室外负压排水系统的运行能耗主要是真空站内真空泵和污水泵的电耗。水封式室外负压排水系统中，真空泵的主要作用是在启动初始时将管网系统中的空气排出，使污水在负压的作用下进入真空站的污水收集罐。在正常运行期间，真空泵和污水泵交替运行，使系统真空度保持在一定的范围内（示范工程中的工作真空度是 -0.02～-0.04MPa）。

重力排水系统的运行能耗主要是提升泵站的电耗。水泵相配套的电动机功率按下式计算：

$$N_d = K' \frac{\gamma Q H}{\eta} \tag{5.14}$$

式中　K'——备用常数；

　　　η——水泵的效率（%）；

　　　Q——水泵的流量（m^3/s）；

　　　H——水泵的扬程（m）；

　　　γ——水的重度（kN/m^3）。

由上式可知，重力排水系统的运行能耗主要与泵站需提升的水量和扬程有关。

从能量守恒角度而言，重力排水系统和室外负压排水系统输送一定量污水所耗费的能量应该是相同的，但是重力排水系统由于管网密封性较差，存在渗漏现象，特别是在地下水位高的地区，地下水渗漏量高达 20%～30%。渗入的地下水，同样由管道输送至泵站，由泵提升至下一级管道或污水处理厂，从而增加系统能耗约 20%～30%。而室外负压排水系统具有良好的密封性，不存在渗漏现象，因此，避免了地下水渗入引起的能耗浪费。

（3）施工措施

重力排水系统管道敷设的难点主要是在不利地质条件下进行较深的沟槽开挖，在地下水位高、管道埋深大、管径大的情况下，对于沟槽开挖宽度、深度和支撑有较高要求，同时，污水干管埋深的加大，也使污水泵站的集水井深度随之加大，在增加造价的同时，也提高了施工难度，因而限制了其在平原河网城镇这样道路狭窄、地势平坦、地下水位高的地区的应用。

而室外负压排水系统由于管径小、埋深浅，因此对沟槽的要求不高。但是，该系统对管道的气密性要求很高，需要在管道敷设的过程中，注意管道连接的严密，防止漏气。从这方面而言，管道敷设的要求高于传统的重力排水系统。

（4）管理维护

排水系统的管理养护工作包括管渠系统（管道、检查井等）和泵站（真空站）两部分。排水管渠常见的故障有：污物淤积或堵塞管道；过重负荷压毁；地基不均匀沉陷和污水的侵蚀作用使管道破坏等。这些故障在室外负压排水系统和重力排水系统中均可能发生。重力排水系统需要定期对管道、检查井进行清淤养护，室外负压排水系统需要定期对水封管进行清淤养护。室外负压排水系统可采用自动控制，管理模式为巡视管理。

（5）环境影响

室外负压排水系统是一个严格密闭的空间，在管渠系统和真空站内基本不存在臭气外逸。而重力排水系统相对开放，污水检查井、污水提升泵站易产生臭气，对周边环境造成影响。在重力污水提升泵站一般要求设置除臭装置，并要求与居住房屋和公共建筑保持必须距离，并设置围墙、绿化等。

5.5.2 负压抽吸排水系统特征分析

基于负压抽吸排水系统与传统重力系统对比分析，负压抽吸排水系统具有以下几方面的优势。

（1）低材料消耗：污水采用满流，管道管径小，节约管材；不需要顺坡敷设，管道埋深浅，允许管槽窄且浅从而显著减少挖掘工作量，减少施工过程消耗，同时施工难度降低，建设成本大量节省。

（2）低环境影响：开挖量小，建设周期大幅缩短；与供水管线可敷设在同一管槽中，减少管位；在施工期间，街道或行人道也可保持通行，施工时对交通、环境影响小；系统密闭，无泄露、无异味，污水不会泄漏和下渗，对环境影响小；雨水不会渗入收集管道，减少雨污混接。

（3）低运行维护：污水一次提升，与重力提升费用相同，比真空系统运行费用大大降低；在管道中无维护设备，维护量少；管道采用负压抽吸，管道堵塞可能性低。

（4）高适应性：地下水位高地区；湖泊、河流、洪涝和平原河网地区；污水流量变化大，如度假区或娱乐场所；复杂地面情况，如岩石、流沙、泥炭及沼泽地等；房屋或建筑物间隔远的乡村地区；地下水保护区；街道狭窄、管道布置困难的地区等。

6 河网城镇污废水协同处理技术

针对城镇污废水工业废水比例高、可生化性差、处理工艺多采用 A^2/O、曝气池运行状况不好、尾水残留污染物复杂、出水不达标等问题，开展了预处理和二级生物处理关键技术研究。在此基础上，构建污废水协同处理工艺中试系统，分别研究水解池、曝气池、混凝沉淀—曝气生物滤池单元的效果和运行参数，形成适合城镇污废水的协同处理工艺，有效解决原有常规处理工艺出水超标的问题。

6.1 城镇污废水的预处理

6.1.1 工艺流程与试验装置

（1）工艺流程

由于处理对象以印染废水为主，水质水量变化都比较大的特征，在前段设置了配水池以起到缓冲的作用。同时，印染废水的 pH 较高，并且根据后期运行 Fenton 氧化的需要，在 ABR 前端设置了调节池，对进水 pH 进行调节。工艺流程如图 6.1 所示。

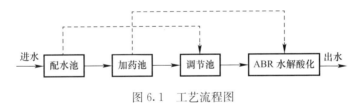

图 6.1　工艺流程图

试验前期，单独运行 ABR 水解酸化，超越加药池。试验后期，同时运行 Fenton 氧化阶段，开启加药池，在投加 Fenton 试剂时，加药池尾端有一部分区域用于回调 pH 等。超越调节池，废水经过加药池后直接进入 ABR。

（2）试验装置

ABR 反应器总有效容积为 2.4m^3，$L \times B \times H = 2.6m \times 1.0m \times 1.2m$，共有 4 个格室，后设长度为 200mm 的出水槽。废水由潜水泵抽入配水池，之后完全依靠重力进入 ABR。试验装置高程如图 6.2 所示。

6.1.2 水质条件和运行方法

（1）水质条件

本试验用水取自污水厂进水调节池，印染废水比例高达 80%～85%，另有少量的生活污水。工业废水大多在企业内部经过生物和化学预处理，因而其可生化性差。原水的水质指标见表6.1。

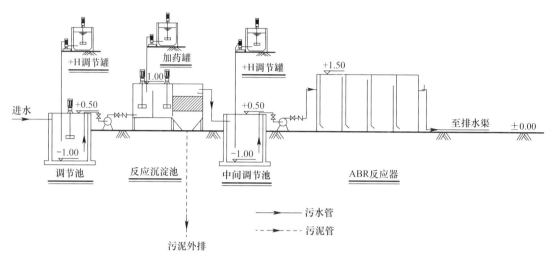

图 6.2 试验装置高程图

试验进水指标 表 6.1

指标	数值	均值
$COD_{Cr}(mg/L)$	352~659	524
$BOD_5(mg/L)$	71~152	113
B/C	0.20~0.23	0.22
色度	100~220	160
pH	7.71~8.66	8.48
氨氮（mg/L）	5.29~6.74	5.98

（2）污泥培养阶段

ABR 采用接种污泥的方式启动，所用接种污泥来自甪直污水处理厂（试验现场）的三期工程污泥浓缩池，污泥呈灰黑色的絮状体，沉降性能良好，污泥浓缩池有少量的气泡产生，证明了污泥的活性。

启动反应器，加入污泥高度至反应器有效高度的 1/2 处。采用低流量进水，随后逐渐增加流量的方式运行，启动初期 HRT 为 48h，隔室上升流速为 0.02m/s，水中氧化还原电位均小于－100mV，反应器底部污泥浓度达到 30g/L，泥水界面向上的污泥浓度很小，反应器内平均污泥浓度为 13~15g/L。

（3）连续运行阶段

ABR 进出水的常规指标变化见表6.2。

ABR 进出水各项指标均值 表 6.2

指标	$COD_{Cr}(mg/L)$	$BOD_5(mg/L)$	色度	pH	VFA(mmol/L)
进水	524	113	160	8.4	0.18
出水	459	139	90	8.1	0.35

6.1.3 ABR 水解酸化的运行效果

(1) COD$_{Cr}$ 的去除效果

自 ABR 启动到稳定运行期间，进出水的 COD$_{Cr}$ 变化情况如图 6.3 所示。稳定运行后，出水水质稳定，出水清澈，各个格室出水 COD$_{Cr}$ 依次降低。控制 *HRT* 为 12h 左右，连续运行 40d，反应器进出水 COD$_{Cr}$ 平均值分别为 515mg/L 和 450mg/L，平均去除率为 12.7%。

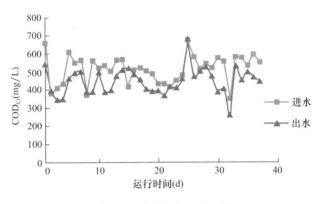

图 6.3　进出水的 COD$_{Cr}$ 值

试验期间，个别数据点的出水 COD$_{Cr}$ 值高于进水。分析原因，可能是在进水中存在的难降解物质有些无法被重铬酸钾氧化，因而无法用重铬酸钾法检测出，而经过水解酸化后，难降解物质被降解为较小的分子，即可以被重铬酸钾氧化的物质，导致了出水 COD$_{Cr}$ 值高于进水。

(2) 色度的去除效果

进水呈深红色，含有大量染料，色度较高，在 100～220 之间，均值为 160。ABR 第一格室出水的色度降至 100 左右，去除了红色，呈浅绿色，色度去除率为 60% 左右，后续的几个格室色度变化较小。

按 Wiff 发色基团学说，染料分子的发色体中不饱和共轭链（如—C=C—、—N=N—、—N=O）的一端与含有供电子基（如—OH、—NH$_2$）或吸收电子基（如—NO$_2$、>C=O）的基团相连，另一端与电性相反的基团相连。化合物分子吸收了一定波长的光量子的能量后，发生极化并产生偶极矩，使价电子在不同能级间跃迁而形成不同的颜色。一般来说，染料分子结构中共轭链越长，颜色越深；苯环增加，颜色加深；分子量增加，特别是共轭双键数增加，颜色加深。

ABR 出水的色度明显低于进水，分析原因可能是经过水解酸化的作用，使废水中含有苯环共轭结构的分子受到了一定程度的破坏，苯环减少、共轭链变短或被打开，大分子的有机物分解成为小分子有机物。第一格室对于色度去除非常明显，因为偶氮基虽然没有被快速破坏，但是反应器内高的污泥浓度吸附截留了大量有色的小固体颗粒，使得第一格室的出水色度变化尤为明显。

（3）氮的去除效果

处理过程为完全的厌氧处理，对于进出水的氮几乎没有去除效果，氮浓度的降低只是依靠微生物生长对于氮的需求，对总氮的监测结果也说明了这一点。进出水的总氮浓度几乎没有变化，但是出水的氨氮较进水要略高，进水的氨氮在 1.0mg/L 左右，出水的氨氮平均浓度为 1.2mg/L 左右。

（4）SS 的去除效果

ABR 运行稳定后，对 SS 有较好的去除效果。每个格室下半部分的 MLSS 非常高，达到 25g/L 左右，污水从反应器底部进入后，通过含有大量微生物的污泥层，悬浮性物质和胶体物质被污泥床迅速截留和吸附，在大量水解细菌的作用下，水中的复杂颗粒物被转变为小分子的溶解性化合物，从而被发酵细菌吸收利用。试验期间，反应器进水较混浊，有明显的黑色固体颗粒，SS 高于 100mg/L，出水 SS 为 80mg/L 左右，去除效果明显。

（5）可生化性的改善

废水的可生化性，即废水的生物可降解性，是研究生物处理技术时关注的重要内容。B/C 值法是目前最常用的一种废水可生化性的评价方法。通常认为 B/C 值代表了在好氧条件下废水中可被微生物降解的有机物占总有机物的比例。

装置稳定运行后，控制 HRT 在 12h 左右，连续运行 40d，ABR 进出水 B/C 值变化如图 6.4 所示，由图可见，经过 ABR 的水解酸化处理，出水的 B/C 值明显高于进水，进水的 B/C 值平均为 0.22，而出水的 B/C 值为 0.31，提高了约 40%。一般认为，B/C 值小于 0.3 的工业废水是微生物难以降解的。该废水经过 ABR 水解酸化处理后，基本达到生化处理的 B/C 值要求。

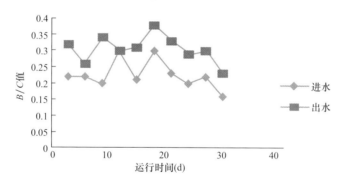

图 6.4 进出水的 B/C 值

酸化菌在厌氧发酵过程中产生一定量的挥发性脂肪酸（VFA），它更容易被微生物所利用，甲烷菌主要利用 VFA 形成甲烷，通常难降解废水中，VFA 的量较多则说明废水的可生化性较好。反应器进水的 VFA 含量为 0.15mmol/L，出水的 VFA 含量升至 0.35mmol/L。同时，这一酸化过程也使得废水的 pH 得到一定程度的降低，进水的 pH 为 8.5 左右，有时高达 8.8，出水的 pH 降至 8.0～8.2。BOD_5 由 113mg/L 提高到 139mg/L，说明出水中可以被微生物所降解的基质要比进水中多。

综上所述，废水经过 ABR 的水解酸化处理，BOD_5 提高，B/C 值提高，大分子难降解物质被酸化菌降解为小分子物质，废水的 pH 有一定程度的降低，可生化性得到提高，为后续生化处理提供了较好的条件。

（6）有机组分变化分析

采用 GC/MS 检测出水中有超过 100 种的有机物质，扫描结果如图 6.5、图 6.6 所示。结果表明，进水中含有大量烷烃和芳香烃衍生物，还含有一定量的不饱和环烃。

烷烃主要为十二烷、十六烷、十八烷、十九烷、二十烷等长链饱和烷烃；芳香族类衍生物主要物质为 1，2 苯并异噻唑-3 丙酸、邻苯二甲酸二乙酯、二丁基羟基甲苯等，这些物质在出水中的含量有一定程度的降低，但还是有相当部分的残留，尤其二丁基羟基甲苯，出水中的峰面积仍然非常大，这些难降解物质使水质的可生化性呈现较差的状态。

另一方面，含有不饱和键的烃类和芳香脂类的含量降低，说明不饱和键遭到破坏或者被打开，使之转化为其他物质，包括短链的烃类和脂类化合物，这些都是容易被生物降解的物质。因此，对照图片可以看出，包括邻苯二甲酸和邻苯二甲酸二丁酯在内的部分芳香族化合物在出水中的含量明显低于进水中的含量，甚至有些高分子有机物在出水中已经无法被检测出，同时，低分子有机物的种类和含量所占比例都有所增加。

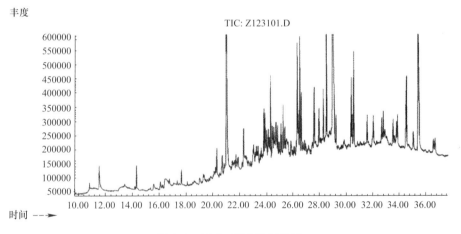

图 6.5 进水 GC-MS 扫描图

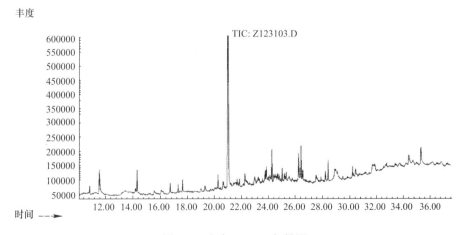

图 6.6 出水 GC-MS 扫描图

表 6.3 列出了水样中含量较高的 20 余种有机物。

反应器进出水中主要有机物的 GC-MS 检测结果   表 6.3

出峰次序	停留时间 (min)	有机物名称	比例（%） 进水	比例（%） 出水
1	11.535	2-乙基己醇	1.513	4.807
2	16.445	5-甲基-2-苯基吲哚	1.726	1.843
3	20.295	2-甲基芴	1.098	1.206
4	21.029	抗氧剂 264	33.638	62.334
5	22.302	十六烷	1.642	1.806
6	23.036	十二烷	1.393	1.687
7	23.819	十七烷	1.293	
8	23.9	植烷（2、6、10、14-四甲基十六烷）	1.370	1.425
9	24.145	4-壬基酚	1.022	
10	24.308	三（三甲代甲硅烷基）硼酸盐	2.003	2.646
11	24.455	二十烷	1.505	1.245
12	24.716	1，2 苯并异噻唑-3 丙酸	1.555	
13	25.254	十八烷	1.331	1.523
14	26.315	1，2-苯并异噻唑-3-丙酸双（2-甲基丙烯酰）酯	3.894	2.842
15	26.494	三（三甲代甲硅烷基）硼酸盐	2.770	2.939
16	26.625	十九烷	1.681	1.390
17	27.587	邻苯二甲酸二丁酯	2.009	
18	27.946	二十烷	1.280	
19	28.256	1，2，3，4，5，6，7，8-八硫杂环辛烷	1.492	1.307
20	28.484	2，2，4，4，5，5，7，7-八甲基-3，6-二氧杂-2，4，5，7-四硅辛	2.576	1.613
21	28.957	1，2，3，4，5，6，7，8-八硫杂环辛烷	15.322	
22	29.186	二十一烷	1.068	
23	30.311	八甲基三硅氧烷	1.833	
24	30.507	1-十八烷烯	2.913	
25	33.851	六甲基环三硅氧烷	1.387	
26	34.504	邻苯二甲酸二辛酯	2.995	1.626
27	35.417	5，6-二甲氧基-2-（3，5-二甲氧基苯基）-3-甲基-吲哚	7.690	3.371

注：表中有机物含量部分，出水的空白数据是因为扫描图中的含量过小，无法读出。

    总体上，以印染废水为主的工业废水经 ABR 预处理后，B/C 值从 0.22 提高到 0.31，VFA 从 0.18 提高到 0.35，pH 从 8.48 降低至 8.15，色度从 160 降低至 90，可生化性得到改善。水解酸化阶段，微生物对于总氮几乎没有去除，进出水总氮浓度不发生变化，但是出水中氨氮浓度略有提高。

    GC-MS 检测结果表明，印染废水中的难降解物质为大分子的烃类以及芳香族化合物，经过 ABR 水解酸化后，出水中大分子物质种类和含量都明显降低，小分子有机物的种类增多，且其含量所占比例增加。

6.1.4 ABR 水解酸化的影响因素

6.1.4.1 水力停留时间对 ABR 水解酸化的影响

试验中通过调节 ABR 反应器进水流量来控制反应器的水力停留时间（*HRT*）。水力停留时间对 ABR 反应器的影响是通过升流区与降流区的水流速度来表现的。一方面，水力停留时间短，则水流速度高，而高的水流速度有利于导流区内水流的搅动，因而能增强反应区内污泥与废水中有机物的混合接触，有利于提高去除率；但水力停留时间过短，水流速度过大，反应器中的污泥可能被水流冲刷出反应器，使反应器内不能保持足够的生物量，影响反应器运行的稳定性和高效性，同时水力负荷及有机负荷过大，会影响处理效果。

另一方面，水力停留时间过长，会使反应器处理能力过剩。因此，有必要对水力停留时间对反应器运行特性的影响进行研究，以获得合理的水力停留时间。

（1）水力停留时间对 COD_{Cr} 去除效果的影响

由于污水属于低浓度的工业废水，水中含有大量难降解的有机物，仅仅依靠厌氧微生物和兼性微生物的作用，没有好氧微生物的参与，COD_{Cr} 很难得到去除，在整个小试试验运行过程中，COD_{Cr} 的去除率始终较低，但是水力停留时间对于 COD_{Cr} 去除存在一定影响。图 6.7 所示为控制不同 HRT 阶段的 COD_{Cr} 的去除情况。

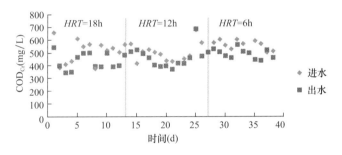

图 6.7 不同 HRT 阶段进出水 COD_{Cr} 变化

由图 6.7 可见，*HRT* 为 18h 时，COD_{Cr} 的去除效果最好，平均去除率为 15%，该阶段每个隔室的平均水力停留时间达到 4.5～6h，较长的停留时间使得泥水接触比较充分，整个反应时间较长，使得反应器内的厌氧反应进行至产乙酸阶段，甚至到产甲烷阶段，所以反应器中产气现象较为明显，在废水表面布满小气泡，甲烷气体的释放是厌氧过程中 COD_{Cr} 降低的主要原因，所以该阶段的 COD_{Cr} 去除较为明显，部分数据点甚至接近 30%。

HRT 为 12h 时，进水的水质变化比较大，平均 COD_{Cr} 去除率为 7%，COD_{Cr} 的去除情况较 HRT 为 18h 时差，分析原因可能是由于水力停留时间较短，厌氧过程只是水解部分，主要发生了难降解的大分子向较小的分子转化的过程，所以该阶段也较多的出现进出水 COD_{Cr} 几乎不变、甚至出水 COD_{Cr} 高于进水的情况，即将原水某些无法被重铬酸钾氧化的大分子水解成了较小分子的物质，在监测过程中可以检测到，导致监测结果是出水 COD_{Cr} 较高；同时原水中较少部分的易降解小分子有机物被微生物利用，产生甲烷，使得

出水 COD_{Cr} 得到一定程度的降低。

将 *HRT* 继续调小，控制 *HRT* 为 6～10h，在该阶段由于反应器出水堰不平，为防止各个格室内出现大量死区从而大大降低有效容积，所以每天分多次进行搅拌。实验结果表明，*HRT* 为 6h 的 COD_{Cr} 平均去除率为 11%，较 HRT 为 12h 时的去除率高，分析原因为该阶段的搅拌作用使泥水混合程度更好，从而导致了处理效率的提高。

各个格室内的污泥在无搅拌且低进水流量情况下不是颗粒状，而是呈现大片的粘结，导致泥水的接触面很少；而搅拌后污泥呈现絮状的效果比较明显，并且 *HRT* 进一步调低后，水流上升流速随之升高，也一定程度上提高了泥水混合程度，即泥水接触面较大，接触时间较长，有利于反应的进行，这些原因导致出水的 COD_{Cr} 去除率不降反升。同样地，由于较短的水力停留时间，水解作用主要将大分子物质分解为小分子，所以可生化性的提高也较明显。

图 6.8 为不同 HRT 下沿程各个格室内的 COD_{Cr} 变化。

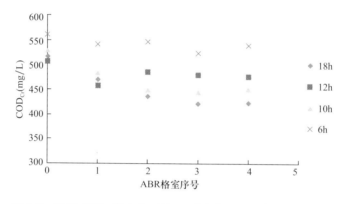

图 6.8　沿程 COD_{Cr} 值变化（$X=0$ 对应的 COD_{Cr} 为进水 COD_{Cr}）

由图可见，*HRT* 为 18h 时，沿程 COD_{Cr} 呈现较为良好的降低趋势。其余三个工况，都或多或少的呈现一个波动的状态，尤其是第二格室的出水，普遍表现为比后续的格室出水的 COD_{Cr} 低。分析原因，在 HRT 为 6h 到 12h 之间，第一格室的 HRT 相当于只有 1.5h 到 3h；HRT 过短，导致在第一格室中，主要发生的反应的是将原水中容易降解的小分子有机物降解，而将大分子物质分解为小分子物质的反应较少。

也正因为此，第一隔室的 COD_{Cr} 去除最为明显。而进入后续格室中的废水，容易降解的小分子物质明显要少于第一格室，表观上去除效果不明显。后续隔室中的微生物不断将难降解物质、甚至是重铬酸钾无法氧化的物质分解为小分子物质，导致 COD_{Cr} 不降低，反而有略微升高的趋势。

（2）水力停留时间对于 *B/C* 值提高的影响

不同 HRT 下 *B/C* 值的变化情况如图 6.9 所示。

图中结果表明，*HRT* 分别为 18h、12h、6h 时，*B/C* 值分别提高了 8%、35%、39%，可见停留时间相对短有利于提高 *B/C*。另外，在 HRT 分别为 18h、12h、6h 时，COD_{Cr} 的去除率分别为 16%、10%、9%；$HRT=18h$ 时，COD_{Cr} 的去除率最高，酸化菌水解大分子物质所产生的易于被利用的小分子物质，因过长的停留时间而被产甲烷菌利用，产生甲烷溢出。

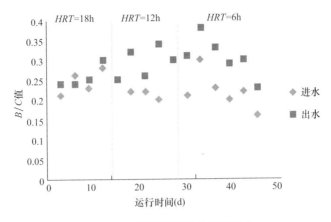

图 6.9　不同 HRT 下 B/C 值变化

虽然 COD_{Cr} 去除效果良好，但是出水中难降解物质所占比例下降程度较小，即 B/C 提高不明显。相反，短的水力停留时间使得反应器内主要维持在厌氧的前两个阶段，即水解酸化段；另外，上升流速比较快也使得污泥层高度增加，一定程度上提高了反应器内的泥水混合效果，得到更好的处理效果。

6.1.4.2　pH 对 ABR 水解酸化的影响

pH 是废水处理微生物活性的重要影响因素之一。酸化反应产生有机酸，使废水的 pH 降低，有机酸的大量积累会抑制产甲烷细菌的活性。而水解酸化反应器不需要产甲烷过程，因此不存在酸的抑制问题，pH 的范围一般在 6.5～7.5 之间。本试验中反应器进水平均 pH 为 8.35，出水平均 pH 为 8.13，出水 pH 有小幅的下降，反应器均保持较好的处理能力。

图 6.10 为 HRT 均为 24h 左右、进水 pH 分别为 7、8 和 9 时的 COD_{Cr} 去除效果。

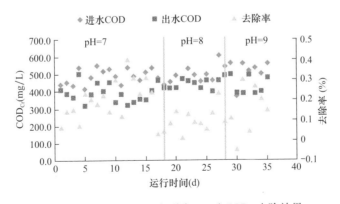

图 6.10　HRT=24h 时不同 pH 下 COD_{Cr} 去除效果

由图 6.10 可见，进水 pH 为 7 时，COD_{Cr} 的去除率较高，平均去除率达到 21%，整体的 COD_{Cr} 平均去除率为 15%；出水的色度很低，平均在 80 倍以下。但是出水的 B/C 均未得到理想的提高，并且在 ABR 中产气较为明显。分析原因为 HRT 过长，未能较好地控制反应在水解酸化阶段。同时，pH=7 的进水条件更利于印染废水的厌氧反应，但并不能将厌氧过程控制在水解酸化段，而是进入产气阶段，产生一定量的甲烷气体逸出，所以也会导致后续生化处理的碳源不足等问题。

图 6.11 为 HRT 为 12h 时，不同进水 pH 下的 COD_{Cr} 去除效果。

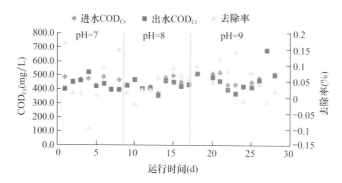

图 6.11　$HRT=$12h 时不同 pH 下 COD_{Cr} 去除效果

由图 6.11 可见，HRT 为 12h，pH 为 7、8 和 9 时，COD_{Cr} 去除率变化不大，均小于 10%；pH＝7 时，出水 B/C 均值为 0.34，pH 为 8 或者 9 时，出水 B/C 为 0.3 左右或略小于 0.3；色度的去除也较理想，去除率为 50% 左右。

图 6.12 为 $HRT=$8h，pH＝7 时的进出水 COD_{Cr} 变化情况。COD_{Cr} 的平均去除率为 12%。

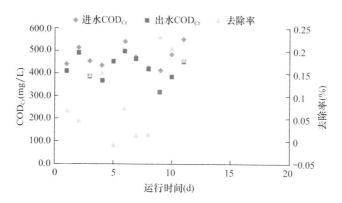

图 6.12　$HRT=$8h，pH＝7 时 COD_{Cr} COD_{Cr} 去除效果

该阶段 B/C 的变化情况如图 6.13 所示。进水 B/C 平均值为 0.29，出水 B/C 平均值为 0.36。

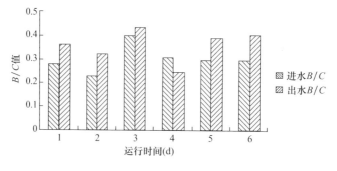

图 6.13　$HRT=$8h，pH＝7 时进出水 B/C 值变化

该阶段的试验表明，pH 是 ABR 预处理印染废水过程的重要影响因素，进水 pH 在 7 左右处理效果较好。

6.1.5 Fenton-ABR 联合运行的运行效果

（1）试验装置与工艺流程

单独对 ABR 处理效果进行研究时超越加药池，Fenton-ABR 联合试验中运行了工艺流程图中所有的装置，其中加药池如图 6.14 所示。

池体 $L \times B \times H = 1.2m \times 0.6m \times 0.9m$，反应区和沉淀区长度均为 0.6m。试剂投加后在搅拌机的作用下与废水混合反应，之后进入后半部分的斜板沉淀区域进行沉淀，出水进入调节池，在需要的情况下对 pH 进行调节，定期从底部排泥。

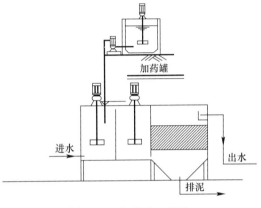

图 6.14 加药池工艺图

（2）运行方法与试剂

启动 ABR 反应器，待处理效果稳定后，启动 Fenton 氧化加药池，通过加药泵连续投加药物，对比未投加药物情况下的处理效果。控制 ABR 水力停留时间一定，改变加药量，对比不同投加量的处理效果。Fenton 试剂处理效果的小试阶段，分别考察了 50mg/L、100mg/L、150mg/L 和 200mg/L 投加量的处理效果，综合考虑经济性以及后续生物处理对碳源需求的问题，在 50mg/L、100mg/L 和 150mg/L 等工况下开展试验研究，ABR 控制水力停留时间为 12h 左右，ABR 反应器内污泥浓度为 12~15g/L。

加药池中投加的试剂见表 6.4。

		试验药剂	表 6.4

试剂名称	纯度	生产厂家
H_2O_2	分析纯	江苏强盛化工有限公司
$FeSO_4 \cdot 7H_2O$	分析纯	天津科密欧化学试剂有限公司
H_2SO_4	分析纯	昆山金城试剂有限公司
$NaOH$	分析纯	天津科密欧化学试剂有限公司

（3）运行效果分析

1）COD_{Cr} 的去除效果

在不投加 Fenton 试剂的情况下启动 ABR，运行至稳定后，开启加药，对进出水常规指标进行监测。试验期间，进水 COD_{Cr} 均值为 505.9mg/L，COD_{Cr} 变化情况如图 6.15 所示。

图中分三个阶段，Fenton 试剂的浓度依次为①50mg/L、②100mg/L 和③150mg/L。在 Fenton 试剂浓度为 50mg/L 时，总去除率仅为 4.4%，而在浓度为 100mg/L 和 150mg/L 时，去除率分别为 16.4% 和 19.5%，COD_{Cr} 去除率随投药量增加呈明显升高的趋势。另一方面，在投加试剂浓度在 100mg/L 时，氧化去除率为 2.4%，ABR 去除率为 14.3%，而在试剂浓度为 150mg/L 时，化学氧化阶段的 COD_{Cr} 去除率升高至 13.3%，而生化处理的 COD_{Cr} 去除率降低。

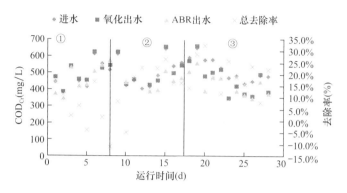

图 6.15 联用阶段的进出水 COD_{Cr} 变化

分析原因，首先增大投加氧化试剂的浓度，必然会提高 COD_{Cr} 的去除率，但是 Fenton 试剂并不适合过多投加。首先，投加药剂的成本要远远高于生化处理，其次，由于加药池的容积一定，且 ABR 要求的水力停留时间一定，那么 Fenton 试剂与废水的反应时间也就一定，过多的投加试剂，会导致一定量的 Fenton 试剂的残留，进入到后续的生化处理环节，必然会对反应器中微生物产生危害作用。最后阶段 ABR 部分的去除率降低也正说明了这一点。投加 150mg/L 的 Fenton 试剂时，出水 COD_{Cr} 均值已低于 400mg/L，为符合后续处理工艺对碳源的要求，COD_{Cr} 不适合进一步降低。

2）B/C 值的提高

该阶段进水的 B/C 均值在 0.23 左右，出水的 B/C 均值在 0.3 左右，B/C 值变化情况如图 6.16 所示。

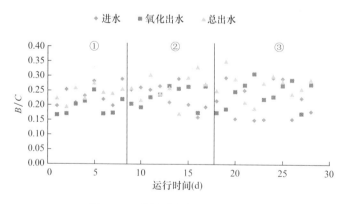

图 6.16 联用阶段的 B/C 值变化

总体来看，出水 B/C 值较进水明显有所提高，其中第一部分的 B/C 值提高较少，分析原因可能是因为投加较少的 Fenton 试剂，氧化产生的易生物降解的小分子物质较少，且该部分小分子物质在 ABR 中被微生物所利用，导致表观上表现 COD_{Cr} 有所下降、B/C

值的提高并不明显。

　　3）色度的变化

　　该阶段的试验进水色度在 180 左右，呈现深红色，但是运行了加药池后，加药池的出水色度均高于 260，且呈现黑色，同时 SS 较高。经过 ABR 处理后，对于废水的色度和 SS 去除率均很低。分析原因可能为投加 Fenton 试剂的量较少，反应后形成的絮体较小，沉淀不明显所致。

6.2　强化生物处理关键技术与工艺优化

　　本研究的城镇污废水中含有大量有毒有害的物质，pH 较高，在好氧处理单元容易引起丝状菌的大量繁殖，发生污泥膨胀或污泥解体，造成污泥流失，泥水分离效果变差，从而直接影响污水的处理效果。

　　因此，在去除水中有机物的同时，考虑除磷和控制污泥膨胀的问题，设计了水解-好氧工艺小试系统。同时，为了改善好氧单元的效果，在水解反应器后设计了两种不同的工艺，比较不同工艺的运行情况和处理效果，分别如图 6.17 和图 6.18 所示。

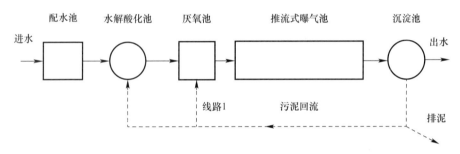

图 6.17　工艺一：水解酸化—厌氧—好氧活性污泥法示意图

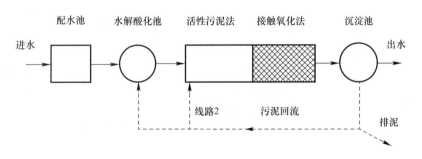

图 6.18　工艺二：水解酸化—好氧活性污泥法—接触氧化法示意图

　　工艺一的设计与苏州市甪直污水处理厂三期工程的工艺相近，采用水解—厌氧—好氧活性污泥处理工艺，沉淀池污泥连续回流至厌氧池中（回流比由系统实际运行情况而定），多余的污泥回流至水解酸化池中，或直接排放。工艺二采用水解—好氧活性污泥—接触氧化处理法，不设厌氧池，而在推流式曝气池后半部分添加组合填料，改造成接触氧化法，沉淀池污泥回流至推流式曝气池前端，多余污泥回流至水解酸化池中，或直接排放。小试系统各装置的设计参数见表 6.5。

反应器装置及设计参数   表6.5

编号	名称	材料	规格（mm）	有效容积（L）	停留时间（h）
1	配水池	有机玻璃	400×400×500（长×宽×高）	80	4
2	升流式水解酸化池	有机玻璃	Φ400×2600	320	16
3	厌氧池	有机玻璃	320×250×500（长×宽×高）	40	2
4	曝气池	有机玻璃	800×500×500（长×宽×高）	200	10
5	竖流式沉淀池	有机玻璃	Φ230×950	39.4	1.5

曝气池中间设有一个隔板，将曝气池一分为二，在工艺一中为推流式曝气池，污水从隔板一端底部流入，绕过隔板后从隔板另一端流出，回流污泥采用线路1；在工艺二中，曝气池改造为前端活性污泥法，后端为接触氧化法，挂置组合填料，填料区体积为80L，填料直径为80cm，水平间距为80cm，竖直间距为60cm，回流污泥采用线路2。图6.19和图6.20分别为各装置的连接示意图和照片。

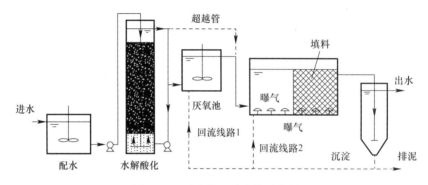

图6.19 试验装置及连接示意图

图6.20 试验装置实物图

通过先后运行两套工艺对含大量印染废水的污水进行处理，比较了有机物的去除能力，探讨了污泥膨胀发生的原因和控制方法。

工艺一的水解酸化和后续生化处理单元分两阶段启动。HUSB反应器初步启动，待其运行基本稳定之后，启动后续的厌氧—好氧活性污泥工艺。运行后期，由于丝状菌大量繁殖，出现了恶性的污泥膨胀现象，造成曝气池内污泥大量流失，泥水分离效果变差，沉淀池内充满活性污泥，出水中带有大量悬浮絮体，严重影响了系统的处理效果。

水解—活性污泥—接触氧化工艺（工艺二）去掉了厌氧池，并将曝气池后半部分添加了组合填料，改造为生物接触氧化法，以使丝状菌附着生长，运行三个月没有出现过污泥膨胀现象，系统稳定运行，达到了良好的处理效果。

6.2.1 工艺二 COD$_{Cr}$的去除效果

（1）总体去除效果

工艺二运行近 100d，各单元的进出水 COD$_{Cr}$变化如图 6.21 所示；各单元的 COD$_{Cr}$去除率如图 6.22 和表 6.6 所示。

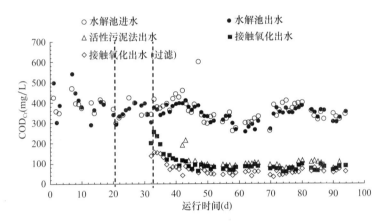

图 6.21 工艺二各反应器进出水 COD$_{Cr}$

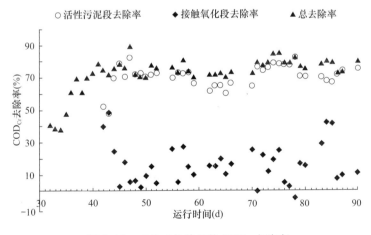

图 6.22 工艺二各单元的 COD$_{Cr}$去除率

运行主要分为三个阶段：

第 I 阶段：水解酸化池启动阶段，约 15d 后达到稳定。

第 II 阶段：好氧活性污泥法和接触氧化法启动阶段。启动活性污泥和接触氧化池，运行约 10d 后，系统逐渐达到稳定，出水 COD$_{Cr}$由 202mg/L 下降至 87mg/L，COD$_{Cr}$总去除率由 41.1%提高至 75.8%。其中好氧活性污泥段的 COD$_{Cr}$去除率从启动时的 52.0%升高到70％以上，而接触氧化段的 COD_{Cr} 去除率有所下降，从开始的 39.7％ 下降并稳定在 15％ 左右，曝气池中有机物主要在前端的活性污泥法中得到去除。

第Ⅲ阶段：系统稳定运行期。期间系统进水 COD_{Cr} 平均值为 345mg/L，出水 COD_{Cr} 平均值为 78mg/L，其中溶解性 COD_{Cr} 平均值为 59mg/L，平均 COD_{Cr} 总去除率为 76.7％。系统出水最低 COD_{Cr} 达到了 60mg/L，溶解性 COD_{Cr} 最低为 34mg/L，COD_{Cr} 去除率最高达到 89.4％。

工艺二的三个阶段 COD_{Cr} 平均值及去除率　　　　表 6.6

单元名称		HUSB 反应器	活性污泥段	接触氧化段	总去除率
第Ⅰ阶段	进水（mg/L）	378	—	—	—
	出水（mg/L）	383	—	—	—
	平均去除率	−1.2％	—	—	−1.2％
第Ⅱ阶段	进水（mg/L）	400	372	203	—
	出水（mg/L）	372	203	129	—
	去除率	6.7％	49.9％	44.1％	60.5％
第Ⅲ阶段	进水（mg/L）	345	335	93	—
	出水（mg/L）	335	93	78	—
	平均去除率	2.1％	71.9％	14.4％	76.6％

（2）水力停留时间的影响

系统稳定运行期间，通过调整流量控制曝气池的水力停留时间，其中好氧活性污泥法段和接触氧化法段的停留时间基本相同，为曝气池总停留时间的 1/2。曝气池在不同停留时间下 COD_{Cr} 的去除情况如图 6.23 所示。

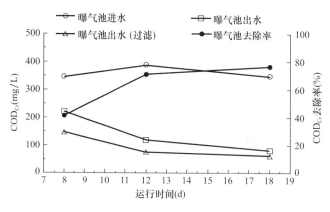

图 6.23　曝气池在不同停留时间下的 COD_{Cr} 去除效果

由图 6.23 可知，随着停留时间的增加，曝气池出水 COD_{Cr} 降低，COD_{Cr} 去除率提高：停留时间为 8h、12h、18h 时，曝气池出水 COD_{Cr} 分别为 222mg/L、119mg/L 和 82mg/L，其中溶解性 COD_{Cr} 分别为 149mg/L、76mg/L、63mg/L，去除率分别为 41.5％、71.2％ 和 76.5％。在停留时间较短的范围内，COD_{Cr} 的去除率随停留时间的增加而增加较快，而停留时间达到 12h 以上，去除率随停留时间增加而提高的趋势变缓。

6.2.2 TP 的去除效果

工艺二稳定运行期间系统各单元进出水的 TP 变化如图 6.24 所示。

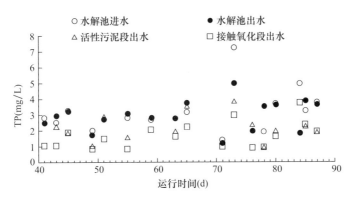

图 6.24 工艺二各单元进出水的 TP 变化

工艺二稳定运行期间进水 TP 平均值为 3.12mg/L，出水平均值为 1.68mg/L，平均去除率为 46.1%，除磷效果不佳，依然需要通过化学除磷降低出水 TP 含量。曝气池对 TP 的去除主要受溶解氧影响。当溶解氧在 2mg/L 以上时，TP 总去除率基本稳定在 45% 以上；而当溶解氧低于 2mg/L 高于 1.0mg/L 时，TP 的去除率下降；溶解氧浓度为 1.0mg/L 时，TP 去除率仅为 25.2%。

污水经过水解反应器处理后，只有好氧处理单元，除磷效果均不够理想。分析原因，主要有以下几点：

（1）进水的磷含量较高，平均值约为 3.5mg/L，最高达到 7.25mg/L，混合废水属于难降解的工业废水，水中含有较多大分子的有机物，而易于被聚磷菌利用合成 PHB 的小分子有机物较少，影响了生物除磷的效果。

（2）污泥龄是影响除磷效果的重要因素，生物除磷系统主要通过排除多余污泥除去磷，过长的污泥龄会影响生物除磷的效果，一般污泥龄控制在 3.5～7d。试验废水属于低浓度难降解的混合工业废水，生化系统的有机负荷较低，污泥生长更新较慢，系统的污泥龄过长，在 15d 以上，使含磷污泥不能及时排出系统，除磷效率下降。

（3）工艺二后半部分设置了填料，出水中含有污泥絮体较少，曝气量可以控制在较高的范围内，溶解氧平均浓度为 5.6mg/L。较高的溶解氧浓度有利于聚磷菌降解其储存的 PHB，释放足够能量过度吸收磷。

由此看来，利用生物处理法处理磷浓度较高的低浓度难降解工业废水，生物除磷与有机物的去除之间存在一定的矛盾。废水中的有机物多为难降解的大分子有机物，会影响聚磷菌合成 PHB 的能力，而低浓度的难降解废水，需要较长的停留时间以保证有机物较高的去除率，使废水的有机负荷偏低，污泥龄相应延长，影响含磷污泥及时排出系统。实际应用中，在首先保证系统有机物高去除率的条件下，可以利用化学除磷的方式确保出水磷含量达标。

6.3 城镇污废水协同处理工艺

在预处理、生物主体工艺和混凝沉淀、曝气生物滤池等单元关键技术研究的基础上，基于苏州市甪直污水处理厂的水质特性和现有工艺存在的问题，依托中试系统，开展城镇污废水协同处理工艺研究。

6.3.1 中试系统工艺及设备概况

中试系统规模为 $24m^3/d$，涵盖预处理、强化二级处理和深度处理三个部分，包括水解、前混凝沉淀、厌氧、缺氧、曝气、后混凝沉淀、活性炭曝气生物过滤、陶粒曝气生物过滤以及生物质废物水解供碳等单元。中试系统可以按照多种工艺运行，操控灵活，通过系统的研究，优化以印染废水为主的高比例工业废水处理工艺。

6.3.1.1 单元设计参数选择与设备尺寸

（1）参数的选择

根据调研及验证试验，选取各构筑物设计参数见表 6.7。

中试各单元设计参数 表 6.7

序号	名称	设计参数
1	前混凝反应池	混合时间 60s，絮凝时间 20min
2	前混凝沉淀池	沉淀时间 57s，表面负荷 $1.55m^3/(m^2 \cdot h)$
3	厌氧池	$HRT=10h$
4	缺氧池	$HRT=10h$
5	曝气池	$HRT=16h$
6	二沉池	沉淀时间 2h，表面负荷 $0.8m^3/(m^2 \cdot h)$
7	后混凝反应池	混合时间 45s，絮凝时间 20min
8	后混凝沉淀池	表面负荷 $1.5m^3/(m^2 \cdot h)$
9	曝气生物滤池	内径 450mm，总高 3.8m，填料层高度 2m

图 6.25 和图 6.26 为污废水协同处理与优化运行中试装置及生物质废物水解外源供碳装置照片。

图 6.25 污废水协同处理与优化运行中试装置

图 6.26 生物质废物水解外源供碳装置

（2）设备尺寸

中试设备各单元尺寸见表 6.8。

中试设备各单元尺寸 表 6.8

序号	名称	尺寸（$L \times B \times H$）	有效容积
1	前混凝反应池（一）	950mm×690mm×1000mm	0.36m³
2	前混凝沉淀池（一）	1000mm×850mm×3000mm	2.3m³
3	厌氧池/缺氧池	3600mm×1900mm×3400mm	21.2m³
4	曝气池	3150mm×2100mm×3000mm	16.5m³
5	二沉池	1580mm×1580mm×2400mm	2.8m³
6	水箱	2800mm×2000mm×2100mm	10.5m³
7	前混凝反应池（二）	900mm×670mm×1000mm	0.35m³
8	前混凝沉淀池（二）	1000mm×860mm×2330mm	1.8m³
9	反冲洗水箱	1200mm×1200mm×1800mm	2.3m³
10	曝气生物滤池	ϕ450mm，H=3.8m，填料层高度2m	0.32

6.3.1.2 中试系统运行方式

按照"水解—曝气池—混凝沉淀—曝气生物滤池"工艺，先后运行了 4 个单元。一年运行期内，对中试系统"水解—好氧"单元进行运行，之后陆续开启曝气生物滤池和混凝沉淀单元。分别考察了各单元的运行效果，优化了关键的工艺参数，并考察了整个工艺过程对 COD_{Cr}、TP 等的去除效果。

6.3.2 水解池运行效果

水解池为 ABR(厌氧折流板反应器)，停留时间为 12h。经过 230d 的试验运行，考察了水解单元的运行效果，水解池进出水 COD_{Cr}、TP 和 TN 随运行时间的变化如图 6.27 所示。图 6.28 为水解池进出水的 B/C 值随运行时间的变化。水解池进水 COD_{Cr}、TP 和 TN 平均浓度分别为 446.8mg/L、11.34mg/L、20.78mg/L，出水 COD_{Cr}、TP 和 TN 平均浓度分别为 436.4mg/L、9.30mg/L、20.92mg/L。水解池进水平均 B/C 比为 0.326，出水平均 B/C 比为 0.333，B/C 比平均提高了 2.15%。

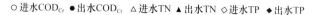

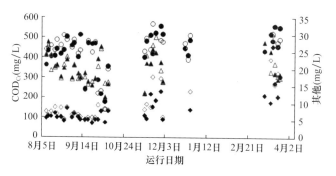

图 6.27　水解池进出水中 COD_{Cr}、TN 和 TP 的含量

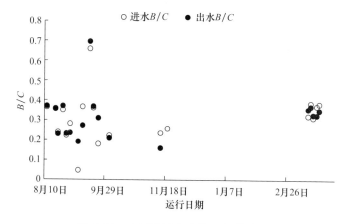

图 6.28　水解池进出水的 B/C 值变化

此外，对水解酸化池进出水的色度、苯胺、硝基苯等进行了分析。在水解—好氧工艺中，染料的降解经历染料还原—苯胺类物质生成—苯胺类物质好氧分解的过程。同时色度主要是由染料造成的，因此可以用色度和苯胺类物质的变化来表征染料的破坏情况和水解酸化池的运行状况。研究中色度采用分光光度法（BS 6068，1995）测定，因此色度用吸光度表示。

由图 6.29 可知，水解池进水苯胺类物质的平均含量为 4.28mg/L，出水中苯胺类物质的平均含量为 4.64mg/L。由图 6.30 可知，水解池进水以吸光度表示的色度的平均值为 0.102abs，水解池出水以吸光度表示的色度的平均值为 0.091abs。经过水解池，苯胺量提高了 8.57%，色度降低了 10.78%。

为了考察水解池去除污染物的形态，测定了进出水中溶解态的 COD_{Cr}、TN、TP，与各指标总量的关系分别如图 6.31～图 6.33 所示。

由图 6.31 可知，水解池进水平均 COD_{Cr} 为 446.76mg/L，$DCOD_{Cr}$ 为 318.46mg/L，水解池出水的 COD_{Cr} 为 436.40mg/L，$DCOD_{Cr}$ 为 298.73mg/L。由此可知，水解池进水的悬浮物 COD_{Cr} 贡献率为 28.72%。溶解态 COD_{Cr} 占 71.28%。出水悬浮物 COD_{Cr} 贡献率为

31.55％，溶解态的占 68.45％。可见溶解态有机物是此废水的主要污染物质。

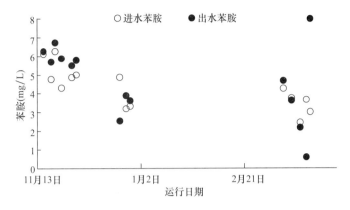

图 6.29　水解酸化池进水、出水中苯胺类物质含量

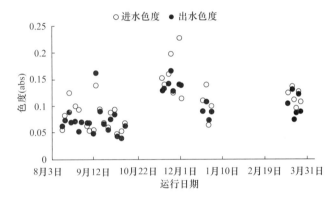

图 6.30　水解池进水、出水中色度

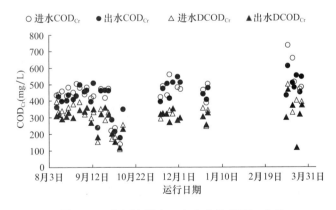

图 6.31　水解池进水、出水中的 COD_{Cr} 含量

由图 6.32 可知，水解池进水的平均 TN 为 19.96mg/L，DTN 为 16.58mg/L，水解池出水的 TN 为 219.93mg/L，DTN 为 16.51mg/L。由此可知，水解池进水的悬浮物 TN 贡献率为 16.94％，溶解态 TN 占 83.06％。水解池出水悬浮物 TN 贡献率为 17.17％，溶解态的占 82.83％。即溶解性的 TN 是主要污染物质。

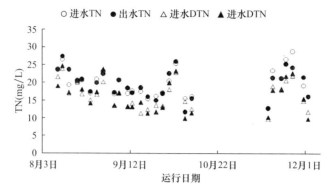

图6.32 水解池进水、出水中的TN含量

由图6.33可知，水解池进水的平均TP为11.34mg/L，DTP为4.06mg/L，正磷为2.08mg/L；水解池出水的TP为9.30mg/L，DTP为3.01mg/L，正磷为1.80mg/L。可见，水解池进水的悬浮物TP贡献率为64.21%，溶解化合态TP占17.45%，正磷状态的占18.34%。水解池出水悬浮物TP贡献率为67.67%，溶解态的占10.61%，正磷状态的占15.92%。即悬浮性磷是主要污染物质。

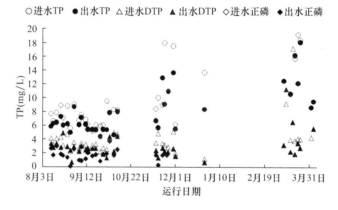

图6.33 水解池进水、出水中的TP含量

然而水解池进水与出水的悬浮物特点不同，进水中的悬浮物为常规悬浮物，因为ABR水解池有生物层过滤作用，出水中的悬浮物多为游离细菌。

6.3.3 曝气池运行效果

曝气池于2010年8月正式运行，重点考察停留时间、气水比、污泥回流比等工艺参数对系统污泥浓度、污泥沉降性、溶解氧及对COD_{Cr}、TP、色度及苯胺、硝基苯等的去除效果。根据温度和水力停留时间的不同，将曝气池的运行分为五个阶段：

① 水力停留时间为16h，曝气池平均水温31.13±3.43℃，气水比12：1。

② 水力停留时间16h，曝气池平均水温18.37±3.63℃，气水比12：1。此时天气转冷，水温较低，同时企业年底增产造成了水质的大幅波动。

③ 水力停留时间23h，曝气池平均水温22.46±1.66℃，气水比上升至15：1，并按

实际情况进行调节。

④ 水力停留时间 18h，曝气池平均水温 31.88±2.12℃，气水比上升至 19：1，并按实际情况进行调节。

⑤ 水力停留时间为 18h，曝气池平均水温为 33.50±1.43℃，气水比为 18：1，并按实际情况进行调节。

（1）有机物的去除效果

图 6.34 为中试系统曝气池进出水 COD_{Cr} 随时间变化。五个阶段 COD_{Cr} 进出水浓度的平均值如图 6.35 所示。

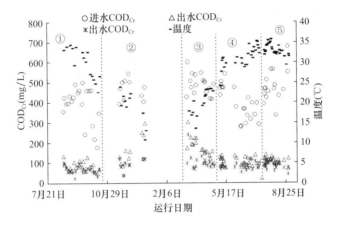

图 6.34 中试系统曝气池进出水 COD_{Cr} 随时间变化

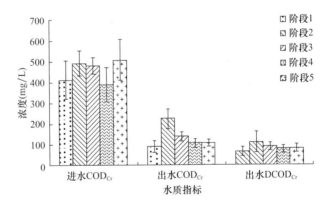

图 6.35 中试系统五个阶段曝气池进出水 COD_{Cr} 浓度平均值

以上五个阶段的平均 COD_{Cr} 去除率分别为 78.18%±5.65%、61.70%±13.99%、70.46%±4.69%、71.85%±6.42%、77.93%±4.91%，其中出水中悬浮性 COD_{Cr} 占总 COD_{Cr} 的百分比分别为 25.11%±11.19%、45.29%±18.02%、33.01%±10.07%、27.46%±13.25%、23.56%±12.59%；可见悬浮性 COD_{Cr} 在总 COD_{Cr} 内占有较大比例，曝气池出水带泥现象较为严重。

第一阶段进水水质较好，水温较高，COD_{Cr} 去除效果最好，出水 COD_{Cr} 平均值达到 83.70mg/L。第二阶段和第三阶段二沉池出水水质较差，COD_{Cr} 平均值分别为 185.52mg/L 和 142.28mg/L，受气温下降的影响较大。此外，冬季企业增产，进水中难降解污染物增多也是导致二沉池出水水质变坏的原因之一。第四和第五阶段 COD_{Cr} 去除效果均较好，二沉池出水 COD_{Cr} 平均值分别为 108.53mg/L 和 108.81mg/L，但比第一阶段出水水质差，可能是由进水水质变差和污泥有机负荷偏高造成的。

（2）TP 的去除效果

图 6.36 为中试系统曝气池进出水 TP 随时间变化。五个阶段进 TP 出水浓度的平均值如图 6.37 所示。

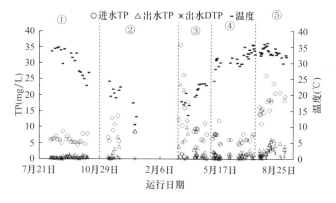

图 6.36　中试系统曝气池进出水 TP 随时间变化

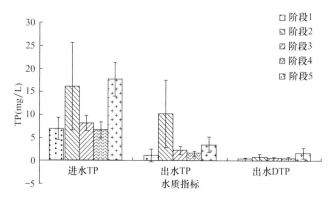

图 6.37　中试系统五个阶段曝气池进出水 TP 浓度平均值

五个阶段的平均 TP 去除率分别为 87.46%±5.59%、56.86%±25.98%、73.28%±10.84%、75.57%±9.54%、80.80%±8.26%。出水悬浮性 TP 占总 TP 的比例分别为 60.83%±21.64%、89.98%±5.05%、77.67%±12.55%、75.53%±13.32%、56.70%±13.52%。可见在各个阶段，二沉池出水中 TP 都主要来源于悬浮物，去除出水中的悬浮物，可在很大程度上降低 TP 含量。

第一阶段 TP 去除效果最好，TP 为 0.76±0.34mg/L，DTP 为 0.34±0.32mg/L。第二阶段二沉池出水 TP 为 7.08±6.96mg/L，DTP 为 0.57±0.55mg/L，进水水质持续变差，导致活性污泥性能变差，二沉池出水中微小污泥絮体增多，总磷含量升高。第三阶段出水 TP 为 2.21±1.02mg/L，DTP 为 0.49±0.31mg/L。第四阶段 TP 为 1.58±0.60mg/L，DTP 为 0.43±0.37mg/L。第五阶段 TP 为 3.45±1.70mg/L，DTP 为 1.63±1.15mg/L。

总体而言，第二阶段 TP 去除效果较差，其他四个阶段去除效果较好，但出水 TP 都没有达到 0.5mg/L，尚需后续单元进一步处理。同时由 TP 和 DTP 的平均值可以看出，出水悬浮性物质所占的比例较高，后续可采用混凝沉淀等单元进行进一步处理。

（3）色度的去除效果

图 6.38 为中试系统曝气池进出水色度随时间变化。五个阶段进出水色度的平均值如图 6.39 所示。

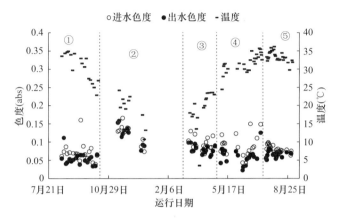

图 6.38　中试系统曝气池进出水色度随时间变化

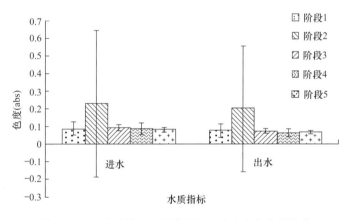

图 6.39　中试系统五个阶段曝气池进出水色度平均值

由图 6.38 可知，整个运行期间曝气池进水色度波动范围很大，吸光度在 0.039～1.493abs 之间，平均值为 0.104abs。以上五个阶段曝气池进水色度分别为：0.070abs、0.196abs、0.089abs、0.088abs、0.080abs。出水色度分别为 0.054abs、0.177abs、0.0713abs、0.0623abs、0.0673abs。色度去除极不稳定，分别为 19.50%、5.80%、19.14%、27.61%、15.02%。

以上五个阶段的对比可知，影响曝气池运行效果的因素主要有进水有机负荷，水温，进水水质和曝气量。曝气池适宜运行温度范围为 25～36℃，在此温度范围内，二沉池出水 COD_{Cr}、$DCOD_{Cr}$、TP 和色度等水质指标保持在较好水平，且受温度影响较小。当 COD_{Cr}-污泥负荷 $\in [0.075, 0.739]kgCOD_{Cr}/(MLSS \cdot d)$ 时，较低的 COD_{Cr}-污泥负荷有利于二沉池出水 COD_{Cr} 和 $DCOD_{Cr}$ 的降低。二沉池出水 DTP 和 TP 受进水 DTP 含量的影响较大。

进水 DTP 还对二沉池出水 TN、DTN 有显著影响。当进水 DTP 较低时，二沉池出水水质较好。曝气池适宜溶解氧含量为 2～4mg/L。在此条件下运行时，二沉池出水 COD_{Cr}、TP、TN、DTN 含量都较低，且不会造成 NH_3-N 含量的显著升高。水力停留时间在 16～23h 之间时，对二沉池出水水质无显著影响。而在厂区曝气池实际运行过程中，进水水质属于不可控因素。

气水比和污泥回流比是影响能耗的两个主要指标，本着节能和系统优化的原则，综合考虑整个工艺中各单元的功能及作用，建议曝气池按照以下工况运行：停留时间 16～18h，气水比为 12:1～19:1，污泥回流比为 65%～100%，可根据季节和水质调节。

由于此类废水固有生化特性的限制，曝气池在本研究阶段最好运行状态下亦不能使出水达标，因此需要增加后处理工艺，进行深度处理。

6.3.4 混凝—曝气生物池运行效果

生物滤料作为曝气生物滤池工艺的核心部分，影响着工艺的处理效果，因此选择合适的滤料对工艺的稳定运行意义重大。曝气生物滤池的滤料应具备三项要求：比表面积大；孔隙率大，截污能力强；机械强度好，经久耐用。本研究取用两种滤料，棒状活性炭和固废资源化产品—陶粒做平行对比实验，承托层采用 2～3mm 石英砂和 4～6mm、5～8mm 鹅卵石。

首先考察了活性炭为填料的曝气生物滤池运行工艺参数的影响，然后对两种填料的曝气生物滤池除污染效果进行了对比。

6.3.4.1 活性炭曝气生物滤池运行工艺参数优化

（1）气水比对污染物去除效果的影响

滤池试验研究了气水比为 2:1、3:1、4:1 三种工况下（温度为 23～28℃、水力负荷为 1.26m³/(m²·h)），曝气生物滤池对 COD_{Cr}、NH_3-N、TP、浊度等的去除效果。

1）气水比对 COD_{Cr} 去除效果的影响

不同气水比条件下 COD_{Cr} 去除效果的影响情况如图 6.40 所示。

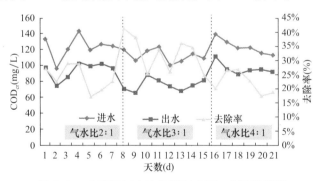

图 6.40 在不同气水比条件下 COD_{Cr} 去除效果图

图 6.40 中可见，气水比为 2:1 时，进水的 COD_{Cr} 在 96～143.6mg/L 之间变化，平均值为 119.8mg/L；出水 COD_{Cr} 在 74.4～102.4mg/L 之间，平均值为 88.4mg/L；COD_{Cr} 去除率在 17.1%～28.9% 之间，平均值为 22.9%。

气水比为 3：1 时，进水 COD_{Cr} 在 100～119.6mg/L 之间变化，平均值为 109.8mg/L；出水 COD_{Cr} 在 65.6～88.4mg/L 之间，平均值为 77mg/L；COD_{Cr} 去除率在 25.3%～41.1% 之间，平均值为 33.2%。

气水比为 4：1 时，进水 COD_{Cr} 在 108.4～139.2mg/L 之间变化，平均值为 123.8mg/L；出水 COD_{Cr} 在 81.6～111.2mg/L 之间，平均值为 96.4mg/L；COD_{Cr} 的去除率在 17.4%～26.9% 之间，平均值为 22.1%。

试验结果表明，控制气水比为 3：1 时，反应器即可得到很好的充氧效果，滤池对 COD_{Cr} 表现出稳定的去除效果。

2）气水比对 TP 去除效果的影响

气水比对 TP 去除效果的影响如图 6.41 所示。

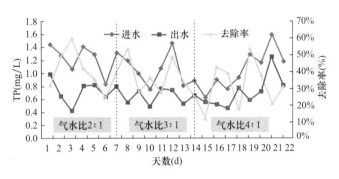

图 6.41 气水比对 TP 去除效果的影响

由图 6.41 可知：曝气生物滤池气水比为 2：1 时，进水 TP 在 0.83～1.45mg/L 之间变化，平均值为 1.14mg/L；出水 TP 在 0.44～0.98mg/L 之间，平均值为 0.70mg/L；TP 去除率在 24.5%～60.4% 之间，平均值为 42.5%。

气水比为 3：1 时，进水 TP 在 0.76～1.46mg/L 之间变化，平均值为 1.11mg/L；出水 TP 在 0.48～0.78mg/L 之间，平均值为 0.63mg/L；TP 去除率在 27.6%～49.4% 之间，平均值为 38.5%。

气水比为 4：1 时，进水 TP 在 0.63～1.59mg/L 之间变化，平均值为 1.11mg/L；出水 TP 在 0.46～1.26mg/L 之间，平均值为 0.86mg/L；TP 去除率在 11.8%～54.3% 之间，平均值为 33.1%。

总体上，气水比为 2：1 时，TP 的去除率较大，处理效果较好。

（2）水力负荷对曝气生物滤池除污效果的影响

气水比为 3：1，采用的水力负荷以及不同水力负荷下污染物的去除效果见表 6.9、表 6.10 所示。

试验中采用的水力负荷　　　　　　　　　表 6.9

序号	流量（L/h）	HRT(h)	水力负荷（m³/(m²·h)）
1	100	3.6	0.63
2	150	2.4	0.94
3	200	1.8	1.26

不同水力负荷下污染物的去除效果　　　　　　　表 6.10

指标	参数	气水比 3:1					
		100L/h		150L/h		200L/h	
		进水	出水	进水	出水	进水	出水
COD_{Cr}	平均值（mg/L）	109.88	77.00	97.80	82.24	117.07	86.87
	平均去除率（%）	29.8		25.8		24.8	
TP	平均值（mg/L）	1.14	0.72	0.99	0.59	0.98	0.75
	平均去除率（%）	33.9		39.3		22.9	
NH_3-N	平均值（mg/L）	1.01	0.70	1.22	0.88	1.22	0.89
	平均去除率（%）	28.9		23.9		22.0	
浊度	平均值（NTU）	23.69	12.18	15.71	6.33	17.89	10.73
	平均去除率（%）	53.2		44.4		10.2	

　　水力负荷在 $0.63 \sim 0.94 m^3/(m^2 \cdot h)$（即停留时间为 $2.4 \sim 3.6h$、Q 为 $100 \sim 150 L/h$）以内，其变化对 COD_{Cr} 去除效率有一定影响，对浊度的去除率影响不太明显。水力负荷超过 $0.94 m^3/(m^2 \cdot h)$ 时，污染物去除率下降。

　　当滤池运行稳定时，不同水力负荷下系统对 COD_{Cr} 的去除效果如图 6.42 所示。

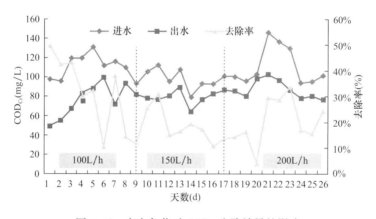

图 6.42　水力负荷对 COD_{Cr} 去除效果的影响

　　由图 6.42 可见，COD_{Cr} 的去除率随水力负荷增加而减小。这是因为增加水力负荷，一方面增加有机物的供给量，促使生物量增加，降解有机物能力加大；同时，加大水力负荷，对滤池内生物膜的冲刷力度增加，促进生物膜的更新，增强生物活性，可使 COD_{Cr} 去除率提高；另一方面，增大水力负荷、缩短废水与生物膜的接触时间，不利于生物氧化降解有机物，COD_{Cr} 去除率下降。

　　试验结果表明，当温度为 $23 \sim 28℃$、气水比为 $2:1 \sim 3:1$ 时，反应器最佳的水力负荷为 $0.63 m^3/(m^2 \cdot h)$，此时对 COD_{Cr}、TP 的平均去除率分别为 29.8%、33.9%。

6.3.4.2　两种滤料曝气生物滤池效果对比

　　曝气生物滤池填料分别为活性炭和固废资源化产品陶粒，水力负荷为 $0.63 m^3/(m^2 \cdot h)$（100L/h），停留时间 3.18h，气水比为 3:1。本阶段试验分为两个阶段，第一阶段，二沉池出水直接进入曝气生物滤池，第二阶段，开启后混凝沉淀池，二沉池出水经过混凝沉淀后进入曝气生物滤池，混凝池 PAC 投加量为 100～160mg/L。

（1）后混凝沉淀池开启前两种滤料曝气生物滤池效果对比

混凝启动前，控制两滤池进水流量为 100L/h，水力负荷为 0.63m³/(m²·h)，停留时间 3.18h，气水比为 3∶1，反冲洗周期为 4d。比较不同滤料的曝气生物滤池对 COD_{Cr} 和 TP 的去除效果，图 6.43 和图 6.44 所示。

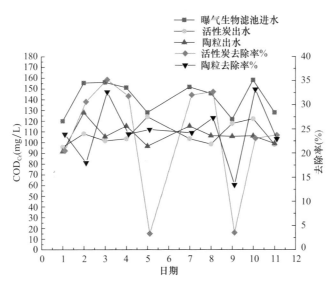

图 6.43 混凝启动前两柱出水 COD_{Cr}

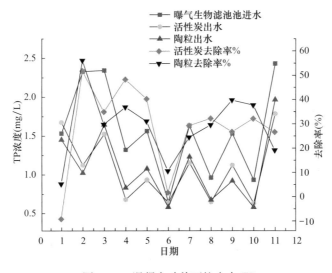

图 6.44 混凝启动前两柱出水 TP

试验期间，曝气生物滤池进水 COD_{Cr} 平均值为 141.6mg/L，活性炭柱出水 COD_{Cr} 平均值为 107.28mg/L，陶粒出水 COD_{Cr} 平均值为 106.95mg/L，活性炭柱 COD_{Cr} 去除率平均值为 23.39%，陶粒柱 COD_{Cr} 去除率平均值为 24.17%。

试验期间，曝气生物滤池进水 TP 平均值为 1.57mg/L，活性炭柱出水 TP 平均值为

1.08mg/L，陶粒柱出水 TP 平均值为 1.09mg/L，活性炭柱 TP 去除率平均值为 28.6%，陶粒柱 TP 去除率平均值为 29.1%。

由图 6.43、图 6.44 中可以看出，在进水流量为 100L/h、气水比为 3∶1、反冲洗周期为 4d 的工况下，两个曝气生物滤池对 COD_{Cr} 和 TP 均有较好的去除效果，差异不大，但是陶粒柱对 COD_{Cr} 和 TP 的去除效果较活性炭柱更加稳定。试验条件下两柱并非同时启动，活性炭柱运行半年后启动陶粒柱，活性炭棒作为生物滤料的优势体现在优良的吸附性能和表面微孔性易于挂膜。但吸附功能又主要体现在活性炭刚投入使用期间，对有机物和 TP 的去除效果非常优异；随着使用时间的延续，这种吸附作用会逐渐达到饱和，此后吸附性不再作为优势。而且活性炭棒层间紧密堆积，加之表面空隙易于附着微生物生长的特点，使用时间长易堵塞板结，滤料实际有效容积减小。试验中观察到滤池表面布气不均匀的现象。

陶粒滤料由于其颗粒接近球状固体，粒径为 3~5mm，层间堆积没有细棒状活性炭紧密，不易发生堵塞板结现象；与此同时，微生物附着能力也就没有活性炭滤料强，因此挂膜培养需要更多的时间，但挂膜成功后运行效果逐步提高，并趋于稳定。

（2）后混凝开启后两种滤料曝气生物滤池效果对比

混凝启动后的对比试验中，保持滤池运行工况不变，即仍然控制两滤池进水流量为 100L/h，水力负荷为 0.63m³/(m²·h)，停留时间 3.18h，气水比为 3∶1，反冲洗周期为 4d。混凝剂投加量分别为 100mg/L 和 120mg/L，比较两生物滤池对 COD_{Cr} 和 TP 的去除效果，如图 6.45 和图 6.46 所示。

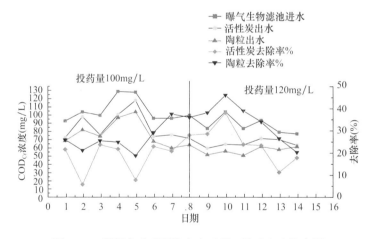

图 6.45　混凝启动后两柱出水 COD_{Cr} 浓度和去除率图

混凝剂投加量为 100mg/L 时，曝气生物滤池进水 COD_{Cr} 平均值为 106.46mg/L，活性炭柱出水 COD_{Cr} 平均值为 87.94mg/L，陶粒柱出水 COD_{Cr} 平均值为 79.12mg/L，活性炭柱 COD_{Cr} 去除率平均值为 17.76%，陶粒柱 COD_{Cr} 去除率平均值为 26.11%。混凝剂投加量为 120mg/L 时，曝气生物滤池进水 COD_{Cr} 平均值为 88.76mg/L，活性炭柱出水 COD_{Cr} 平均值为 66.48mg/L，陶粒柱出水 COD_{Cr} 平均值为 57.76mg/L，活性炭柱 COD_{Cr} 去除率平均值为 24.42%，陶粒柱 COD_{Cr} 去除率平均值为 34.3%。

混凝剂投加量为 100mg/L 时，曝气生物滤池进水 TP 平均值为 0.65mg/L，活性炭柱出水 TP 平均值为 0.47mg/L，陶粒柱出水 TP 平均值为 0.51mg/L，活性炭柱 TP 去除率平均值为 25.77%，陶粒柱 TP 去除率平均值为 21.78%。混凝剂投加量为 120mg/L 时，曝气生物滤池进水 TP 平均值为 0.7mg/L，活性炭柱出水 TP 平均值为 0.35mg/L，陶粒柱出水 TP 平均值为 0.31mg/L，活性炭柱 TP 去除率平均值为 49.1%，陶粒柱 TP 去除率平均值为 55.5%。

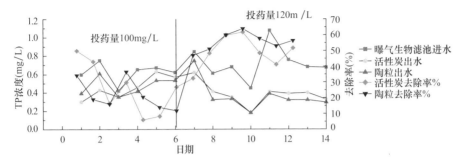

图 6.46　混凝启动后两柱出水 TP 浓度和去除率图

可以看出，混凝启动后活性炭柱对有机物和 TP 的去除效果明显不如陶粒柱，这是因为混凝沉淀单元未沉淀完全的微小絮体进入已开始板结的活性炭柱后，被大量不均匀截留，使原本出现的板结情况更加恶化，活性炭柱的有效容积进一步减小。而在此期间，陶粒柱的去除效果显著稳步提高。

综上得出结论，棒状活性炭和颗粒状陶粒作为曝气生物滤池滤料，对 COD_{Cr} 和 TP 均有较好的去除效果。在系统最优运行条件下，采用陶粒作为填料，出水可以满足要求。

6.3.4.3　混凝—曝气生物滤池联合运行效果及工艺参数优化

混凝池 PAC 投加量为 100~160mg/L，化学混凝可在一定程度内降低二沉池出水中的 COD_{Cr}、色度、浊度和总磷，减小后续曝气生物滤池的负担。后混凝单元通过化学混凝的作用使水中杂质形成絮体并沉淀去除，对整个处理系统出水达标起到关键作用。同时，曝气生物滤池接纳混凝单元的出水，其运行效果也受到混凝单元的影响。

混凝剂投加量是决定混凝效果的最关键因素，混凝剂投量采用 100mg/L、120mg/L、140mg/L、160mg/L 四种工况，水温为 23~34℃、水力负荷为 1.26m³/m²h。曝气生物滤池填料分别为活性炭和固废资源化产品陶粒，水力负荷为 0.63m³/(h·m²)（100L/h），停留时间 3.18h，气水比为 3:1，考察混凝剂投加量对整个深度处理系统 COD_{Cr}、TP 去除效果的影响。

（1）混凝剂投加量对系统 COD_{Cr} 去除效果的影响

图 6.47 和图 6.48 分别为中试深度处理单元的 COD_{Cr} 浓度变化及在不同混凝剂投加量下的去除率。

可见深度处理系统中，混凝和曝气生物滤池均能有效去除二级处理曝气单元残留的有机物。当混凝剂投加量为 160mg/L 时，混凝单元处理效果最佳，平均去除率为 30.10%；混凝剂投加量为 120mg/L 时，曝气生物滤池处理单元效果最佳，平均去除率为 36.1%；混凝剂投加量为 140mg/L 时，整个深度处理系统的去除效果最佳，平均总去除率达到

51.23％，此时，混凝单元和曝气生物滤池单元的平均去除率分别为27.11％和32.56％。

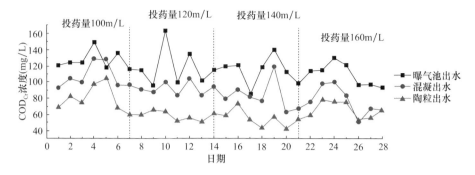

图 6.47 中试深度处理单元 COD_{Cr} 去除效果

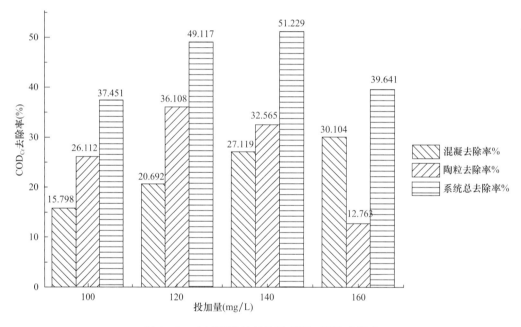

图 6.48 中试深度处理单元 COD_{Cr} 平均去除率

混凝剂投加量为 100mg/L 和 120mg/L 时，曝气生物滤池的平均去除率分别为 26.11％和36.10％，去除率有所增加。这是因为混凝形成的微小絮体未完全沉淀，进入曝气生物滤池后被很好地过滤拦截，主要体现为曝气生物滤池的物理过滤作用。但是当投加量为 160mg/L 时，混凝效果最佳，而此时曝气生物滤池的处理效果却不是最佳。这可能是因为水中携带的铝盐分子进入曝气生物滤池后，对生物膜上的微生物产生抑制作用。

试验结果证明，混凝剂投加量在 140mg/L 时，整个深度处理系统对 COD_{Cr} 的总去除率最高；当投药量为 120～140mg/L 时，系统出水的 COD_{Cr} 平均值可达到太湖地区城镇污水处理厂及重点工业行业水污染排放标准。

（2）混凝剂投加量对 TP 去除效果的影响

图 6.49 和图 6.50 分别为中试深度处理单元的 TP 浓度变化及在不同混凝剂投加量下的去除率。

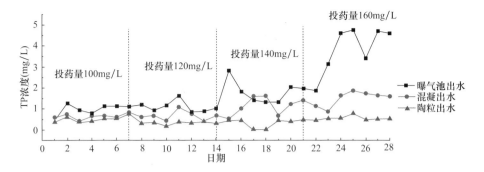

图 6.49 中试深度处理单元 TP 去除效果

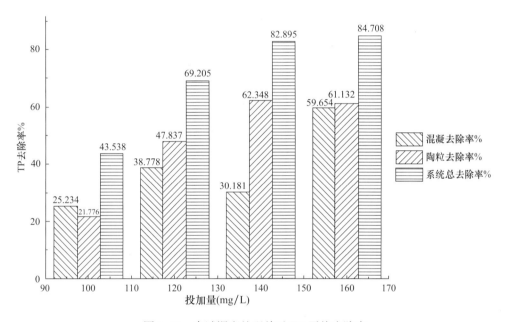

图 6.50 中试深度处理单元 TP 平均去除率

可见，深度处理系统对 TP 具有非常稳定的去除效果，试验研究后期，由于污水处理厂 2 号调节池进水 TP 含量不断增高，曝气池出水 TP 的含量也一直呈增长趋势，其中在混凝剂投加量为 160mg/L 期间，曝气池出水 TP 平均值为 19.33mg/L，最高值为 26.10mg/L，而混凝出水及曝气生物滤池出水曲线仍保持平稳，平均值分别仅为 1.50mg/L 和 0.56mg/L。

从图 6.50 中可以看出，投加量从 100mg/L 增加到 120mg/L，混凝去除率增加，在 120mg/L 时达到一个峰值，此时平均去除率为 38.78%。但投加量继续增加到 140mg/L，混凝去除率反而降低，平均去除率仅为 30.18%，这可能是因为高分子物质投量过多时，胶体颗粒表面被高分子所覆盖，两个胶体接近时，受到胶粒与胶粒之间因高分子压缩变形形成的反弹力和带电高分子之间的静电排斥力，使胶体颗粒不能凝集成更大的絮体，因此不易沉淀。

随着投加量继续增加到 160mg/L，去除率又有一次增加，达到最大，平均去除率为 59.65%。这一方面因为客观试验条件下，进水中 TP 本身增加会导致去除率增加，更主要的原因认为是混凝机理的转变，投加量继续增加到 160mg/L，这时混凝的主要机理可能由"吸附—电中和"、"吸附—架桥"变成了"网铺—卷扫"，混凝剂将前述不易沉淀的微小絮体一并网罗，共同沉淀，因此混凝效果达到最好。因此混凝剂投加量为 160mg/L 时，混凝效果最好，达到最大去除率为 59.65%。

试验废水中 TP 主要为非溶解性 TP，曝气生物滤池对 TP 的去除主要是滤料以及生物膜对磷的吸收、截留作用。反冲洗完全的曝气生物滤池对水中杂质截留的同时，也去除了大部分 TP。在 140mg/L 的投加量下，由于被高分子覆盖而不易沉淀的胶体颗粒进入曝气生物滤池中，能被曝气生物滤池很好地截留，去除效果非常显著，从图 6.50 中可以看出，曝气生物滤池达到最大平均去除率 62.35% 时，混凝剂投加量为在 140mg/L，也就是混凝去除率最低时，曝气生物滤池对 TP 的去除效果反而最好。

图 6.50 中结果表明，整个深度处理系统在投加量 160mg/L 时达到最大去除率，平均去除率为 84.71%，当投药量为 120～140mg/L 时，系统出水的 TP 平均值可达到《太湖地区城镇污水处理及重点工业行业主要污染物排放限值》的要求。

中试研究表明，基于关键技术突破研发的城镇污废水处理"水解—活性污泥—混凝沉淀—生物滤池"工艺，能够有效解决原有常规处理工艺出水超标的问题。

7 城镇污废水处理厂尾水深度处理集成技术

城镇污废水处理厂的尾水水质尽管达到一级 A 标准，但尾水中 COD_{Cr}、色度仍影响其再生利用。针对印染废水再生利用存在的技术难题，为了着重解决印染废水再生利用存在的色度高、COD_{Cr} 高、可生化性差等问题，开展了基于化学氧化、生物处理、膜处理等单元技术及其组合工艺的研究，形成针对不同回用目标、以化学—生物—膜技术为核心的模块化再生利用集成技术。通过模块化优化组合，使出水满足印染等工业一般品质用水及锅炉用水等高端用水要求。

7.1 尾水再生利用工艺分析与试验系统

7.1.1 尾水再生利用工艺分析

再生水处理方法包括物化处理法、化学氧化法、生物法等。物理化学法是以混凝沉淀（气浮）技术及活性炭吸附相结合为基本方式，与传统二级处理相比，提高了水质。但混凝沉淀技术产泥量大，污泥处置费用高。活性炭吸附虽在再生水回用中应用较广泛，但随着水污染的加剧和污水回用量的日益增大，其应用也将受到限制。

对难生物降解废水的处理，采用化学氧化技术可有效提高难降解物质的可生化性。对于以印染废水为主的二级出水而言，采用化学氧化将废水中的长链有机物氧化成短链有机物，环状有机物开环，将大分子有机物氧化成小分子有机物，从而可以进一步去除色度，提高废水的可生化性，有利于后续生物处理的开展。

生物处理技术是利用微生物的吸附、氧化分解污水中的有机物的处理方法，包括好氧生物处理和厌氧生物处理。再生水处理多采用好氧生物处理技术，包括活性污泥法、接触氧化法、生物转盘等处理方法。这几种方法或单独使用，或几种生物处理方法组合使用，如接触氧化＋生物滤池；生物滤池＋活性炭吸附；转盘砂滤等流程。但以生物处理为中心的工艺存在以下弊端：（1）由于沉淀池固液分离效率不高，曝气池内的污泥难以维持到较高浓度，致使处理装置容积负荷低，占地面积大；（2）处理出水受沉淀效率影响，水质不够理想，且不稳定；（3）传氧效率低，能耗高；（4）剩余污泥产量大，污泥处理费用增加；（5）管理操作复杂；（6）耐水质、水量和有毒物质的冲击负荷能力极弱，运行不稳定。

化学氧化工艺与生物处理工艺组合，可充分利用各自的优势，达到相互补充的效果，提高废水深度处理效果，并能有效降低成本。

膜分离技术包括微滤、纳米过滤、超滤、渗析、反渗透、电渗析、气体分离等，其以处理效果好，能耗低，占地面积小，操作管理容易等特点而倍受关注。微滤可以去除沉淀不能除去的包括细菌、病毒在内的悬浮物，还可以除磷；超滤已被用于去除腐质酸等大分子；反渗透已被用于降低矿化度和去除总溶解性固体（TDS）；使用反渗透对于城市污水处理厂二级出水的脱盐率达90％以上，水的回收率达75％左右，COD$_{Cr}$和BOD的去除率达85％左右，细菌去除率90％以上，对于含氮化合物、氯化物和磷也有较为优良的脱除性能；纳米过滤介于反渗透和超滤之间，工作压力在015～1MPa，可以截留200～400道尔顿以上的分子，产水量也较大，如在827kPa时达1020L/(m²·d)。

纳米过滤可以直接去除一切病毒、细菌和寄生虫，同时大幅度的降低溶解有机物（消毒副产物的前体），它可将THMs(三卤甲烷)和HAAs(卤代乙酸类物质)前驱物去除90％，硬度去除85％～95％，一价离子去除率大于70％（操作压力为482～689kPa时），在软化水的同时减少溶解固体，低压大水量使得纳米过滤的运行费用大大降低。为减少消毒副产物和溶解有机碳，用纳米过滤比用传统的处理和用臭氧加活性炭更便宜。

膜分离作为再生水回用技术，已在天津、大连、沈阳等严重缺水的北方地区得到了应用。据此，基于工业化程度较高的城镇污水处理厂尾水水质与回用水要求，结合尾水回用深度处理技术创新与应用进展，设计尾水再生利用工艺流程如图7.1所示。

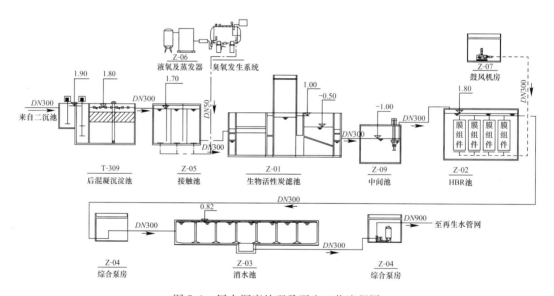

图7.1 尾水深度处理及再生工艺流程图

污水处理厂二沉池出水通过重力流流至后混凝沉淀池，处理后出水自流至ClO$_2$或臭氧化学氧化池，经活性炭还原除臭氧后出水进入生物活性炭滤池，滤池出水自流进入中间水池，再通过泵将水送至超滤膜池，超滤膜池出水作为一般品质用水。对于远期高品质用水（如锅炉用水），在现工艺基础上增加反渗透—混床工艺。

模块一：化学氧化—采用NaClO、ClO$_2$、O$_3$等氧化氧化剂氧化三沉池尾水，使色度≤25倍，B/C比提高至0.25、SUVA(比紫外消光度)降为0.02；

模块二：生物氧化—采用生物活性炭滤池或MBR工艺，进一步降低出水中的COD$_{Cr}$、色度，使色度≤25倍，COD_{Cr}≤50mg/L；

模块三：膜处理单元—过滤去除出水浊度、SS，其中浊度≤1NTU，同时进一步去除出水中的 COD_{Cr}、色度、Fe（Ⅲ），保障出水水质，以满足不同用水企业的供水要求。

7.1.2 尾水再生利用试验研究系统

基于尾水再生利用工艺分析与设计，为了考察单元与工艺处理效果，在苏州市角直污水处理厂建设6套中试装置，如图7.2所示。

处理单元主要包括①臭氧/ClO_2氧化、②微量PAC、③活性炭生物滤池、④膜反应器（MBR）、⑤超滤（UF）、⑥反渗透（RO）。

活性炭生物滤池

臭氧发生器

二氧化氯发生器

MBR反应器

超滤装置

反渗透装置

图7.2 现场尾水再生利用中试研究装置

（1）混凝沉淀装置

主要试验设备包括混合池、絮凝池、沉淀池、搅拌机等，混合池尺寸为 260mm× 260mm×650mm，絮凝池尺寸为 690mm×690mm×1000mm。

（2）ClO₂ 发生成套装置

多功能二氧化氯发生器是整套可移动的装置，主要包括 ϕ315×428mm 的发生器 1 台，127mm 的计量槽（A、B 液各 1 个）加料计量调节器 2 个，水力喷射器 1 个，空气加热管 800W 1 个，温控仪 1 台，空气进风调节阀门 1 个，排液阀门 1 个，放空阀门 1 个，外接进出水阀门各 1 个，循环泵 1 台，循环进出水阀门各 1 个，消毒液排水阀门 1 个，消毒液生产桶 1 个（ϕ420×540mm）。

（3）O₃ 发生成套装置

臭氧发生装置设计工作压力为 0.03MPa，设计流量为 10L/min，臭氧浓度 34.5mg/L，臭氧产量 20g/h。气源为氧气源，纯氧罐后连接减压阀，接入臭氧发生装置。

（4）BAF 曝气生物滤池装置

主要设备包括曝气生物滤池、水箱、蠕动泵、空气泵等。滤池池体为有机玻璃，直径 15cm，高 1.7m，滤板上为装有 30cm 高、直径约 2～3cm 的卵石承托层。生物滤池填料的选择综合考虑其物理特性、化学特性、水力学特性以及滤料的经济性等各个方面因素，选用球形轻质生物陶粒滤料，粒径为 3～5mm，滤料层高度为 75cm，生物滤池沿滤料层高度依次开设滤料取样口和水样取样口，第一个取样口位于滤料层底部，向上依次相距 20cm，空压机通过滤板进行充氧曝气。

相关附属设备型号见表 7.1。

BAF 配套仪器设备一览表 表 7.1

设备名称	型号
蠕动泵	BT00-100M
反冲洗泵	HQB-4500
空压机	ACO-002
LZB-10 流量计	LZB-10

（5）BAC 生物活性炭装置

主要设备包括生物活性炭滤池、反冲洗水箱、进水泵、鼓风机及反冲洗水泵等。设备技术参数：水力停留时间（空塔）1.5h、设计进水 COD_{Cr} 80mg/L、出水 COD_{Cr} 50mg/L、COD_{Cr} 容积负荷 0.64kgCOD_{Cr}/(m³·d)、过滤速度 1.33m³(m²·h)、气水比（2：1）～（3：1）。柱体总高 3.8m，超高 0.4m，活性炭滤料高度 2m；滤料垫层高度 0.3m。

（6）UF 超滤装置

超滤设备采用污水处理常用的浸没式，设备外观尺寸 970mm×820mm×1100mm，膜组件为浸入式帘式中空纤维膜，材质为 PVDF，加压方式为外压式，膜组件外形尺寸为 571mm×45mm×815mm，膜孔径 0.1μm，试验装置示意图如图 7.3 所示。

（7）RO 反渗透装置

RO 反渗透装置由原水水箱、进水泵、保安过滤器、高压泵、反渗透膜组件、产水水箱、浓水水箱、管路、配件及控制系统组成。设备主机技术参数表及示意流程如表 7.2 及图 7.4 所示。

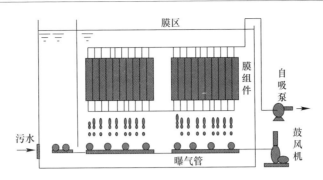

图 7.3 浸没式超滤实验装置示意图

RO主机技术参数表 表 7.2

序号	名称	单位	数量	参数说明	备注
1	进水流量	t	≥2.0	原水量要求≥2.0t/h	DN20 进水管
2	进水压力	kg/cm²	≥1.5	进水要求压力≥1.5kg/cm²	
3	操作压力	kg/cm²		主机操作压力一般 6～12kg/cm²	视情况调节
4	纯水流量	GPD		纯水流量 1t/h	约 1t/h
5	主机机架	套	1	1400×600×1500mm	不锈钢
6	高压泵	台	1	380V 1.1kW	DN20 内牙接口
7	RO 膜	支	4	4040	聚酰胺复合材料
8	膜压力容器	套	4	4040	不锈钢
9	进水电磁阀	个	1	220V 内牙接口	黄铜
10	冲洗电磁阀	个	1	220V 内牙接口	黄铜
11	流量计	个	2	量程 10GPM	外牙接口
12	调节阀	个	1	内牙接口	黄铜
13	精密过滤器	套	1	内牙接口	不锈钢
14	电导仪表	套	1	CM-230 显示单位 us/cm	

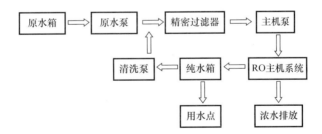

图 7.4 反渗透实验装置示意流程图

7.2 单一模块试验研究

7.2.1 二氧化氯化学氧化试验研究

分别考察不同的二氧化氯投加量及反应时间对 COD_{Cr} 和色度去除效果的影响，以确定最佳投药量与最佳反应时间。

（1）分次累计投加量对废水色度、CODcr去除效果的影响

二氧化氯投加量分别为 8.5mg/L、17mg/L、25.5mg/L、34mg/L、42.5mg/L、51mg/L。二氧化氯分次投加，水中二氧化氯不断累计增加的情况下，COD_{Cr} 和色度变化情况，结果如图 7.5 所示。

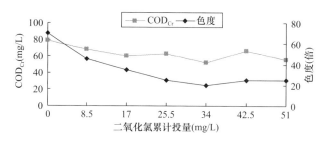

图 7.5　二氧化氯累计投加量对水中 COD_{Cr}、色度影响

从图 7.5 中可以看出，随着二氧化氯累计投加量的增加，COD_{Cr} 呈现波动状态；色度呈现下降趋势，废水表观上由红褐色变成淡黄色，但是当投加量超过 34mg/L 时，色度有一定程度的上升，水样呈现黄绿色。当投量为 34mg/L 时，脱色率为 71.4%。

二氧化氯与印染废水的反应较复杂，处理机理也不尽相同。二氧化氯与废水中残留的易降解有机污染物之间发生氧化分解反应，表现为 COD_{Cr} 降低；二氧化氯与难降解污染物之间有选择性的氧化破解反应使有机物开环、断链，体现为 COD_{Cr} 升高；同时二氧化氯反应生成的副产物 ClO_2^-、ClO_3^- 等也会干扰 COD_{Cr} 的测定，表现为 COD_{Cr} 升高。二氧化氯氧化也会产生少量有机副产物，已有研究表明，二氧化氯投加量越多，产生的有机消毒副产物越少；反应时间越长，产生的有机消毒副产物越多；ClO_2^- 是主要的无机副产物。

（2）不同投加量对色度、CODcr去除效果的影响

取 200L 污水处理厂尾水，采用不同的二氧化氯投加量进行平行试验，二氧化氯投加量分别为 8.5mg/L、17mg/L、25.5mg/L、34mg/L、42.5mg/L，每次反应 30min 后取样测定。图 7.6 为二氧化氯不同投加量下，COD_{Cr} 和色度变化情况。

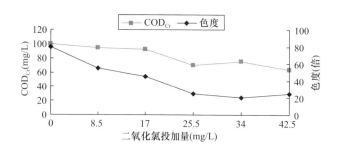

图 7.6　二氧化氯投加量对 COD_{Cr}、色度去除效果的影响

从图 7.6 中可以看出，随着二氧化氯投加量的增加，COD_{Cr} 呈现波动状态；色度呈现先下降后上升的趋势，当二氧化氯投加量为 34mg/L 时，废水由 80 倍降至 20 倍，脱色率为 75%。废水表观上由浅黑色变成淡黄色又变成黄绿色。

水的色度主要是由溶解性有机物，悬浮物，悬浮胶体，铁、锰的颗粒物引起。其中光吸收和散射引起的表色较易去除，溶解性有机物引起的真色较难去除。致色有机物的特征结构是带双键和芳香环。二氧化氯能打断有机分子中的双键发色团（如偶氮键、硝基、硫化羰基、碳亚氨基等）而使印染废水脱色，在投加量为 42.5～51mg/L 时色度略有上升，是由于二氧化氯投加过量水样泛绿所致，静置一段时间后绿色退去，色度下降。废水最终色度稳定在 20 倍左右，呈淡黄色。由于二氧化氯见光分解，较不稳定，所以淡黄色主要为废水中未被氧化的染料颜色，二氧化氯气体本身的黄绿色贡献较小。

（3）反应时间对色度、COD_{Cr} 去除效果的影响

根据前述试验的结果，以色度最低为目标，本次试验二氧化氯投量取为 34mg/L，按曝气反应时间计时取样。图 7.7 为不同反应时间下 COD_{Cr} 和色度变化情况。反应时间从滴加反应液开始计时。

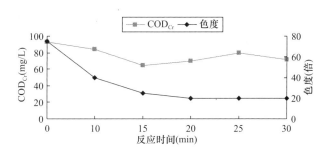

图 7.7 COD_{Cr}、色度随反应时间变化情况

从图 7.7 中可以看出，随着二氧化氯与废水反应时间的增加，COD_{Cr} 呈现一定波动；色度呈下降趋势，由 75 倍降至 20 倍，脱色率为 73.3%，表观上由红褐色逐渐变为淡黄色。且在反应的前 15min，色度降低趋势明显，反应 20min 后色度已降至最低，不再变化。因此，本试验取最佳反应时间为 20min。

由于废水中含有大量难降解有机物，存在氧化分解作用与氧化破解作用，随着二氧化氯投加量的增加，COD_{Cr} 均呈现波动趋势，废水可生化性均得到提高。色度呈现很好的下降趋势，随着二氧化氯投量增加，废水色度先降低后略升高，当投加量为 34mg/L 时，废水色度最低降低 20 倍左右，呈现淡黄色。

氧化剂投量为 25mg/L 时，氧化后废水色度为 25 倍，满足漂洗用回用水水质标准对色度的要求，氧化无机副产物 ClO_2^-、ClO_3^- 均具有氧化性，对后续生化处理系统存在干扰。通过向水中投加粉末活性炭，可以有效还原二氧化氯及其无机副产物 ClO_2^-、ClO_3^-，使其大部分转化为氯离子。

7.2.2 臭氧化学氧化试验研究

（1）臭氧氧化对 COD_{Cr} 的去除效果

O_3 化学氧化中试试验研究中，控制臭氧投加量为 25mg/L，考察臭氧化学氧化对 COD_{Cr} 的去除效果，结果如图 7.8 所示。可以看出，臭氧对 COD_{Cr} 的去除率在 5.1%～17.9% 之间，平均值达到 11.1%，臭氧化学氧化对 COD_{Cr} 的去除效果并不是很理想。

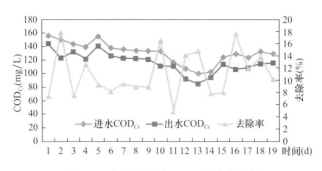

图 7.8 臭氧氧化对 COD_{Cr} 的去除效果

（2）臭氧氧化对色度的去除效果

控制臭氧投加量为 25mg/L，考察臭氧化学氧化对色度的去除效果，色度以真色（TCU）进行表征，结果如图 7.9 所示。

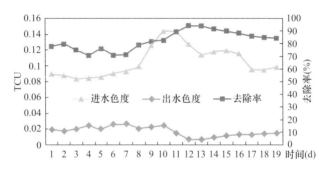

图 7.9 臭氧氧化对色度的去除效果

由图 7.9 可以看出，臭氧化学氧化对色度的去除率在 70.9%～94.3%之间，平均色度去除率达到 82.64%，可以发现在臭氧投加量相同的情况下，臭氧化学氧化的色度去除率呈现很大的波动。进一步试验研究表明，当臭氧投量超过 25mg/L 时，臭氧氧化后色度可降至 10 倍以下，呈现微黄色，接近无色。通过投加一定量的粉末活性炭可有效消除臭氧氧化出现的返色现象。

（3）臭氧氧化对 UV254 的去除效果

控制臭氧投加量为 25mg/L，考察臭氧化学氧化对 UV_{254} 的去除效果，如图 7.10 所示。

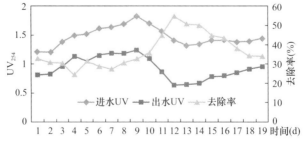

图 7.10 臭氧氧化对 UV254 的去除效果

由图 7.10 可以看出，臭氧化学氧化对 UV_{254} 的去除率在 24.63%～55.07%之间变化，平均去除率达到 37.0%，去除率变化也较大，臭氧化学氧化 UV_{254} 的变化规律与色度的变化规律较为相似。

7.2.3　BAF 曝气生物滤池试验研究

（1）COD_{Cr} 的去除效果

通过挂膜时 BAF 系统的生物选择，滤柱中已培养出针对难生物降解物质的优势菌种，微生物作用已取得一定效果。图 7.11 为稳定运行期，BAF 单元对甪直污水处理厂二级出水 COD_{Cr} 的处理效果。

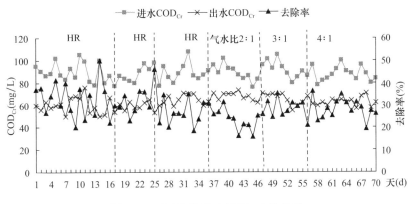

图 7.11　BAF 单元对 COD_{Cr} 去除效果

各工况下 BAF 单元对 COD_{Cr} 的处理效果见表 7.3。

BAF 单元对 COD_{Cr} 去除效果一览表　　　　　　　　　　表 7.3

指标＼工况	气水比 3∶1			$HRT=5h$		
	$HRT=6h$	$HRT=5h$	$HRT=4h$	气水比 2∶1	气水比 3∶1	气水比 4∶1
进水 COD_{Cr}	77～105	77～98	84～108	76～105	78～96	80～100
进水平均 COD_{Cr}	88	88	93	90	86	89
出水 COD_{Cr}	50～76	53～68	60～71	62～73	60～70	57～71
出水平均 COD_{Cr}	60	61	67	68	62	64
去除率（%）	20～50	20～45.9	18.6～35.2	15.8～35.2	20.9～36.5	19.3～31.5
平均去除率（%）	32.0	30.4	27.4	24.1	27.8	28.4

进水 COD_{Cr} 在 76～105mg/L 之间，有机物含量不高，BAF 单元对 COD_{Cr} 具有一定的去除效果，出水平均 COD_{Cr} 在 60mg/L 左右，由于 BAF 进水水质较复杂，出水 COD_{Cr} 波动较大。

（2）色度的去除效果

由于染料化学结构中含有专门的显色基团，污水处理厂二级出水呈现红褐色或浅黑色。染料的微生物脱色机理较为复杂，关于染料分子的降解机理研究不多，主要集中在偶氮染料。一般认为，细菌及藻类对偶氮染料的脱色机理为：偶氮化合物分子首先被偶氮还原酶还原，偶氮双键断裂，产生芳香胺类化合物；芳香胺类化合物分子在有氧条件下被脱氨，生成酚类化合物；酚类化合物分子再被开环，生成脂肪烃和脂肪酸类化合物；最后，脂肪烃和脂肪酸类化合物被氧化分解，产生 CO_2 和 H_2O。染料分子细微的结构差异会大大影响脱色率，如某些藻类对含—OH、—NH_2 的染料脱色率很高，但几乎无法降解含—CH_3、—OCH_3、—NO_2 的染料分子。

染料浓度对脱色率也有一定影响，高浓度染料会抑制微生物活性，影响脱色率或脱色效果。微生物通过体内质粒来调控不同结构的染料脱色，提高脱色微生物应用价值的有效途径是筛选或构建具有多功能的细菌和提高染料的生物降解性。

BAF 单元对色度的处理效果分别如图 7.12 和表 7.4 所示。

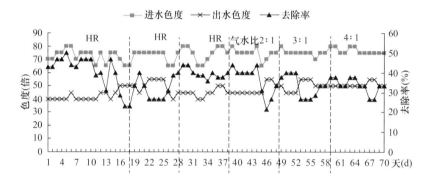

图 7.12　BAF 单元对色度的去除效果

BAF 单元对色度的去除效果一览表　　　　　　　　　　　　　　表 7.4

工况 指标	气水比 3∶1			$HRT=5h$		
	$HRT=6h$	$HRT=5h$	$HRT=4h$	气水比 2∶1	气水比 3∶1	气水比 4∶1
进水色度	65～80	65～80	65～80	65～80	70～80	75～80
出水色度	40～50	40～55	40～50	45～55	45～55	50～55
脱色率（%）	23.1～46.7	26.7～43.8	35.7～43.8	21.4～40	26.7～40	26.7～37.5
平均脱色率（%）	40.0	33.7	39.1	35.3	33.0	32.8

BAF 单元通过滤料截留及微生物降解作用实现对色度的去除，但效果有限，出水仍带有明显色度，为 40～55 倍。气水比 3∶1、$HRT=5h$ 时有几天色度连续升高至 55 倍，可能是由于试验进水中某种水溶性染料比例较大，非常难被生物降解且滤料对其无截留作用，也可能是难降解染料分子在系统中不断积累增加了好氧微生物的毒性。经过反冲后，色度又有一定程度的降低。随着气温的逐渐降低，BAF 单元对色度的去除效果有一定程度的降低，冬季出水色度高于夏季。

（3）氨氮的去除效果

氨氮在水中以水合氨离子的形式存在，属于无机小分子，陶粒滤料对其无截留作用。氨氮的去除主要有两种方式：一是好氧条件下，通过硝化作用转变为亚硝酸盐、硝酸盐；二是作为氮源，通过微生物的同化作用固定在微生物体内。图 7.13 和表 7.5 为 BAF 单元对氨氮的处理效果。

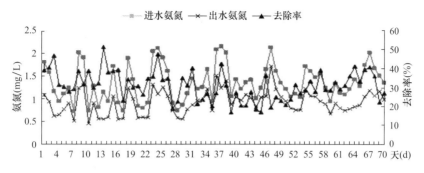

图 7.13 BAF 单元对氨氮的去除效果

BAF 单元对氨氮去除效果一览表   表 7.5

指标 \ 工况	气水比 3∶1			HRT=5h		
	HRT=6h	HRT=5h	HRT=4h	气水比 2∶1	气水比 3∶1	气水比 4∶1
进水氨氮	0.72~2.02	0.80~2.11	0.94~2.15	1.02~2.12	0.95~1.72	1.09~2.01
进水平均氨氮	1.25	1.30	1.53	1.42	1.31	1.45
出水氨氮	0.46~1.24	0.56~1.31	0.75~1.52	0.83~1.71	0.68~1.23	0.75~1.19
出水平均氨氮	0.80	0.86	1.09	1.09	0.91	0.95
去除率（%）	23.0~51.3	18.7~47.4	17.0~42.3	16.8~36.4	23.8~39.4	22.4~41.3
平均去除率（%）	35.1	32.1	27.7	22.8	30.2	33.7

由于原水以印染废水为主，二级处理出水中氨氮含量较小，在 0.72~2.15mg/L 之间，属于低氨氮原水，经过 BAF 单元处理，各工况下氨氮平均去除率为 22.8%~35.1%，去除率不高，出水氨氮浓度波动较大，BAF 单元抗氨氮冲击负荷能力较差。

（4）TP 的去除效果

在废水中，TP 以各种磷酸盐形式存在，包含溶解态和悬浮态。BAF 对 TP 的去除包括滤料过滤截留作用、生物膜上聚磷菌在好氧条件下将磷以聚合的形态储藏在菌体内、微生物同化作用合成自身机体等。BAF 单元对 TP 的处理效果分别如图 7.14 和表 7.6 所示。经过 BAF 单元处理，各工况下 TP 的平均去除率为 17.4%~19.9%，出水 TP 仍较高。

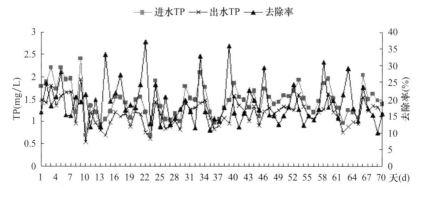

图 7.14 BAF 单元对 TP 的去除效果

BAF 单元对 TP 去除效果一览表　　　　　　表 7.6

工况 指标	气水比 3∶1			HRT=5h		
	HRT=6h	HRT=5h	HRT=4h	气水比 2∶1	气水比 3∶1	气水比 4∶1
进水 TP	0.70~2.40	0.70~1.92	0.98~2.10	1.12~1.74	1.22~1.97	0.98~2.04
进水平均 TP	1.55	1.28	1.48	1.49	1.61	1.39
出水 TP	0.55~1.80	0.61~1.45	0.84~1.57	0.93~1.37	1.05~1.62	0.77~1.56
出水平均 TP	1.24	1.02	1.19	1.23	1.30	1.14
去除率（%）	11.7~33.3	11.9~37.2	10.7~35.8	11.6~29.3	12.4~31.2	10.1~29.1
平均去除率（%）	19.9	19.5	18.5	17.4	18.7	17.8

综上，当 BAF 气水比为 3∶1 时，调节水力停留时间为 6h、5h、4h，BAF 单元 COD_{Cr} 平均去除率分别为 32.0%、30.4%、27.4%，BAF 单元 COD_{Cr} 的去除率呈现下降趋势。随着水力停留时间的减小，BAF 单元对氨氮去除率也逐渐降低，但下降幅度较小。随着气水比增大，BAF 单元对 COD_{Cr}、氨氮的去除率都有一定程度的提高，且氨氮去除率上升较大，可见溶解氧是氨氮去除的主要限制因素，BAF 气水比由 2∶1 增加到 4∶1，TP 的去除率变化相对平稳，气水比对 TP 去除影响不大。

7.2.4　混凝沉淀试验研究

（1）混凝沉淀对 COD_{Cr} 的去除效果

混凝沉淀单元对 COD_{Cr} 的去除效果如图 7.15 和表 7.7 所示。

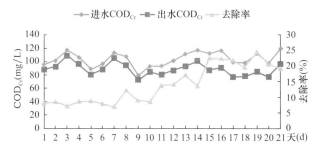

图 7.15　混凝沉淀单元工艺对 COD_{Cr} 的去除效果

混凝沉淀单元对 COD_{Cr} 的去除效果　　　　　　表 7.7

PAC 投加量（mg/L）	进水 COD_{Cr}（mg/L）		出水 COD_{Cr}（mg/L）		去除率（%）	
	变化范围	平均值	变化范围	平均值	变化范围	平均值
5	88.4~116.8	102.2	80.6~108.4	94.0	7.10~8.82	8.07
37.5	79.2~116.8	100.1	72.0~100.8	87.1	8.62~17.27	12.72
75	96.8~119.2	107.4	76.8~96.2	84.1	19.30~24.64	21.60

可以看出，随着 PAC 投加量的增加，混凝沉淀对 COD_{Cr} 的去除率逐渐增大。絮凝主要去除水中的悬浮物、胶体物质及大分子有机物，印染废水二级生化出水仍含有较多的悬浮物、胶体物质及部分很难生化降解的大分子有机物，所以混凝沉淀对 COD_{Cr} 有一定的去除效果，但总体去除率不高，主要是因为废水中 COD_{Cr} 贡献较大的为溶解性有机物。

（2）混凝沉淀对色度的去除效果

混凝沉淀单元对 TCU 的去除效果如图 7.16 和表 7.8 所示。

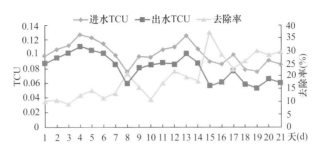

图 7.16　混凝沉淀单元对 TCU 的去除效果

混凝沉淀单元对 TCU 的去除效果　　　　　　　表 7.8

PAC 投加量（mg/L）	进水 TCU		出水 TCU		去除率（%）	
	变化范围	平均值	变化范围	平均值	变化范围	平均值
5	0.098~0.127	0.111	0.086~0.111	0.098	9.23~14.40	11.67
37.5	0.075~0.125	0.102	0.059~0.101	0.084	10.84~21.88	17.77
75	0.076~0.099	0.087	0.053~0.077	0.062	22.82~37.17	28.93

可以看出，单独混凝沉淀对 TCU 的去除率随 PAC 投加量增加而增加。

（3）混凝沉淀对 UV_{254} 的去除效果

混凝沉淀单元对 UV_{254} 的去除效果如图 7.17 和表 7.9 所示。

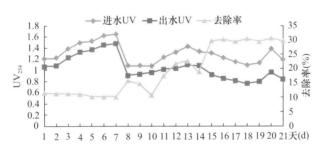

图 7.17　混凝沉淀单元对 UV_{254} 的去除效果

混凝沉淀单元对 UV_{254} 的去除效果　　　　　　　表 7.9

PAC 投加量（mg/L）	进水 UV_{254}		出水 UV_{254}		去除率（%）	
	变化范围	平均值	变化范围	平均值	变化范围	平均值
5	1.205~1.645	1.443	1.064~1.479	1.287	10.09~11.70	10.86
37.5	1.075~1.428	1.224	0.908~1.104	1.004	10.79~22.69	17.54
75	1.089~1.382	1.210	0.758~0.958	0.847	29.44~30.68	29.95

可以看出，混凝沉淀单元对 UV_{254} 的去除率随 PAC 投加量增加而增加。PAC 投加量为 5mg/L 及 37.5mg/L 时，絮凝对 UV_{254} 的去除率小于对 TCU 的去除率，且絮凝对 UV_{254} 的去除率与其对 TCU 的去除率之间的差值随投加量增加而减小，当 PAC 投加量达到 75mg/L 时，絮凝对 UV_{254} 的去除率已经大于其对 TCU 的去除率。

（4）混凝沉淀对浊度的去除效果

混凝沉淀单元对浊度的去除效果如图7.18和表7.10。混凝沉淀单元对废水浊度去除效果较好，且浊度去除率随PAC投加量变化关系与小试研究结果相吻合。

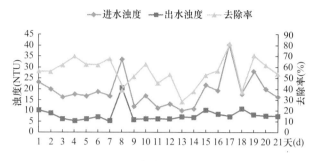

图7.18　混凝沉淀单元对浊度的去除效果

混凝沉淀单元对浊度的去除效果　　　　　　　　　　　　　　　　　表7.10

PAC 投加量 mg/L	进水浊度（NTU）		出水（NTU）		去除率（％）	
	变化范围	平均值	变化范围	平均值	变化范围	平均值
5	16.2～23.2	18.4	5.24～10.12	7.00	55.88～70.23	62.46
37.5	9.91～33.5	15.3	5.78～20.4	8.36	28.05～62.92	45.36
75	16.2～40.2	23.3	7.19～10.8	8.53	37.93～82.11	59.52

7.2.5　UF 超滤试验研究

在超滤运行初期，对二沉出水COD_{Cr}的去除率达到35％左右，之后逐渐降低，COD_{Cr}去除率在28％左右。分析认为，超滤运行初期部分大分子有机物被吸附于膜表面及膜孔内，之后这种吸附作用趋于饱和。由于进水中磷的主要存在形式为颗粒态，所以超滤膜对总磷表现出很好的去除效果，平均去除率达到66.44％。超滤膜对色度的去除效果并不是很好，去除率在10％左右，主要是因为构成二沉出水色度的主要形态为溶解态染料，且这些染料的分子量大部分小于超滤膜的截留分子量。

（1）超滤单元对浊度的去除效果

超滤膜作为全膜法水处理工艺的一个重要环节，其过滤效果的好坏，直接影响到反渗透设备是否能正常稳定运行，因此超滤在设计时就需要考虑超滤前的预处理工艺和超滤的运行方式。已有研究结果表明，超滤进水颗粒性物质含量较多时，超滤前期运行出水浊度虽然基本能达到超滤设计的要求，但运行一个阶段后，由于超滤组件通水能力过负荷或其他的颗粒划伤而导致超滤断丝现象时有发生，从而发生超滤系统进水、产水间出现短路现象，进而引发超滤产水量升高、出水浊度增加。

（2）超滤进出水粒径分析

分别取超滤进水（二沉出水）、超滤连续运行1小时后的箱体水及超滤出水进行粒径分析，结果如图7.19～图7.21和表7.11所示。

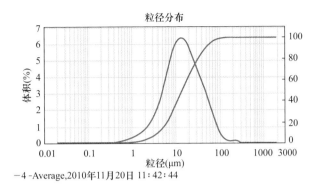

−4-Average,2010年11月20日 11:42:44

图 7.19 超滤进水（二沉出水）粒径分析

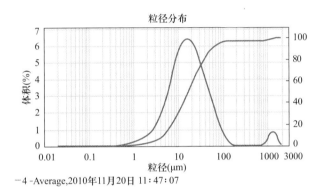

−4-Average,2010年11月20日 11:47:07

图 7.20 超滤箱体水粒径分析

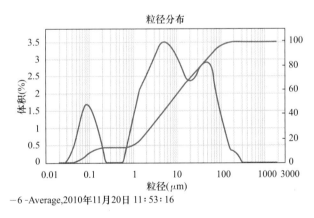

−6-Average,2010年11月20日 11:53:16

图 7.21 超滤出水粒径分析

超滤单元处理二沉出水粒径分析表 表 7.11

指标 位置	$d(0.1)(\mu m)$	$d(0.5)(\mu m)$	$d(0.9)(\mu m)$	浊度（NTU）	SS(mg/L)	SDI
进水	4.06	14.192	48.475	30.9	43.0	—
箱体	4.802	16.683	56.834	117.0	124.0	—
出水	0.131	7.012	63.303	0.6	1.0	5.4

图中可见，超滤箱体水的 $d(0.1)$、$d(0.5)$ 及 $d(0.9)$ 均大于超滤进水，说明箱体内的悬浮物质发生一定程度的凝聚，分析认为由于部分微生物代谢产物残留在二沉出水中，这部分代谢产物具有黏性。超滤出水在 $0.0105\mu m$、$5.754\mu m$ 及 $52.481\mu m$（超滤膜孔径为 $0.1\mu m$）三处存在波峰，分析认为可能是大分子离子物质在超滤之前以离子态存在，超滤之后由于某些作用形成胶体态物质。

（3）淤泥密度指数 SDI 与浊度关系

淤泥密度指数 SDI（Silting Density Index）与浊度之间虽然没有确定的线性关系，但可以看到，浊度越大，SDI 值越高，因此，可以通过控制出水浊度值来控制 SDI 值。一般来说，在 RO 系统给水 SDI 值低于 3 时，膜系统的污染风险较低，设备运行一般不会出现膜系统的过快污染；当 SDI 大于 5 时，则说明在反渗透系统运行时可能会引起较重的污染。综合考虑反渗透预处理费用及反渗透膜系统费用，反渗透进水 SDI 控制在 3 左右比较合适，如图 7.22 所示，相应的浊度控制在 $0.3\sim0.4NTU$。

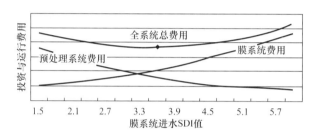

图 7.22　反渗透膜系统进水 SDI 值的系统费用灵敏度曲线

综上，超滤单元对 TP 及浊度有很好的去除效果，对 COD_{Cr} 有一定的处理效果，对色度及 UV_{254} 的去除效果较低；通过对超滤出水粒径分析发现，超滤出水中仍含有一定的悬浮物质和胶体物质，超滤虽然对浊度有很高的去除率，但其出水浊度仍较高，并不能达到反渗透进水水质要求；定期对膜组件进行反洗可以有效减低 TMP 从而减缓膜污染，定期对超滤膜池进行放空，有效降低 TMP 的同时可以有效降低膜池内悬浮物浓度，从而减缓膜表面沉积形成滤饼层而引起的膜污染。

通过对不同运行阶段超滤膜污染阻力分布测定后得出结论：超滤运行初期不可恢复性阻力 R_{ir} 增长较快。而由浓差极化和滤饼层引起的膜污染阻力 R_f 较缓慢，超滤运行一段时间后，R_f 增长较快，而 R_{ir} 增长较缓慢。

7.2.6　RO 反渗透试验研究

（1）不同回收率对应产水电导率和产水率

在进水电导率为 $4.12ms/cm$，进水压力 $2.25MPa$，浓水压力 $2.20MPa$ 的试验条件下，测定不同回收率下反渗透出水的电导率，可以看出回收率越高，对应的产水电导率越高。反渗透产水电导率与膜的性质及进水电导率有关，膜在初期使用性能有所下降，之后性能逐渐趋于稳定。

在进水电导率为 $4.12ms/cm$，进水压力 $2.25MPa$，浓水压力 $2.20MPa$ 的试验条件下，测定不同回收率下的产水率，可以看出回收率越高，对应的产水率越低。

印染废水的一大特征是盐度高，导致这类废水的渗透压比较高，这一方面要求高压泵提供更大的扬程，导致出水电导率较高（反渗透出水和进水压力无关），同时浓水压力也较大，实际生产应用中这部分能量大部分被浪费掉。当反渗透系统回收率大于50%时，出水电导率急剧变大，同时产水率急剧变小。

基于以上分析，降低进水电导率一方面可以降低出水电导率，提高出水品质，另一方面可以降低高压泵工作压力，降低能耗，同时可以提高系统回收率，减少设备数量。

（2）反渗透浓水处置探索试验

对两种不同回收率（50%、75%）的浓水分别进行处理，50%浓水水质为COD_{Cr} 90mg/L，色度100倍，75%浓水水质为COD_{Cr} 200mg/L，色度200倍。经过Feton试剂处理后，50%回收率的浓水COD_{Cr}降至52mg/L，色度降至10倍，75%回收率的浓水COD_{Cr}降至90mg/L，色度降至20倍。

反渗透浓水的主要特征与和印染废水类似，但污染物浓度远高于印染废水，所以反渗透浓水的合理处置应成为今后反渗透研究的一个重点。同时值得注意的是，反渗透浓水具备很高的能量，如何有效利用这部分能量应成为今后反渗透技术研究的另一个重点。

7.2.7　比较试验研究

7.2.7.1　二氧化氯、臭氧氧化的试验研究

（1）氧化试验方案

由于污水处理厂二沉池出水水质波动较大，COD_{Cr}相同的情况下水中含有的物质组分并不相同。因此在水质完全相同的情况下，针对进行二氧化氯、臭氧两种化学氧化开展比较研究。化学氧化阶段主要目的是脱色、提高废水可生化性，便于下一步生化处理，因此以色度、B/C为主要考察指标。由于二氧化氯、臭氧发生装置存在差异，因此本试验仅针对完全相同的水质考察二氧化氯及臭氧的氧化效果。

（2）试验结果与分析

1）色度的变化

色度是印染废水二级处理后不容易达标的污染指标，也是本次印染废水深度处理研究中重点去除的对象。废水色度随二氧化氯、臭氧投加量的变化如图7.23所示。

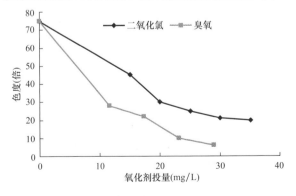

图7.23　色度随氧化剂投量变化情况

由图 7.23 可以看出，臭氧去除色度的效果明显优于二氧化氯。处理后达到相同的色度要求，所需的臭氧投加量小于二氧化氯，且臭氧投加量为 29mg/L 时，处理后废水色度低至 6 倍，仅呈现轻微的黄色，接近无色；二氧化氯色度只能低至 20 倍，呈现淡黄色。

2）pH 的变化

废水 pH 随二氧化氯、臭氧投加量的变化情况如图 7.24 所示。

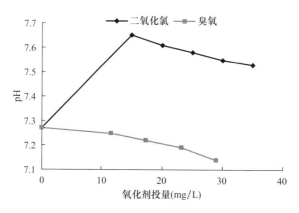

图 7.24　pH 随氧化剂投量变化情况

由图 7.24 可以看出，二氧化氯作为氧化剂时，废水 pH 有所升高，且二氧化氯投加量越大，废水 pH 升高幅度越小。臭氧作为氧化剂时，随着臭氧投加量的增加，pH 逐渐减小。这是由于废水中的难降解有机物逐步氧化成为有机酸、酮、醛、烷烃等可降解有机物，提高了废水的可生化性，小分子的酸、醛使废水 pH 降低。

经过二氧化氯、臭氧处理，废水 pH 变化不大，满足漂洗用回用水水质标准及染色用水水质标准对 pH 的要求。

3）B/C 值的变化

对于氧化后的废水样品，由于 BOD_5 测定中微生物适应样品环境需要更长的时间，所以推荐采用 10d 的 BOD 值来计算 BOD_5/COD_{Cr} 比值。废水 B/C 值随二氧化氯、臭氧投加量的变化情况如图 7.25 所示。

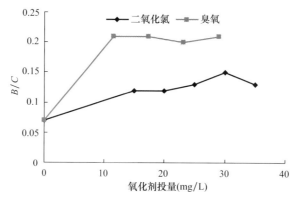

图 7.25　B/C 随氧化剂投量变化情况

经过化学氧化后，废水 B/C 值有了一定程度的提高。由于测定时加入的接种水为二沉池出水，微生物不适应氧化后的废水，因此即使测定的指标为 BOD_{10}，数值可能仍小于实际值。由图 7.25 中看出，经臭氧氧化后，废水可生化性提高的效果优于二氧化氯。这可能是由于经二氧化氯氧化后，废水中存在着亚氯酸根等具有氧化性的副产物以及少量未反应的二氧化氯，中性条件下测定 BOD_5 时，亚硫酸钠可能无法完全消除氧化剂干扰，残留的氧化剂会杀死接种水中的微生物，造成二氧化氯氧化后废水 BOD_5 测定数据可能不准确；而臭氧的半衰期较短，在水中容易分解成氧气，且无副产物产生，对 BOD_5 的测定无干扰。

4）光谱扫描比较

从上述试验结果可知，二氧化氯、臭氧在相同投加量的情况下，臭氧对废水色度的去除效果及废水可生化性提高方面均优于二氧化氯。为进一步明确二氧化氯、臭氧的处理效果，了解它们深度处理印染废水的机理，进行紫外光谱扫描及红外光谱扫描的研究。

以漂洗用回用水水质标准对色度的要求 25 倍为目标，则二氧化氯的投加量约为 25mg/L，此时臭氧氧化后色度在 10 倍左右。当二氧化氯、臭氧投加量均为 25mg/L 时，废水紫外扫描如图 7.26 所示，红外扫描如图 7.27、图 7.28，其中曲线（1）为二沉池出水图谱、曲线（2）为二氧化氯氧化出水图谱、曲线（3）为臭氧氧化出水图谱。

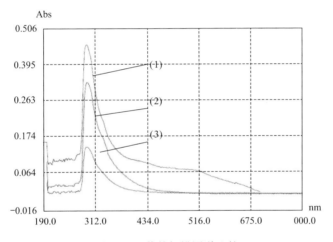

图 7.26 紫外扫描图谱比较

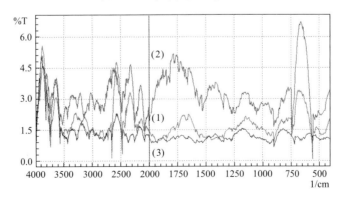

图 7.27 红外扫描图谱（透射率为纵坐标）

从图 7.26 可以看出，经二氧化氯、臭氧氧化后，各波段污染物浓度都有一定程度的降低，且臭氧氧化优于二氧化氯，废水在 292nm 处有最大吸收峰，紫外区的两个特征峰分别是 230nm 对应的苯环结构和 310nm 对应的萘环结构，由于附近其他基团的影响而有所偏移。经化学氧化后部分苯环可能开环成链状分子，使得吸光度下降。可见光区域内，氧化后曲线吸光度明显下降，曲线趋于平滑，表明染料分子大的共轭体系被氧化。

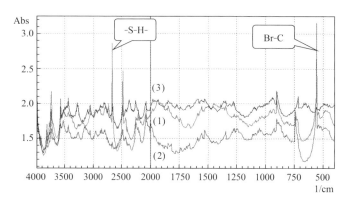

图 7.28 红外扫描图谱（吸光度为纵坐标）

从图 7.28 可以看出，经臭氧氧化后，废水各波数下吸光度都有一定程度的增加，但是光谱曲线比较平稳；经二氧化氯氧化后，几个吸光度较高的波数吸光度进一步升高，但是其余波数下吸光度有一定程度的下降。$4000 \sim 2500 cm^{-1}$ X-H 伸缩振动区，X 可以是 O、H、C 或 S 等原子，$2500 \sim 1900 cm^{-1}$ 为叁键和累积双键区，$1900 \sim 1200 cm^{-1}$ 是双键伸缩振动区。

由图 7.28 可知，废水在 $550 cm^{-1}$、$2490 cm^{-1}$、$2650 cm^1$ 处有三个强吸收峰，可能基团为 Br-C，H-S-，推测是残余染料与助剂中的部分结构。

7.2.7.2 BAC、UF、O_3 及混凝沉淀比较试验研究

本研究采用凝胶色谱法（GPC）测定有机物的分子量分布，所用仪器由日本岛津公司（Shimadzu）提供，仪器型号 LC-10ATVP。本仪器适用于水溶性物质（如蛋白质、多肽、多糖、DNA、RNA、水溶性的有机聚合物和其他水溶性大分子等）的分离和定量分析，以及测定水溶性多组分体系的分子量分布，适用 pH 范围 2.0～12.0。表 7.12、表 7.13 为二沉出水经各单元处理后出水分子量分布统计如表 7.12 所示。

各单元出水分子量分布情况-a 表 7.12

分子量 \ 水样	二沉出水	BAC	混凝	臭氧	UF
<1000Da	0.155	0.095	0.080	0.084	0.107
1000～2000Da	7.611	0.002	0.014	0.010	0.007
2000～5000Da	25.442	14.022	19.653	15.800	8.183
5000～10000Da	14.611	19.744	18.095	18.880	21.808
$1\times10^4 \sim 1\times10^5$Da	37.152	48.577	45.856	47.671	50.689
$1\times10^5 \sim 1\times10^6$Da	10.936	17.068	15.728	16.682	18.623
$>10^6$Da	4.093	0.492	0.573	0.873	0.584

各单元出水分子量分布情况-b 表 7.13

水样	数均分子量（Mn）	重均分子量（Mw）	分子量的多分散性（Mw/Mn）
二沉	6115	5411238	884.86
混凝	9697	2501684	257.99
臭氧	10729	1896383	491.505
生物活性炭	11232	1120324	99.74
超滤	11060	3320031	300.18

经调查，用直的印染企业生产面料主要为棉、涤纶、腈纶、涤棉混纺、羊毛及蚕丝，对应染料为活性染料、分散染料及酸性染料。这三种染料分子量基本在 2000Da 以下，大部分在 1000Da 以下。分子量小于 2000Da 特别是分子量小于 1000Da 的分子占二沉出水的比例并不是很高，分别为 7.766% 及 0.155%，可见二沉出水中残留的未降解染料并不是出水有机物的主要组成成分。为了了解这部分残留染料对二沉出水 COD_{Cr} 的贡献，本次试验进行了染料浓度与其他指标的关系研究，染料取自用直当地某印染企业，具体研究结果见表 7.14。

染料浓度与其他指标的关系 表 7.14

染料种类	活性深蓝 M-2GE	活性黄 M-3RE
分子式	$C_{34}H_{22}IN_{10}Na_5O_{19}S_6$	$C_{29}H_{20}IN_9Na_4O_{16}S_5$
配制浓度（g/L）	0.1	0.1
分子量	1308.84	880.17
TOD(mg/L)	135.69	174.51
COD_{Cr}(mg/L)	60	54
色度	820	1024

两种染料的 TOD/COD_{Cr} 均大于 2，说明强酸性条件下，重铬酸钾并不能完全氧化染料分子，同时 TOD 高的染料溶液其 COD_{Cr} 不一定高，COD_{Cr} 的大小还与染料分子组成有关。两种染料溶液的色度均达到 1000 倍（稀释倍数法），而二沉出水色度一般在 100 倍以下，由此可以初步判断，残留的染料分子并不是二沉出水 COD_{Cr} 的主要构成成分，有研究表明，印染废水二级生化出水残留染料分子的 COD_{Cr} 贡献率在 10% 左右。

虽然混凝沉淀、臭氧、生物活性炭、超滤各单元去除有机物的机理均不尽相同，但经各单元处理后，分子量大于 100 万 Da 的有机物所占比例均大幅下降。二沉出水直接使用臭氧进行氧化，一部分臭氧用来氧化这部分分子量大于 100 万 Da 的有机物，因此，在臭氧氧化工艺前增加预处理工艺可以减少臭氧消耗。由于二沉出水直接超滤会导致较严重的膜污染，所以本研究考虑将混凝沉淀及生物活性炭作为臭氧氧化处理的预处理单元。

7.3 组合工艺试验研究

在单一模块研究的基础上，针对印染废水二级生化出水色度高、COD_{Cr} 高、可生化性差等特点，进行了组合工艺试验研究。

7.3.1　臭氧—微量 PAC-BAF 组合工艺试验研究

组合工艺运行 7d，出水管及滤料表层可见少许绿色藻类，这是由于臭氧氧化提高了废水的可生化性，部分难降解有机物转化为易被微生物及藻类吸收的可同化有机碳（Assimilable Organic Carbon，AOC）。藻类镜检图片如图 7.29 所示。

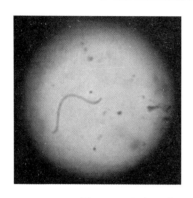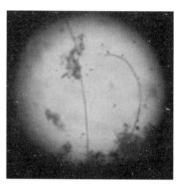

图 7.29　组合工艺 BAF 生物膜藻类镜检图

（1）COD_{Cr} 的去除效果

图 7.30 为臭氧—微量 PAC-BAF 组合工艺对二级出水 COD_{Cr} 的处理效果。

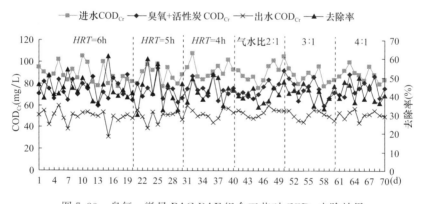

图 7.30　臭氧—微量 PAC-BAF 组合工艺对 COD_{Cr} 去除效果

各工况下组合工艺对 COD_{Cr} 的去除效果见表 7.15。

组合工艺对 COD_{Cr} 去除效果一览表　　　　　表 7.15

工况 指标	气水比 3∶1			$HRT=5h$		
	$HRT=6h$	$HRT=5h$	$HRT=4h$	气水比 2∶1	气水比 3∶1	气水比 4∶1
进水 COD_{Cr}	77～105	77～98	84～108	76～105	78～96	80～100
进水平均 COD_{Cr}	88	88	93	90	86	89
出水 COD_{Cr}	31～60	39～56	44～60	48～60	45～56	44～57
出水平均 COD_{Cr}	49	50	53	53	51	52

指标 \ 工况	气水比3：1			HRT＝5h		
	HRT＝6h	HRT＝5h	HRT＝4h	气水比2：1	气水比3：1	气水比4：1
去除率（％）	35.9～61.3	30～57.1	36.8～51.7	34.2～47.6	33.3～47.1	36.3～50
平均去除率（％）	44.3	43.1	43.2	40.6	41.3	41.8

组合工艺出水 COD_{Cr} 在 $31～60mg/L$ 之间，平均 COD_{Cr} 为 $50mg/L$ 左右，平均去除率达到 $40\%～44\%$。表明组合工艺对于 COD_{Cr} 具有良好的去除效果。

（2）色度的去除效果

图 7.31 和表 7.16 为臭氧-微量 PAC-BAF 组合工艺对色度的去除效果。

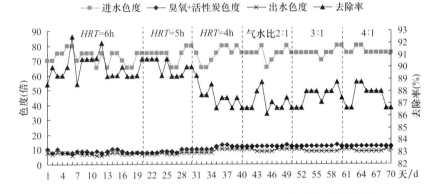

图 7.31 臭氧—微量 PAC-BAF 组合工艺对色度的去除效果

组合工艺对色度去除效果一览表　　　　　　　　　　　　表 7.16

指标 \ 工况	气水比3：1			HRT＝5h		
	HRT＝6h	HRT＝5h	HRT＝4h	气水比2：1	气水比3：1	气水比4：1
进水色度	65～80	65～80	65～80	65～80	70～80	75～80
臭氧＋活性炭色度	8～10	8～10	10～13	12～13	12～13	12
出水色度	6～8	7～8	8～10	9～10	9～10	9～10
平均脱色率（％）	90	90	87.6	87.1	87.7	87.6

组合工艺中，废水色度主要是由前段臭氧氧化去除的。调节池中投加 PAC，无返色现象。经过 BAF 处理后，出水色度降低的幅度很小。

工艺运行 35d 后，臭氧氧化后色度有所上升，肉眼可见为微黄色，原因可能是该阶段天气较冷，水温偏低，某些染料的臭氧氧化脱色与温度有关。

色度的去除主要是由于前段的臭氧氧化作用。臭氧能够有效地脱除由不饱和化合物着色的色度，在臭氧作用下，不饱和化合物形成臭氧化物，臭氧化物水解，不饱和化合物即行开裂。色度的去除与水温有一定关系，但与 BAF 水力停留时间、气水比关系不大。

（3）氨氮的去除效果

图 7.32 为臭氧—微量 PAC-BAF 组合工艺对氨氮去除效果。

各工况下组合工艺对氨氮的去除效果见表 7.17 所示。

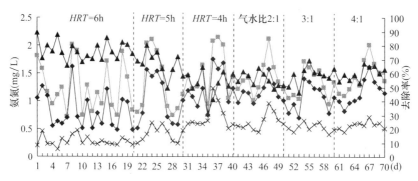

图 7.32　臭氧—微量 PAC-BAF 组合工艺对氨氮去除效果

组合工艺对氨氮去除效果一览表　　　　　　表 7.17

指标 ＼ 工况	气水比 3∶1			HRT=5h		
	HRT=6h	HRT=5h	HRT=4h	气水比 2∶1	气水比 3∶1	气水比 4∶1
进水氨氮	0.72～2.02	0.80～2.11	0.94～2.15	1.02～2.12	0.95～1.72	1.09～2.01
进水平均氨氮	1.25	1.30	1.53	1.42	1.31	1.45
出水氨氮	0.14～0.47	0.24～0.61	0.52～1.23	0.45～0.96	0.41～0.65	0.45～0.71
出水平均氨氮	0.28	0.41	0.72	0.63	0.53	0.58
去除率（%）	65.3～89.0	49.5～79.9	30.9～64.2	48.4～64	46.2～68.9	52.7～67.2
平均去除率（%）	76.3	66.7	52.1	55.5	58.6	59.9

　　组合工艺对氨氮的去除率较高，最高达 89.0%。理论上氨氮很难被氧化剂氧化，当水中含有较多的还原性物质时（有机物等），氨氮几乎不会被氧化。但是本试验臭氧氧化后出水氨氮有较少程度的降低。王树涛等采用臭氧氧化城市污水处理厂二级处理出水，发现臭氧对氨氮也具有一定的去除率，这与本结果类似。在 BAF 中，氨氮的去除主要是通过生物膜上硝化细菌的硝化作用转变为亚硝酸盐、硝酸盐。

　　由于硝化菌是一种严格的好氧细菌，生长繁殖速度比异养菌慢，当水中 DO 不足或氧透过膜到达硝化菌表面的传递速度下降时，硝化菌吸取水中 DO 的能力比异养菌差，这些都限制了硝化菌的生长繁殖，使硝化反应受到影响，DO 是硝化反应的限制因素。而臭氧分解会产生氧气溶解于水中，提高废水的溶解氧，有利于硝化反应进行；同时臭氧氧化也能破坏水中原有的抑制硝化菌的物质。印染废水二级出水中有机物含量不高，也使硝化菌在与异养菌的竞争中不被淘汰。

（4）TP 的去除效果

　　各工况下组合工艺对 TP 的去除效果见表 7.18 所示。

组合工艺对 TP 去除效果一览表　　　　　　表 7.18

指标 ＼ 工况	气水比 3∶1			HRT=5h		
	HRT=6h	HRT=5h	HRT=4h	气水比 2∶1	气水比 3∶1	气水比 4∶1
进水 TP	0.70～2.40	0.70～1.92	0.98～2.10	1.12～1.74	1.22～1.97	0.98～2.04
进水平均 TP	1.55	1.28	1.48	1.49	1.61	1.39

续表

工况 指标	气水比 3:1			HRT=5h		
	HRT=6h	HRT=5h	HRT=4h	气水比 2:1	气水比 3:1	气水比 4:1
出水 TP	0.68～1.87	0.57～1.37	0.78～1.58	0.91～1.51	0.99～1.45	0.70～1.43
出水平均 TP	1.12	0.95	1.13	1.18	1.22	1.12
去除率（%）	15.0～43.8	11.9～34.2	12.2～40.9	12.2～29.2	12.2～34.4	13.9～30.4
平均去除率（%）	27.8	25.2	23.7	20.8	23.3	23.6

组合工艺各工况 TP 的平均去除率在 20.8%～27.8% 之间，表明工艺对 TP 的处理效果不显著。

7.3.2 臭氧—生物活性炭及其优化技术模拟实验研究

（1）臭氧—生物活性炭—超滤研究

针对臭氧—生物活性炭组合工艺出水 COD_{Cr} 仍难以满足回用水水质要求问题，本次重新调整运行参数，臭氧投加量仍保持在 30mg/L，进水流量为 100L/h，气水比控制在 2:1，同时组合工艺出水再经过超滤进行处理。

由于废水中 TP 的组成以颗粒型 TP 为主，所以臭氧—生物活性炭—超滤组合工艺可以使出水 TP 满足水质要求，因此试验中不再对 TP 进行检测。图 7.33 所示为组合工艺对污染物的去除效果。

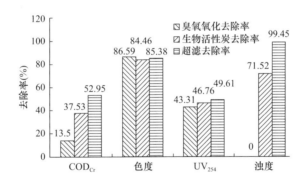

图 7.33 组合工艺对污染物的去除效果

组合工艺对各污染物质处理效果见表 7.19 所示。对 COD_{Cr} 具有较高去除率，平均去除率达到 52.95%，出水 COD_{Cr} 平均值为 45.57mg/L，组合工艺对 COD_{Cr} 去除率贡献最大的部分为 BAC；对 TCU 具有很高的去除率，平均去除率达到 85.38%，出水平均 TCU 为 0.017，平均色度为 10 倍（稀释倍数法）。

组合工艺对各污染物质处理效果   表 7.19

项目	COD_{Cr}（mg/L）	TCU	UV_{254}	浊度（NTU）
进水变化范围	79.7～106.2	0.095～0.144	1.318～1.707	26.8～37.4
进水平均值	97.12	0.117	1.440	32.86
出水变化范围	40.4～48.6	0.013～0.029	0.587～1.000	0.13～0.22

续表

项目	COD_{Cr}(mg/L)	TCU	UV_{254}	浊度（NTU）
出水平均值	45.57	0.017	0.730	0.18
去除率变化范围（%）	49.16～55.76	79.91～88.63	41.42～55.46	99.32～99.59
平均去除率（%）	52.95	85.38	49.61	99.45

组合工艺对 TCU 的去除主要依靠臭氧氧化。由于臭氧氧化返色现象的存在，BAC 出水 TCU 要高于臭氧氧化出水，而超滤对 TCU 的去除率很低，组合工艺 TCU 的去除率平均值要略低于臭氧化学氧化；组合工艺对 UV_{254} 的去除率较高，平均去除率为 49.61%，臭氧化学氧化对于 UV_{254} 去除贡献最显著；对浊度的去除率很高，平均去除率高达 99.45%。BAC 通过吸附和截留水中悬浮物和胶体物质，达到去除浊度的目的；而超滤则通过膜孔过滤作用几乎可以完全去除废水中的浊度。

臭氧—生物活性炭—超滤组合工艺对各污染物质均保持了较好的去除效果，然而废水经臭氧氧化后仍存在比较严重的返色现象，同时 COD_{Cr} 及色度刚刚满足回用水要求。在此基础上，进行了生物活性炭—臭氧—生物活性炭—超滤和混凝沉淀—臭氧—生物活性炭—超滤组合工艺协同降解研究。

（2）生物活性炭—臭氧—生物活性炭—超滤研究

生物活性炭（BACⅠ）—臭氧—生物活性炭（BACⅡ）—超滤组合工艺运行控制参数如下：进水流量 200L/h，臭氧投加量 30mg/L，BACⅠ气水比为 2.5∶1，BACⅡ气水比为 2∶1，图 7.34 显示组合工艺对污染物的去除效果。

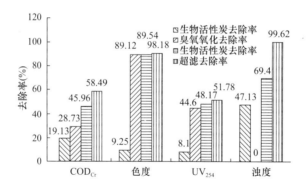

图 7.34　组合工艺对污染物的去除效果

组合工艺对各污染物质处理效果见表 7.20。

组合工艺对各污染物质处理效果　　表 7.20

项目	COD_{Cr}(mg/L)	TCU	UV_{254}	浊度（NTU）
进水变化范围	81.0～111.4	0.095～0.142	1.258～1.630	29.9～51.2
进水平均值	99.30	0.113	1.427	38.09
出水变化范围	33.5～50.0	0.007～0.014	0.558～0.847	0.08～0.22
出水平均值	41.18	0.011	0.730	0.15
去除率变化范围（%）	54.88～63.24	88.07～93.04	47.40～56.13	99.45～99.74
平均去除率（%）	58.49	90.18	51.78	99.62

结果表明，生物活性炭—臭氧—生物活性炭—超滤组合工艺（以下简称组合工艺2）出水各项指标均优于臭氧—生物活性炭—超滤组合工艺（以下简称组合工艺1），组合工艺2对 COD_{Cr} 的去除率平均达到58.49%，整个工艺实现了化学法与生化法的紧密结合，该工艺是BIO-OZONE-BIO（生物前处理—臭氧—生物后处理）在印染废水中的应用，BIO-OZONE-BIO遵循的原则就是"尽可能低的部分氧化和尽可能高的生物氧化"，因为相对于生化处理而言，化学氧化成本更高。

同时可以看到，组合工艺2可在一定程度消除返色现象，分析认为部分易返色染料在组合工艺2中的BAC I中得到去除。

（3）混凝—臭氧—生物活性炭—超滤研究

混凝沉淀—臭氧—生物活性炭—超滤组合工艺（以下简称组合工艺3）运行控制参数如下：进水流量200L/h，PAC（聚合氯化铝）投加量75mg/L，臭氧投加量30mg/L，生物活性炭气水比为2:1，图7.35为组合工艺对污染物的去除效果。

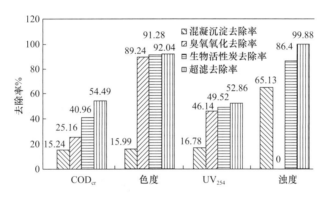

图7.35 组合工艺对污染物的去除效果

组合工艺对各污染物质处理效果见表7.21。结果表明，组合工艺3可以很好地消除臭氧化学氧化返色现象，整个组合工艺对TCU的平均去除率达到92.04%。

组合工艺对各污染物质处理效果　　　　　　　　　　　　　　　　表7.21

项目	COD_{Cr}(mg/L)	TCU	UV254	浊度（NTU）
进水变化范围	79.9～109.5	0.094～0.150	1.222～1.578	26.9～56.1
进水平均值	96.30	0.115	1.402	38.89
出水变化范围	36.6～47.1	0.006～0.010	0.558～0.758	0.03～0.08
出水平均值	43.50	0.009	0.661	0.15
去除率变化（%）	45.23～59.27	89.18～94.94	47.26～57.81	99.79～99.93
平均去除率（%）	54.49	92.04	52.86	99.88

对比组合工艺1、组合工艺2及组合工艺3后可以看到：COD_{Cr} 去除率：组合工艺2>组合工艺3>组合工艺1；TCU去除率：组合工艺3>组合工艺2>组合工艺1；UV_{254} 去除率：组合工艺3>组合工艺2>组合工艺1；浊度去除率：组合工艺3>组合工艺2>组合工艺1。

组合工艺2即BIO-OZONE-BIO（生物前处理—臭氧—生物后处理）具有更好的 COD_{Cr} 去除率；而絮凝与生物活性炭相比具有相对较好的色度及 UV_{254} 去除率，且絮凝作为臭氧化学氧化预处理对消除臭氧化学氧化返色效果要好于生物活性炭，所以组合工艺3

的 TCU、UV_{254} 整体去除率要大于组合工艺 2；絮凝作为预处理其最大的作用是使颗粒物粒径变大，利于超滤去除，所以组合工艺 3 的浊度去除率要大于组合工艺 2。

（4）不同组合工艺效果比较

1）相比于单独 BAC 工艺，除 TP 外，组合工艺 1 对污染物的去除率均有较大程度的提高，通过研究气水比对臭氧—生物活性炭处理性能的影响总结得出，臭氧—生物活性炭工艺中，BAC 气水比控制为 2∶1 即可满足要求。

2）通过对组合工艺 1 各单体出水色度进行检测发现，臭氧氧化出水存在一定的返色现象，为此考察了不同预处理对臭氧化学氧化脱色率的影响。研究发现，BAC-臭氧及混凝沉淀—臭氧的色度去除率要大于直接臭氧化学氧化，适当的预处理可以减少臭氧投加量；直接臭氧化学氧化的返色率达到 5%，BAC-臭氧的返色率为 2.1%，混凝沉淀—臭氧的返色率仅为 0.5%，可以看出预处理特别是混凝沉淀可以有效消除臭氧化学氧化返色影响。

3）比较组合工艺 1、2、3 污染物去除效果，得到以下结论：COD_{Cr} 去除率为组合工艺 2＞组合工艺 3＞组合工艺 1；TCU、UV_{254} 及浊度去除率为组合工艺 3＞组合工艺 2＞组合工艺 1。组合工艺 1 即 BIO-OZONE-BIO（生物前处理—臭氧—生物后处理）具有更好的 COD_{Cr} 去除率；而絮凝与生物活性炭相比具有相对较好的色度及 UV_{254} 去除率，且絮凝作为臭氧化学氧化预处理对消除臭氧化学氧化返色效果要好于生物活性炭，所以组合工艺 3 的 TCU、UV_{254} 整体去除率大于组合工艺 2；絮凝作为预处理其最大的作用是使颗粒物粒径变大，利于超滤去除，所以组合工艺 3 的浊度去除率大于组合工艺 2。综合考虑，组合工艺 3 更具优势。

7.4　污染物去除机理分析

7.4.1　臭氧化学氧化反应动力学

采用文献中介绍的动力学方程并以 TOC、TCU、UV_{254} 代表水中的有机物，考察中试装置二级处理出水的臭氧氧化动力学规律。

试验结果见图 7.36～图 7.38 所示，以下标"0"表示原水中的污染物指标，下标"t"表示经过时间为 t 的氧化反应后水中的污染物指标。由图 7.36～图 7.38 可见，在臭氧投加量范围内，以 $\ln(TOC_t/TOC_0)$、$\ln(TCU_t/TCU_0)$、$\ln(UV_t/UV_0)$ 与臭氧投加量关系曲线表现为两阶段，且第一阶段臭氧氧化反应速率要大于第二阶段。

在臭氧氧化反应的第一阶段，臭氧对 TOC、TCU、UV_{254} 的降解速率为 TCU＞UV_{254}＞TOC；在臭氧氧化反应的第二阶段，臭氧对 TOC、TCU、UV_{254} 的降解速率为 TCU＞UV_{254}＞TOC。且第二阶段降解速率较第一阶段降解速率下降幅度顺序为：TCU＞TOC＞UV_{254}。

可见，要达到比较好的色度去除率，需要投加量相当量的臭氧。考虑到臭氧制备成本较高，因此，如何在保证色度去除率的前提下减少臭氧的投加量，成为臭氧氧化脱色工艺选择的关键。

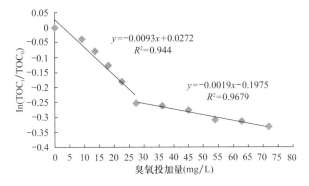

图 7.36 二级处理出水的臭氧氧化反应动力学曲线（TOC）

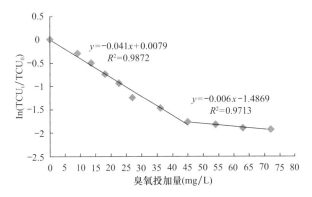

图 7.37 二级处理出水的臭氧氧化反应动力学曲线（TCU）

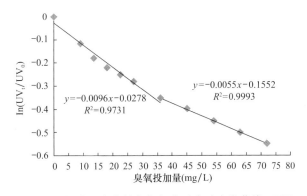

图 7.38 二级处理出水的臭氧氧化反应动力学曲线（UV_{254}）

7.4.2 臭氧化学氧化脱色率影响因素分析

为了考察色度（TCU）、UV_{254}、COD_{Cr} 对臭氧氧化色度去除率的影响，取试验阶段色度、UV_{254}、COD_{Cr} 的数值（统一标记为 S）及其最小值（标记为 S_{min}），利用 S/S_{min} 比值作为臭氧化学氧化影响因子进行分析。由图 7.39 可以看出，臭氧对色度的去除率和对 UV_{254} 的去除率变化规律近似相同。

分别进行色度的去除率与 TCU、UV_{254}、COD_{Cr}、TCU/UV_{254}、TCU/COD_{Cr}、$TCU/UV_{254}/COD_{Cr}$ 的相关性分析，结果如图 7.40 所示。

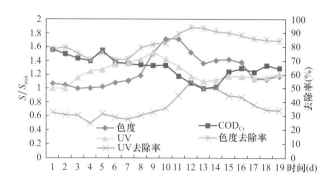

图 7.39 臭氧化学氧化影响因素分析

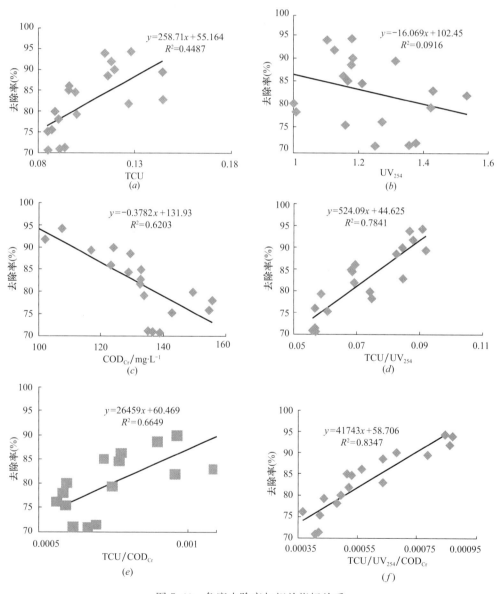

图 7.40 色度去除率与相关指标关系

(a) TCU; (b) UV_{254}; (c) COD_{Cr}; (d) TCU/UV_{254}; (e) TCU/COD_{Cr}; (f) $TCU/UV_{254}/COD_{Cr}$

可以发现，就单一因素而言，臭氧氧化脱色率与色度（TCU）（$R^2 = 0.4487$）及 UV_{254}（$R^2 = 0.0916$）之间并没有很好的线性关系，但其与 COD_{Cr} 之间（$R^2 = 0.6203$）却存在一定的线性关系。臭氧氧化脱色率与 TCU/UV_{254}（$R^2 = 0.7841$）、TCU/COD_{Cr}（$R^2 = 0.6649$）及 $TCU/UV_{254}/COD_{Cr}$（$R^2 = 0.8347$）之间有着较好的线性关系。可以得出，臭氧化学氧化脱色率是多因素共同作用的结果。此外，臭氧化学氧化脱色率还与温度、盐度及废水中各种染料的组成等密切相关。

关于臭氧在废水处理领域的应用，如何使用氧化剂有很多的观点。不过，考虑到各方面的技术和经济可行性，最重要的方法是臭氧与生物处理组合工艺的应用。生物处理与臭氧的结合是臭氧应用于污水处理领域的最重要的方式。这种组合工艺将臭氧的强氧化性（进而提高废水的可生化性）及生物处理有效结合，而提高其适用性的关键就是提高臭氧氧化的效率。

7.4.3 回用水盐度积累模型分析

混凝—O_3—BAC—UF 组合工艺出水拟回用至印染厂洗涤工序及部分染色工序，然而煮漂及染色过程中投加大量碱和盐类，如烧碱、纯碱和硫酸钠等，在回用过程中，会有部分碱和盐类进入回用水系统，导致碱和盐类在回用系统中积累。这一方面使得回用水中盐度增加，另一方面使得污水处理厂生化系统受到破坏。因此，有必要对盐度的积累规律进行详细的分析。

设回用水规模为 Q_1，每回用一次，获得 $\rho_1 \, mg/L$ 的外加盐量，污水处理厂收集的总水量为 Q，污水处理厂除回用水外收集的水量为 Q_2，平均盐度为 $\rho_2 \, mg/L$，假设 Q_1、ρ_1、Q_2、ρ_2、Q 均恒定不变，$\rho_1 \times Q_1 = m_1$，$\rho_2 \times Q_2 = m_2$，未回用前污水中平均盐浓度为 $\rho_0 \, mg/L$。

则第一次回用后回用水中盐度为：

$C_1 = [(\rho_0 + \rho_1) \times Q_1 + \rho_2 \times Q_2]/Q = (\rho_0 Q_1 + m_1 + m_2)/Q = \rho_0 Q_1/Q + (m_1 + m_2)/Q$；

则第二次回用后回用水中盐度为：

$C_2 = \{[(\rho_0 Q_1 + m_1 + m_2)/Q + \rho_1] \times Q_1 + \rho_2 \times Q_2\}/Q = [(\rho_0 Q_1 + m_1 + m_2) \times Q_1/Q + m_1 + m_2]/Q = \rho_0 Q_1^2/Q^2 + (m_1 + m_2)Q_1/Q^2 + (m_1 + m_2)/Q$；

依此类推，则回用 n 次后，有

$C_n = \rho_0 Q_1^n/Q^n + (m_1 + m_2)Q_1^{n-1}/Q^n + \cdots + (m_1 + m_2)/Q$。

$C_n - C_{n-1} = \rho_0 Q_1^n/Q^n + (m_1 + m_2)Q_1^{n-1}/Q^n - \rho_0 Q_1^{n-1}/Q^{n-1} > 0$，说明 C_n 为单调增数列。

以用直污水处理厂为例计算，回用水设计流量为 $Q_1 = 4000 m^3/d$，总设计流量 $Q = 40000 m^3/d$，则 $Q_1/Q = 0.1$，则当 n 比较大时，$\rho_0 Q_1^n/Q^n$ 项趋于 0。由于 $(m_1 + m_2)Q_1^{n-1}/Q^n + \cdots + (m_1 + m_2)/Q$，$(m_1 + m_2)Q_1^{n-1}/Q^n + \cdots + (m_1 + m_2)/Q = (m_1 + m_2)(Q_1^{n-1}/Q^{n-1} + Q_1^{n-2}/Q^{n-2} + \cdots + 1)/Q = (m_1 + m_2)[1 - (Q_1/Q_2)^{n-1}]/(1 - Q_1/Q_2)/Q$，当 n 趋于无限大时，$(m_1 + m_2)[1 - (Q_1/Q_2)^{n-1}]/(1 - Q_1/Q_2)/Q$，所以有 $(m_1 + m_2)/(1 - Q_1/Q_2)/Q = 10(m_1 + m_2)/9Q = 1/9\rho_1 + \rho_2$。

由盐度积累模型可知，回用水在使用过程中，盐的积累有规律可循，且存在积累极限，极限值与回用率及生产工程中盐度加入量成正相关关系。

7.4.4　反渗透进水碳酸钙结垢倾向分析

图 7.41～图 7.44 为反渗透进水电导率、硬度（碳酸盐计）、碱度（碳酸盐计）及 LSI 值（朗格利尔指数）变化情况。可以发现，试验用水有一定程度的结垢趋势，实际应用时应适当调节反渗透进水的 pH，降低结垢。

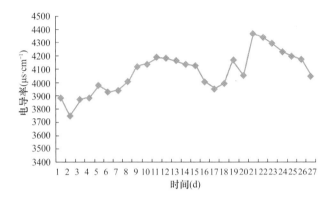

图 7.41　反渗透进水电导率变化

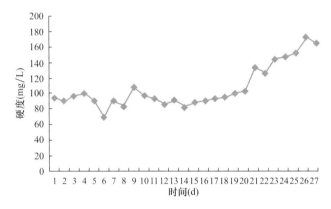

图 7.42　反渗透进水硬度变化

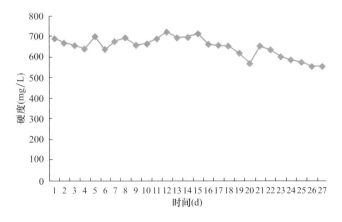

图 7.43　反渗透进水碱度变化

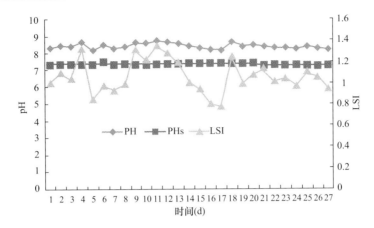

图 7.44 反渗透进水 LSI 值变化

8 城镇降雨径流污染控制分离技术

本章将针对城镇降雨径流污染控制，在分析城镇将与径流河道水质净化技术基础上，结合城镇降雨径流水质特征，研究超滤分离技术用于降雨径流河道水质净化的可行性和主要影响要素，分析运行条件，优化运行参数为城镇降雨径流河道污染防治提供技术参考。

8.1 城市降雨径流水质河道净化技术分类

针对降雨径流水质净化，依据水系分布、地形地貌、地面环境状况，通常采用陆地截留净化和河道净化两种方式。对于水系欠发达、降雨径流陆域缓冲空间较大的城市区域，大多采用降雨径流陆地截留和基于低影响开发的最佳管理措施（LID-BMPs）等技术手段控制径流污染。而对于水系发达、水域面积较大、降雨径流陆域缓冲空间有限的河网地区，充分利用河道水系的缓冲作用，采取降雨径流河道净化技术控制和治理污染。城镇降雨径流河道净化的人工湿地技术是代表性的生态技术，而膜分离是代表性的物理性快滤技术。

人工湿地系统是20世纪70年代发展起来的污水处理技术，20世纪80年代起，它在河流污染治理和生态恢复中的作用逐渐受到重视，得到越来越多的应用。人工湿地净化受水流流态、水力负荷、种植植物类型和数量、温度、pH、填充介质类型、运行方式等因素的影响。根据对国外104座潜流系统和70座表流系统的运行数据统计，人工湿地可有效削减农业、公路、城镇等面源污染负荷。

降雨径流河道治理的潜流人工湿地具有占地面积小，水力负荷与污染负荷较高的优点，适宜应用于城市污染河流的治理。超滤技术相比常规的河流治理方法，具有占地面积很小、建造便捷、处理迅速、出水水质感官性状好的优点。由于超滤技术具有物理性过滤特征，属于高效、环境友好的分离净化技术。

太湖流域城镇水系发达，产业结构复杂，土地开发利用程度较高，陆域空间有限。另外，镇区地形变化不明显，地形坡度较小，难以形成明显的汇流（或径流）区，主要以非固定高度分散的方式汇入附近河道和水体。因此，针对降雨径流污染控制，难以建立有效的汇水和收集系统，控制工程的布设十分困难。由于地下水位埋深较浅（1.0~1.5m），不适于建设占地面积较大的降雨径流调节池等污染控制工程。基于此，平原河网城镇降雨径流污染控制模式主要体现在高效和充分利用水系条件，通过陆域与水系相结合、物理与生态技术相耦合的模式，实现降雨径流污染控制，降低水体污染负荷。

膜处理技术作为分离技术有四类，包括微滤（MF）、超滤（UF）、纳滤（NF）和反渗透（RO），不同孔径的膜构成自离子至粒子的完整分离谱图如图8.1所示。超滤对于去除水中的悬浮物、胶体、细菌和病原菌有效。

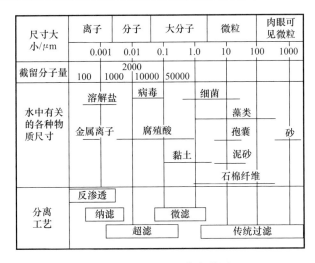

图 8.1 膜过程的分离谱图

超滤（或快滤）所具有的技术优势，成为城镇降雨径流污染治理和河道水质改善的重要考量。超滤技术能否直接用于降雨径流污染河流的治理，增升运行膜能量，减少预处理及化学清洗过程，提高产水率等，成为降雨径流污染河流水体治理的关键瓶颈问题。由此，选择超滤作为降雨径流河道净化技术开展研究，试图为污染河流的治理寻求一种快速且有效的新方法。

8.2　城镇降雨径流水质特征分析

为了确定城镇不同土地类型降雨径流污染物构成与含量变化，对古镇、商业区和工业区等主要用地类型，开展降雨径流采样与分析，主要监测指标为 TN、TP、SS、NH_3-N、PO_4-P 等。主要监测指标 TN、SS、TP 在不同土地利用功能区、不同降雨历时的变化特征如图 8.2～图 8.5 所示。

图 8.2～图 8.5 中可见，降雨初期的地面径流污染物浓度较高，是中、后期降雨径流污染物浓度的 1.0～1.5 倍；古镇区地面径流 TN 浓度高于其他区域；商业区地面降雨径流的 SS、TP 明显高于其他区。分析可能的原因是古镇区以居住生活和旅游为主区域，

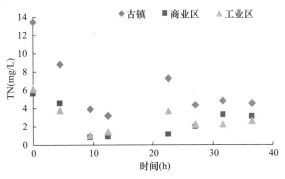

图 8.2　降雨径流 TN 浓度变化图

氮含量相对偏高。商业区则以交通和商业活动为主的区域，悬浮固体和固态磷相对偏高，如图 8.6 所示。可溶态磷占总磷含量的 6%～14%，主要以固态磷形式存在。

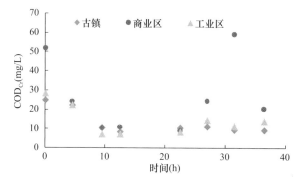

图 8.3　降雨径流 COD_{Mn} 浓度变化图

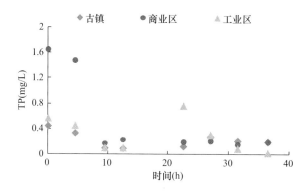

图 8.4　降雨径流 TP 浓度变化图

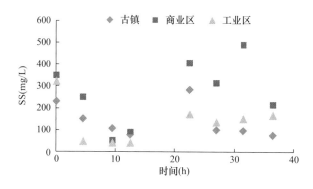

图 8.5　降雨径流 SS 浓度变化图

　　针对甪直镇降雨径流污染特征、水系分布，选择洋泾港和马公河作为研究对象，研究快滤技术与设备对于降雨径流河道水体的净化能力、工艺参数等。据对洋泾港、马公河的 TN、TP、COD_{Cr} 等指标的现场监测，监测结果见表 8.1、表 8.2。表中可以看出，河流中最主要的污染物是 TN，各次监测值均为劣 V 类水质；TP、氨氮、COD_{Cr} 也存在超标问题。基于降雨与非降雨期间水质对比表明二者具有明显变化，洋泾港在降雨期间总氮浓度升高 3.33 倍；马公河降雨期间 COD_{Cr} 浓度升高 1.49 倍。马公河的总氮含量明显低于洋泾港，表明降雨期间不同河流水质存在时空差异。

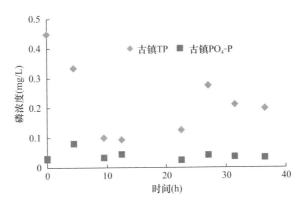

图 8.6 降雨径流不同形态磷浓度变化

现场水质监测结果汇总表　单位：mg/L　　　　　　　表 8.1

监测日期及地点		COD_{Cr}	TP	TN
2010/5/8	非降雨　洋泾港	30.74	0.37	4.81
2010/5/24	非降雨　洋泾港	52.36	0.50	5.53
2010/6/24	降雨　洋泾港	35.20	0.49	15.17
2010/6/28	降雨　洋泾港	31.90	0.41	19.36

马公河水质变化图　单位：mg/L　　　　　　　表 8.2

监测期及地点		COD_{Cr}	TP	TN	NH_3-N	浊度
非降雨	马公河	29.46	0.405	5.55	4.76	6.53
降雨	马公河	44.15	0.415	5.91	3.19	7.22

8.3　超滤系统构建与工艺流程

8.3.1　超滤技术原理

超滤技术是一种以压力差为推动力，利用膜的透过性能，达到分离水中离子、分子以及某种微粒为目的的膜分离技术，其原理如图 8.7 所示。超滤膜的孔径范围大致在 $0.005 \sim 1 \mu m$ 之间，截留分子量为 500 到 5×10^5 Dalton 左右，既可以去除水中病菌、病毒、热源、胶体、COD_{Cr} 等有害物质，又可透析对人体有益的无机盐。这种液体分离的渗透压很小，因而超滤膜的操作压力较小，一般为 $0.1 \sim 0.5$ MPa。

超滤膜对溶质分离作用机理，已有多种理论描述超滤传质的动力学过程和机理。微孔模型的机理是溶质被截留是因为溶质分子太大，不能进

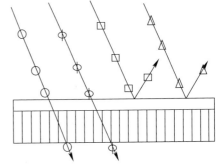

○ 水分子　⊕ 离子　□ 大分子　△ 颗粒与胶体

图 8.7　超滤膜过滤原理图

149

入膜孔；或者由于大分子溶质在膜孔中的流动阻力大于溶剂和小分子溶质，不能进入膜孔。微孔模型可以预测膜过滤通量正比于操作压力，而溶质的截留率与压力无关。但膜孔径大于溶质分子，而超滤膜仍然具有明显的截流效果，这主要是被截流的物质与膜材料的相互作用，包括范德华力、静电引力、氢键作用力等。因此超滤膜对溶质的分离过程主要有：①在膜表面及微孔内吸附；②在孔中停留而被去除；③在膜表面的机械截留。

超滤膜的特性可用三个参数表示：膜过滤通量（Jv），它是一定压力和温度下，单位膜面积在单位时间内通过的溶液量；溶质的截留率，它是某一溶质被超滤膜截留的百分数；切割分子量（Mw），它是表征超滤膜截留能力的量，一般将截留率为 $90\%\sim95\%$ 的溶质分子量定为切割分子量。

超滤膜材料已有 PVC(聚氯乙烯)、PS(聚苯乙烯)、PAN(聚丙烯腈)、PP(聚丙烯)、PE(聚乙烯)、PVDF(聚偏氟乙烯) 等十余个品种。

按构造类型可分为平板型、圆管型、螺旋卷式型、中空纤维型等，其特点见表 8.3。实际使用中，膜组件的选择，通常是基于膜材料和被处理液的性能而定。

几种膜组件比较   表 8.3

类型	平板型	圆管型	螺旋卷式型	中空纤维型
比表面积（$m^2 \cdot m^3$）	$400\sim600$	$25\sim50$	$800\sim1000$	$16000\sim30000$
流速控制	中	好	差	好
膜堵塞	易堵塞	不易堵塞	易堵塞	易堵塞
清洗	容易	较容易	较复杂	复杂
膜更换	很容易	较容易	难	难
支撑结构	复杂	较简单	简单	不需要
投资费用	高	高	低	高
运行费用	低	高	低	高

8.3.2 超滤系统工艺流程

超滤系统包括三个膜组件，膜面积共 39m²，如图 8.8 所示。运行过程为：过滤→曝

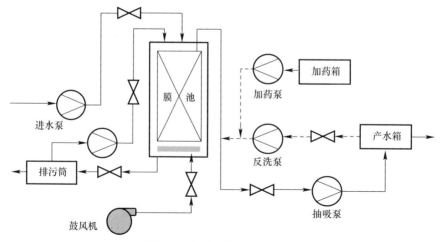

图 8.8 超滤系统工艺流程图

气→过滤→加药反洗→排放→过滤。为了解决膜污染问题，结构上进行创新性设计，采用曝气—自抖动协同的运行方式。

本系统的控制系统主要由人机界面、PLC系统两部分组成，触摸屏可进行参数修改、故障报警、系统状态信息显示等功能，PLC能够完成系统故障检测和流程控制功能。该系统可设定流量，自控系统将自动调节抽吸泵的压力，以保证流量为设定值。系统包含过滤程序和药洗程序，两套程序均可实现自动，确保膜设备正常、高效、稳定地工作，并协调进水泵、鼓风机、反冲洗系统、出水泵等外部设备配合膜设备工作。建成的超滤系统如图8.9所示。

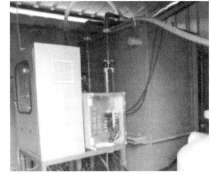

图8.9 超滤试验系统

8.3.3 超滤试验系统设备及参数

试验装置选用的膜组件为海南立升公司生产的EI型帘子膜，长1.1m，相关性能参数见表8.4。该超滤膜是一种中空纤维外压式超滤膜组件，材料为PVC。膜池规格为0.99m×0.7m×1.9m，总体积为1.3167m³。

膜组件性能参数 表8.4

项目	参数
膜材质	PVC
过滤方式	死端（外压式）
膜面积	39m²
膜孔径	0.01μm
截留分子量	50000dalton
设计通量	10～20L/(m²·h)
稳定运行压力	0.01～0.04MPa
最高过膜压差（TMP）	0.06MPa

8.4 超滤系统运行效果分析

8.4.1 运行条件及监测方法

（1）超滤系统运行设计

第一阶段：系统调试阶段。运行9d，产水压力调节运行参数与运行方式，研究超滤系统合适的运行条件。

第二阶段：最大产水量阶段。运行12d，无反洗、加药和排污程序，产水率为100%，日产水量为9m³。设定产水量为0.4m³/h，相应的膜通量为10.26L/m²·h。每个周期的过滤时间为15min，随后曝气1min。

第三阶段：常规运行阶段。运行 124d。该阶段按常规程序操作，加入反洗、加药与排污程序，产水率约为 99%，日平均产水量为 7.7m³。设定产水量为 0.39m³/h，相应的膜通量为 10L/(m²·h)。每个过滤周期过滤时间为 10min，曝气 2min，240 个过滤周期后静置 30min，排污 70s，480 个过滤周期后加药反洗 30s，静置 30min，排污 70s，此为一个完整的运行周期。

第四阶段：扩大通量试运行阶段。该阶段按常规程序操作，继续运行加入反洗、加药与排污程序，产水率约为 99%，日平均产水量为 13.92m³。设定产水量为 0.58m³/h，相应的膜通量为 15L/(m²·h)。每个过滤周期过滤时间为 8min，曝气 2min，2h 反洗 1min，每一天静置 30min 排污 3min，每两天进行一次酸洗和碱洗。

第五阶段：增大通量运行阶段。运行 20d，其目的是在超滤膜最大的承受压力下寻找其可达到的最大通量。日平均产水量为 15.78m³。设定产水量为 0.66m³/h，相应的膜通量为 17L/(m²·h)。每个过滤周期过滤时间分别为 6min 和 8min，曝气 2min，1h 反洗 1min，每 12h 静置 30min 排污 3min，每两天进行一次酸洗和碱洗。

（2）监测指标与分析方法

常规检测项目包括：COD_{Cr}、TN、TP、SS、产水压力，检测频率为每日一次；非常规检测项目包括硝氮、氨氮、溶解性 TP，后期每日一次；颗粒物的粒径分布、UV_{254}、浊度，抽测。按照《水和废水分析检测方法》（第四版）进行分析。

8.4.2 非降雨期设备运行效果分析

（1）COD_{Cr} 的去除效果分析

分别在 10L/(m²·h) 和 30L/(m²·h) 两种通量条件下，开展了设备运行效果分析。进出水 COD_{Cr} 的浓度变化如图 8.10 所示。

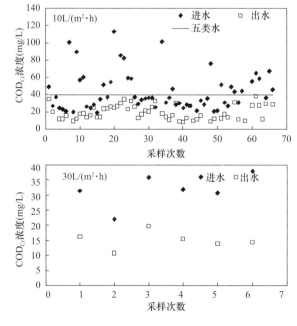

图 8.10 不同通量下 COD_{Cr} 进出水浓度

在通量 10L/(m² · h) 情况下，进水的 COD$_{Cr}$ 在 13.31～88.94mg/L 之间，平均浓度为 41.37mg/L，为劣 V 类水的次数占 38%。出水 COD$_{Cr}$ 的平均浓度为 21.71mg/L，超滤系统对河道水中 COD$_{Cr}$ 的平均去除率为 47.52%。在高通量 30L/(m² · h) 情况下，进水 COD$_{Cr}$ 平均浓度为 31.56mg/L，经超滤设备出水平均浓度为 14.78mg/L，平均去除率为 53.1%。比较不同通量下的出水水质发现，超滤膜在高通量下运行时去除率较好。

（2）TN、TP 的去除效果

进出水 TN 浓度的变化如图 8.11 所示。结果表明，进水、出水 TN 的浓度差别不大，基本保持相同的变化趋势。在通量 10L/(m² · h) 情况下，进水的 TN 浓度在 2.42mg/L～28.77mg/L 之间，平均为 12.98mg/L。出水的 TN 在 2.4mg/L～32.68mg/L，平均为 12.32mg/L。超滤系统对 TN 的平均去除率仅为 5.1%，去除效果较差。在通量 30L/(m² · h) 情况下，进水总氮均值为 4.2mg/L，出水均值为 3.55mg/L，平均去除率为 15.48%。较低通量下去除率提高。

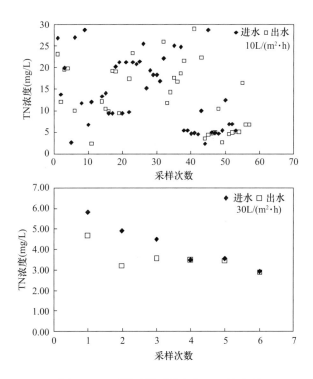

图 8.11　不同通量下进出水 TN 的浓度

TP 的浓度变化如图 8.12 所示。结果表明，在通量 10L/(m² · h) 情况下，进水的 TP 浓度在 0.19mg/L 到 0.94mg/L 之间，平均浓度为 0.44mg/L，劣 V 类水质的次数占 51.7%。出水 TP 的浓度在 0.101mg/L 到 0.93mg/L 之间，平均浓度为 0.36mg/L。超滤系统对 TP 的平均去除率为 18%。在通量 30L/(m² · h) 情况下，进水 TP 平均浓度为 0.73mg/L，出水 TP 平均浓度为 0.56mg/L，超滤系统对 TP 的平均去除率为 23%，可以看出高通量下，去除率较高。

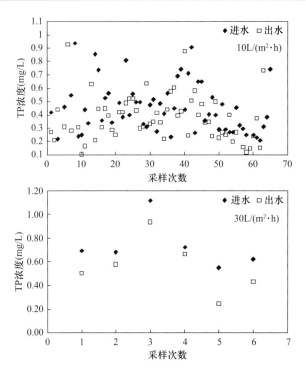

图 8.12　不同通量下进出水 TP 的浓度

(3) SS 和浊度的去除效果

在通量 10L/(m² · h) 情况下,SS 的浓度变化如图 8.13 所示。结果表明,在通量 10L/(m² · h) 情况下,进水中的 SS 波动较大,浓度在 2mg/L 到 35mg/L 之间,平均为 15.8mg/L。出水中的 SS 含量与进水有一定的相关,但均小于 20mg/L,平均仅 2.9mg/L,去除率高达 81.6%。

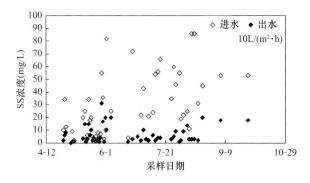

图 8.13　进出水 SS、浊度的浓度

为了评价超滤系统进出水的感观性状,有进一步测定了超滤系统进、出水的浊度,结果如图 8.14 所示。浊度进水均值为 6.89NTU,出水浊度均值为 0.33NTU,超滤对浊度的去除率分别为 95.23%,出水浊度均值为 0.33NTU,表明超滤系统对浊度具有良好的去除效果。

对系统进、出水的 COD_{Cr}、TN、TP、SS 的浓度进行了连续监测,并抽测了 UV_{254} 与浊度的去除率，见表 8.5。可见，超滤系统对 COD_{Cr}、SS、UV_{254} 与浊度的去除率很好，但对 TN、TP 的去除率较差。

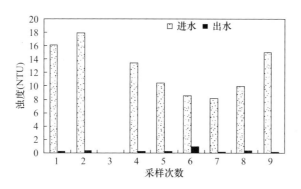

图 8.14 进、出水浊度变化

超滤系统对各污染物的总去除率　　　　表 8.5

项目	COD_{Cr}(mg/L)	TN(mg/L)	TP(mg/L)	SS(mg/L)	UV_{254}	浊度（NTU）
平均进水浓度	41.37	13.92	0.44	15.8	0.054	9.27
平均出水浓度	21.71	13.89	0.43	2.9	0.015	0.17
平均去除率（%）	47.52	0.4	2.3	81.6	72.2	98.2

8.4.3 降雨期设备运行效果分析

为了说明超滤设备在降雨期的运行效果，对降雨期与非降雨期超滤设备 COD_{Cr}、TN、TP、SS 的进、出水浓度变化进行了分析，评价降雨期河道径流污染控制效果。

降雨与非降雨 COD_{Cr} 进水、出水浓度变化分别如图 8.15 和图 8.16 所示。结果表明，降雨期间进水 COD_{Cr} 浓度在 36mg/L 左右波动，降雨期污染物浓度升高 12.5%。经超滤系统，降雨出水 COD_{Cr} 平均值在 14.48mg/L 左右，非降雨出水 COD_{Cr} 平均值在 12.54mg/L 左右，平均去除率分别达到 59.78%、60.8%，表明超滤设备对降雨径中 COD_{Cr} 的去除效果比较明显。

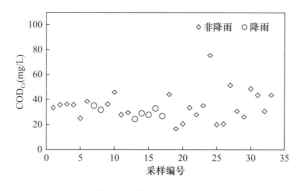

图 8.15 降雨与非降雨 COD_{Cr} 进水浓度变化

降雨与非降雨 TN 进水、出水浓度变化分别如图 8.17 和图 8.18 所示。结果表明，降雨期总氮浓度升高 53.1%，非降雨期去除率仅为 7%；降雨期间总氮的进水浓度均值为 21.28mg/L，出水浓度均值为 15.17mg/L，超滤设备对总氮的去除率为 28.4%，高于非降雨期，表明超滤设备对降雨径流中的总氮具有去除效果。

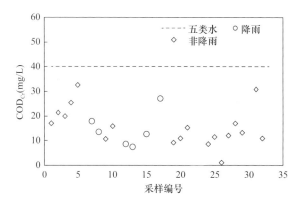

图 8.16 降雨与非降雨 COD$_{Cr}$出水浓度变化

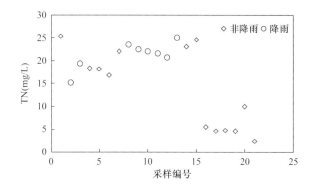

图 8.17 降雨与非降雨 TN 进水浓度变化

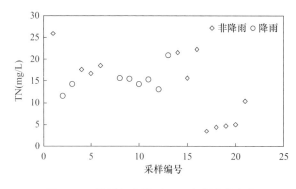

图 8.18 降雨与非降雨 TN 出水浓度变化

降雨与非降雨 TP 进水、出水浓度变化分别如图 8.19 和图 8.20 所示。结果表明，降雨与非降雨期间总磷浓度变化比较大。降雨期间由于地表冲刷，水体中总磷的浓度为 0.67mg/L，升高 55.1%，降雨后总磷的浓度降低，平均为 0.47mg/L，比降雨前有所升高。去除率分别为 29.85% 和 4.65%，降雨期间超滤对总磷的去除率明显高于非降雨期间。

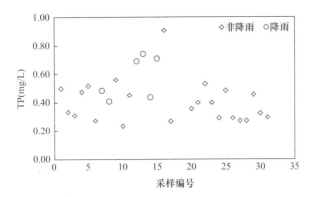

图 8.19　降雨与非降雨 TP 进水浓度变化

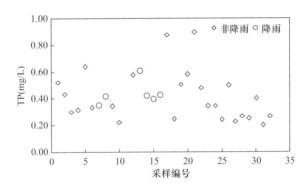

图 8.20　降雨与非降雨 TP 出水浓度变化

降雨与非降雨 SS 进水、出水浓度变化分别如图 8.21、图 8.22 所示。降雨期间 SS 浓度升高，平均值为 46mg/L，超滤出水 SS 平均浓度为 3mg/L，超滤系统处理前后 SS 平均浓度由 39.16mg/L 将至 5.18mg/L，去除率达 86.78%。

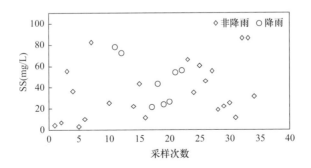

图 8.21　降雨与非降雨 SS 进水浓度变化

利用对超滤系统进、出水的 COD_{Cr}、TN、TP、SS 的浓度的连续监测数据，计算得到各污染物的总去除率，见表 8.6。可见，超滤系统对 COD_{Cr}、SS 去除率较高，但对 TN、TP 的去除率相对较低。

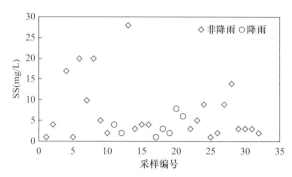

图 8.22　降雨与非降雨 SS 出水浓度变化

超滤系统对各污染物的总去除率　　　　　　　　　　　　表 8.6

项目	$COD_{Cr}(mg/L)$	$TN(mg/L)$	$TP(mg/L)$	$SS(mg/L)$
平均进水浓度	36.00	20.97	0.67	46.0
平均出水浓度	15.13	13.11	0.47	3.0
平均去除率（％）	46.8	20.00	29.85	86.78

8.5　超滤系统影响因素分析

8.5.1　进水水质与污染物存在形态因素分析

（1）溶解性污染物对去除效果的影响

由于超滤去除污染的原理主要是物理性分离，因此其对不溶性物质的去除十分有效，这从超滤对 SS 有极高的去除率便可以看出。构成 COD_{Cr} 与 TP 的污染物中均有大部分物质不溶于水，从超滤分离原理上看，超滤系统应该可以有效地去除这部分不溶性物质。

据对进、出水中溶解性 COD_{Cr} 的浓度进行了监测，如图 8.23 所示。结果表明，溶解性 COD_{Cr} 占总 COD_{Cr} 的比例从 35.5％ 到 81.3％ 不等，平均为 77.47％。超滤系统对非溶解性 COD_{Cr} 平均去除率为 77％，而对溶解性 COD_{Cr} 的平均去除率为 26.7％，出水中溶解性 COD_{Cr} 占总 COD_{Cr} 的 86.7％。

可见，溶解性对 COD_{Cr} 的去除影响很大，超滤系统主要去除的是水中不可溶态的 COD_{Cr}。

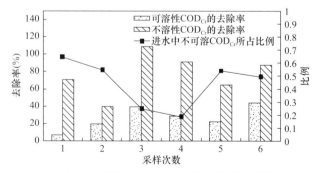

图 8.23　溶解性 COD_{Cr} 对去除效果的影响图

这是因为超滤过程主要是以膜面的机械截留为主，较膜孔径大的物质被截留的膜表面而被去除。溶解态有机物分子量较低，大孔径超滤膜无法截留这些低分子量有机物。

（2）磷形态对去除效果的影响

对进、出水中可溶性 TP 的浓度进行了监测，如图 8.24 所示。结果表明，进水中溶解性 TP 所占的比例在 29.8% 到 80.3% 之间，平均为 56.3%，占进水 TP 的 50% 以上。不溶性 TP 的去除率可以达到 82.8%，去除效果十分显著。

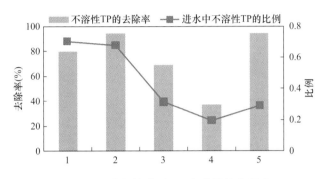

图 8.24 溶解性磷对 TP 去除效果的影响

（3）氮的存在形态对去除效果的影响

水中的 TN 以多种形态存在，包括硝氮、氨氮、亚硝氮等，为了分析氮的不同存在形态对其去除率是否有影响，测定了进出水及膜箱内的硝氮、氨氮的浓度。进水中各种形态的氮的浓度如图 8.25 所示。结果表明，进水中硝态氮所占比例很小，平均仅为 2.8%，氨氮占进水 TN 的 23.7%，其他形态的氮占了进水 TN 的大多数，包括亚硝态氮或有机氮。

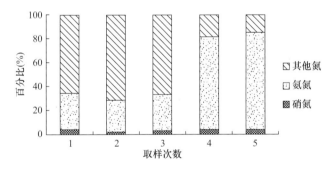

图 8.25 进水中不同形态氮浓度分布图

图 8.26、图 8.27 分别显示了硝氮和氨氮在进水、出水及膜箱内占 TN 的比例。可以

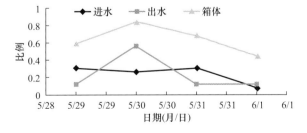

图 8.26 进水、出水及膜箱内氨氮占总氮比例随时间变化图

看出，出水中氨氮所占的比例明显降低，表明相比其他形态的氮，超滤对氨氮的去除效果较为明显。

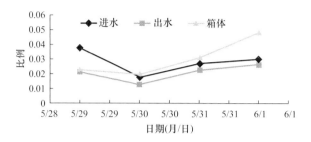

图 8.27 进水、出水及膜箱内硝氮占总氮比例随时间变化图

（4）颗粒物尺寸对去除效果的影响

超滤系统对颗粒物的去除效果显著，为了进一步探讨超滤系统去除的颗粒物类型，对超滤系统进水及出水进行了粒径分析，结果如图 8.28～图 8.30 所示。

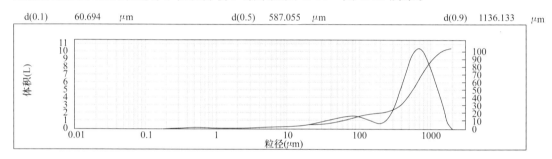

图 8.28 河水粒径分析图

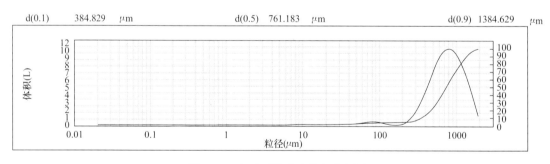

图 8.29 超滤系统进水粒径分析图

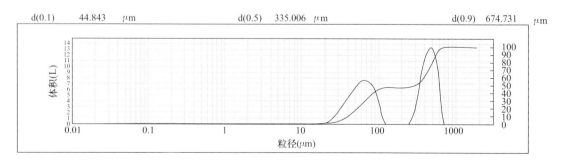

图 8.30 超滤系统出水粒径分析图

结果表明，超滤系统进水的粒径分布存在两个峰，分别在 $100\mu m$ 左右和 $800\mu m$ 左右。而超滤出水的粒径布图虽然也存在两个峰，但都往小粒径的方向移动，分别在 $50\mu m$ 左右和 $500\mu m$ 左右。

理论上超滤膜截留的不溶性物质包括无机悬浮物质和不溶性有机物质。针对研究河道水质，超滤膜截留的不溶态物质包括一部分大粒径无机悬浮物。据对水体进行粒径分析，揭示超滤膜截留粒径与进出水粒径变化状态，结果如图 8.31 所示。

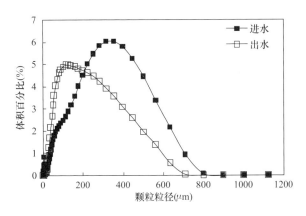

图 8.31 超滤膜进出水粒径分析

超滤膜因其膜结构的特性，可截留不同粒径的悬浮粒子，对大于 $20\mu m$ 的颗粒物占 97.25%，总去除率达 81.1%。对粒径为 $100\sim500\mu m$ 的颗粒物，去除率为 87.33%。超滤系统对粒径大于 $500\mu m$ 的颗粒物，去除率达到 91.2%。可见，颗粒越大，截留率越高。

过膜前后粒径峰值发生变化。试验进水粒径峰值在 $400\mu m$，过膜后出水粒径峰值在 $100\mu m$，证明水体中含有大分子胶体物质，超滤膜对其具有截留作用。

过膜后粒子粒径远远大于膜孔径 $0.1\mu m$，可能是小分子物质过膜后发生了团聚现象，生成大分子胶体物质，使出水粒径变大。所以进一步应用粒径分析仪对膜出水进行纳米级分析，结果如图 8.32 所示。图中可见出水粒径中峰值在 $750nm$，即 $0.75\mu m$ 左右，说明出水中存在小分子物质，而出水中峰值 $100\mu m$ 左右的粒子是小分子物质团聚而成。

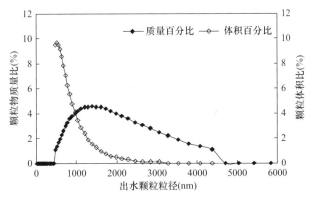

图 8.32 出水颗粒粒径分布图

分析认为，纳米尺度胶体粒子比表面积大，其表面能也相当大，体系处于不稳定的热力学状态，其自身呈电中性。但在系统运行过程中曝气的冲击、摩擦下，表面积累积了大量的正电荷或负电荷。由于纳米颗粒形状极不规则，导致表面电荷在颗粒凸起处聚集，使粒子在凸起处带有正电或负电，发生相互吸引或排斥。当颗粒间互吸引力增大到克服布朗力时，且相互吸引的纳米胶体距离很近，胶体发生团聚，相互吸引力越大，团聚在一起的胶体越多，团聚粒径越大，有利于超滤净化。相关机制有待进一步研究分析。

8.5.2 运行条件影响分析

实验过程中由于运行条件的变化，共分为五个阶段。为了研究不同运行条件对污染物去除率的影响，分别计算非降雨期五个阶段内超滤系统对各污染物的去除率，结果见表8.7。

不同运行条件下各污染物的去除率　　　　　　　　表 8.7

去除率（%）	CODCr	TN	TP	SS
第一阶段	47.56	5.85	−46.22	81.13
第二阶段	48.19	−6.29	4.79	78.15
第三阶段	43.67	13.46	13.14	73.03
第四阶段	48.00	1.00	47.8	/
第五阶段	7.00	−14.00	13.33	/

表8.5中可见，五个运行阶段中，前四个阶段COD_{Cr}与SS的去除效果差别不大，而TN、TP在不同阶段的去除率变化非常大。

系统对TP的去除率达到13.1%，与第二阶段相比上升了20%左右。TP在第四阶段去除率较高，此时装置条件为过滤伴曝气，且排污时间缩短，利于箱体内颗粒态物质的去除。TN在第三阶段的去除率达到13.46%，超滤系统对TN有了一定的去除效果。系统运行过程中，运行压力随时间变化如图8.33所示。

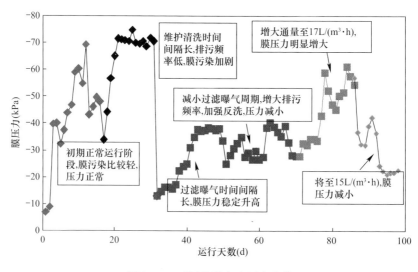

图 8.33　不同阶段产水压力变化

（1）初期运行阶段（过滤周期8min），产水压力一直保持较稳定，且小于0.01MPa。

表明由于总过滤时间不是很长，附着于膜上的污染物还比较松散，曝气抖动即可使之脱落，恢复之前的产水压力。之后，产水压力开始快速增长，说明单纯领先曝气抖动膜丝已无法消除膜污染问题。

（2）过滤时间间隔较长，产水压力有所升高。为了降低产水压力，该阶段过滤时间缩短为 10min，产水压力有所下降，但随后又开始上升并突破了 0.03MPa。膜压力缓慢增高，膜污染增大，期间工况运行参数没有改变，过滤时间长，排污和反洗频率低，化学维护性清洗不彻底，因此随运行时间增长污染加剧。

（3）通量提高到 15L/（m^3·h），膜压力稳定增大。通过提高反洗和排污频率（1h 反洗 2min），降低膜压力，保持设备运行趋于稳定状态，在 -28kPa 左右，对 COD_{Cr}、TP 有比较高的去除效果。当通量增大至 17L/（m^3·h），工况设定为 1h 反洗 2min，每 12h 静置 30min 排污 3min，膜压力显著增高，达到最大设计压力 -60kPa，去除率明显降低。

由产水压力的变化可以看出，超滤的膜污染问题依然是超滤应用于需要面对的重要问题。仅靠曝气抖动，取消排污和加药反洗无法长期有效的解决膜污染的问题，产水压力会越来越高，最终只能停止系统运行。实际操作证明定期排污和加药反洗可以基本解决膜严重污染的问题，增大排污频率和反洗频率，缩短过滤时间，可以减轻膜污染问题。

采用不同药剂进行维护性清洗效果见表 8.8。

不同药剂进行维护性清洗效果　　　　　　　　　　　　　　表 8.8

清洗药剂种类	清洗前压力（kPa）	清洗后压力（kPa）	压力恢复（kPa）
NaClO（500ppm）	-21	-20	1
	-17	-13	4
草酸（0.5%）	-13	-11	2
	-20	-17	3
柠檬酸（1%）	-33	-29	4
NaClO（500ppm）+NaOH（0.2%）	-33	-24	9

通过手动维护性清洗效果对比，采用 NaClO（500ppm）+NaOH（0.2%）混合维护性清洗效果最好，压力恢复状况较好。可以看出膜污染主要是有机悬浮物附着在膜表面造成。

采用维护性酸洗（草酸和柠檬酸）对膜压力恢复有一定效果，实际运行中可以作为辅助维护性清洗方式。

9 城镇固体废物协同资源化技术与工艺研究

针对典型河网地区城镇固体废物的类型、产量、污染特性及资源化潜力，以循环经济理念为指导，以废物高效利用为目标，建立河网城镇固体废弃物协同资源化技术体系，充分发挥不同类型固体废物、固体废物处理与污水处理、环境保护与经济发展之间的衔接互补作用，将多种废物统筹控制，协同处理，通过"以废治废"，实现城镇固体废物最大限度的资源化，为河网地区固体废物控制和循环经济建设提供最佳可行技术和最佳环境实践。

9.1 城镇固体废物协同资源化的物质流模式

河网地区城镇作为我国城市快速发展重要区域的重要构成要素，已超越传统的城镇概念，其发展在区域城市化进程中具有明显的代表性。人口密集、产业发达的中小城镇是河网地区重要的构成单元。与大中城市相比，城镇数量众多但规模较小，环保基础设施与环境监管能力相对不足。因产生规模、技术水平、基础条件、环保意识、管理体制等方面的限制，城镇固体废弃物处理方式单一，减量化、无害化、资源化水平较低，二次污染严重，对城镇容貌形象的影响大，对水环境的污染负荷贡献不容忽视，是河网地区城镇水环境的重要污染源。以城镇固体废弃物协同资源化为核心的循环经济模式如图9.1所示。

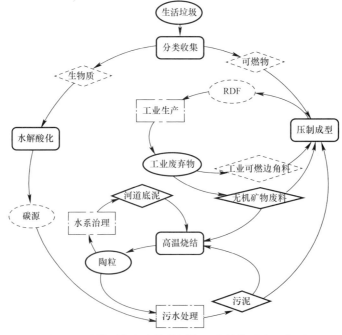

图 9.1 城镇固体废弃物协同资源化的物质流网络图

该循环模式又包括三个相互关联的子循环：利用污水处理厂污泥和河道底泥等固体废弃物高温烧结制备陶粒、利用垃圾可燃物和工业固体废物生产 RDF 燃料、利用生活垃圾的生物质水解供碳。

高温烧结制备陶粒的用途主要有两类：其一，将其制为人工水处理滤料，返回至污水处理厂使用以及用于河道水环境整治，比其他商业滤料成本低，还降低了运输过程中产生的附加费用；其二，污泥陶粒具有轻质、高强、导热系数低、吸水率小等特点。以陶粒为原料制成的轻骨料混凝土空心砌块、梁、板等已成为我国发展新型墙体材料，代替实心黏土砖的主导产品。将其建材化使用，市场前景较好。

RDF 燃料的制备主要是利用垃圾可燃物和工业固体废物生产 RDF，研究原料配比及压制成型工艺及设备，用作工业生产中的替代燃料，实现废物处理与工业生产的有机结合，RDF 可在电厂锅炉及其他燃煤锅炉、水泥窑等作为燃料使用。

生物质水解供碳主要是将城市有机垃圾经过破碎—厌氧水解酸化处理之后转化为高浓度、可生化性优良的优质碳源，以取代甲醇、乙醇等外加碳源，或用于提高与改善城市污水处理厂低营养污水的可生化性，促进污水处理厂运行稳定性及有效降低污水处理成本，同时也使城市有机垃圾资源化。

9.2 固体废物高温烧结制备陶粒技术

9.2.1 陶粒制备技术试验方案

(1) 试验原料的产生和基本特性

试验所用的污泥采自苏州市甪直污水处理厂。甪直污水处理厂始建于 1991 年，主要处理工业企业排放的废水，生活污水约占总污水量的 20%，工业废水中又以印染废水为主。一期处理能力为 6000m³/d，主导工艺为活性污泥法，后经过改造为 A-A-O 工艺。1999 年该污水处理厂将处理能力扩建至 20000m³/d（扩建了 14000m³/d），二期主导工艺为水解酸化-好氧活性污泥法，到 2001 年底达到满负荷运行，2002 年甪直污水处理厂在此基础上又扩建了 20000m³/d，称为三期工程，三期的主导工艺为 A-A²O 工艺（水解-A²O工艺）。现该厂总处理能力为 40000m³/d。

甪直污水处理厂处理能力及工艺　　　　　　　　表 9.1

项目	处理能力（m³/d）	处理工艺	投运年份
一期	6000	A-A-O	1991
二期	14000	水解酸化-好氧活性污泥法	1999
三期	20000	水解-A²O	2002

甪直污水处理厂的处理能力及工艺见表 9.1，甪直污水处理厂脱水污泥产生量约 100t/d，含水率约 80%，干基高位热值约 10MJ/kg，挥发性固体含量（VS）约 38%。污泥主要来自二沉池和生物处理构筑物，污泥未经消化，直接进入脱水机房，通过带式压滤机脱水。还含有病原微生物、有机污染物及铬、锌、铜等重金属。

2008 年 10 月对甪直镇污水处理厂污泥进行采样分析，污泥的含水率、热值以及挥发分见表 9.2。从表中可以看出，污泥中挥发分仅有 40％左右，干基高位热值仅有 10MJ/kg，约合 2400kcal/kg，低于一般生活污水污泥的 3600kcal/kg，这一特点影响了对其资源化利用途径的选择。

污水处理厂污泥基本特性分析数据 表 9.2

来源	采样	含水率（％）	干基高位热值（MJ/kg）	VS（％）
甪直污水处理厂	1	80.63％	10.3	41.57％
	2	80.87％	9.9	36.11％

甪直镇共有 180 多条河道贯穿其中，总长度 170 多 km。2003 年～2008 年期间，当地政府完成镇级河道疏浚 12 条共 15.9km，清理出底泥 31.25 万 m³。甪直镇河道的疏浚底泥量大，但这些底泥并没有得到适当的处理。

对不同河道底泥取样分析，测得其中热值、挥发分、氮和磷结果见表 9.3。由表可知，底泥中挥发分（VS）较高，且具有一定热值，而且不同河段的底泥性质差别较大。从分布来看，核心区底泥的 VS 和热值普遍高于外围区。底泥中的氮磷物质含量也较高，严重影响河道生态环境。

河道底泥热值与挥发性有机物 表 9.3

位置	水深	干基高位热值（kJ/kg）	VS（％）	总氮（g/kg）	总磷（mg/kg）
永宁桥	1.5m	371.45	24.83	8.11	58.22
进利桥	<1.0m	777.30	11.07	8.1	58.14
正元桥	1.5m	522.95	32.44	10.81	77.5
环玉桥	1.5m	2062.50	12.43	9.42	67.58
环玉桥下游 20m	2.0m	1908.55	10.18	4.48	32.28
和丰桥上游 15m	1.8m	1875.15	14.71	10.87	77.96
寿仁桥下游闸门处	1.5m	1218.00	10.00	8.18	58.76

（2）试验原料构成

利用甪直镇污水处理厂污泥、河道底泥和热电厂粉煤灰为原料研究高温烧结制备陶粒技术。污泥含水率约 80％，干基高位热值约 10MJ/kg，挥发性固体含量（VS）约 38％。以上三种原料的元素成分采用 X 射线荧光光谱仪（XRF）进行检测，其成分以氧化物的形式列于表 9.4。

试验选用原料元素组成含量表 表 9.4

组成	SiO_2	Al_2O_3	Fe_2O_3	CaO	MgO	Na_2O	K_2O	P_2O_5
脱水污泥（％）	21.036	18.634	3.638	22.306	3.422	2.523	0.900	14.488
河道底泥（％）	65.566	17.450	6.477	1.560	1.915	0.809	3.198	0.416
粉煤灰（％）	48.938	29.535	5.003	5.797	0.752	0.511	1.317	0.587

由表 9.4 可以看出，污泥无机成分中钙和磷量比较高，而 SiO_2 和 Al_2O_3 含量较低，而这两种成分又是陶粒形成强度和结构的主要物质基础。在已有利用污泥烧结陶粒研究，基

于污泥元素组成特点，通过加入大量添加剂，提高硅质和铝质的含量。本研究利用当地河道清淤过程中产生的大量底泥，以及燃煤电厂所产生的粉煤灰来调节陶粒原料中无机成分。由表可以看出底泥和粉煤灰分别含有丰富的 SiO_2 和 Al_2O_3，通过调节底泥和粉煤灰的量，就可以避免添加大量硅质和铝质调节剂，从而达到废物协同资源化的目的。

采用全量消解方法（ASTM D6357-00a）以及使用等离子体发射光谱（ICP-AES，Thermo Electron，Co Ltd，PRODIGY 型）对甪直不同污水处理厂的污泥（干重计）、不同河段的河道底泥的重金属含量进行分析检测，结果见表 9.5 和表 9.6。

甪直污水处理厂污泥重金属含量（mg/kg）　　　　　　　　　表 9.5

来源	采样	As	Cd	Cr	Cu	Ni	Pb	Zn
甪直老厂	1	84.1	3.4	442.5	394.3	161.0	90.8	1212.7
	2	110.6	4.7	436.4	488.9	183.5	119.4	1341.3

河道底泥重金属含量（mg/kg）　　　　　　　　　　　　　表 9.6

采样点	As	Cd	Cr	Cu	Ni	Pb	Zn
永宁桥	33.0	4.6	90.2	102.6	69.5	60.7	872.4
进利桥	37.0	4.8	153.2	105.7	71.8	73.1	439.5
正元桥	23.4	3.4	65.2	74.7	55.5	49.0	325.3
环玉桥	27.8	2.8	80.8	98.0	52.5	62.6	299.8
环玉桥下游 20m	31.1	2.8	80.2	94.9	51.4	78.6	287.5
和丰桥上游 15m	32.0	2.6	48.5	50.3	38.3	192.4	289.8
寿仁桥下游闸门处	28.0	3.7	74.3	66.8	71.8	158.3	350.9

甪直污水处理厂以处理印染废水为主，污泥中 Cr、Cu、Zn、Ni 等重金属含量较高；底泥中 Cr、Cu、Zn、Ni 等重金属含量也较高，而粉煤灰的重金属含量较低。

由于甪直镇企业较多，产品生产调整幅度大，污水性质变化显著，在开展实验室研究时对三种样品进行了重新取样，并对实验中所用物料的重金属含量进行了分析，结果见表 9.7。可以看出，SS 的 Cr、Cu、Ni、Zn 含量均很高，其中 Cr、Cu、Ni 的含量均超过了《农用污泥中污染物控制标准》中的限值，而且从污泥组分分析中可知，该种污泥的挥发性固体含量（VS）仅约为 38%，CaO 含量高达 22% 以上，所以不适合进行农用。RS 和 FS 重金属含量，除了底泥中的 Cu 和 Zn 外，其他均不是很高。

室内试验各物料的重金属含量（mg/kg）　　　　　　　　　表 9.7

废物类型	Cd	Cr	Cu	Ni	Pb	Zn
SS	6.5	1527.6	918.0	1723.0	29.6	731.6
RS	17.9	82.6	405.3	47.6	18.2	1048.2
RS	27.4	157.5	102.9	168.8	42.7	152.2

（3）陶粒烧结配方

为了充分发挥"以废治废"的资源化利用理念，本研究确定烧结配方如下：河道底泥 40%～60%、脱水污泥 30%～50%、粉煤灰 10%～30%。作为一个典型的混料问题，试验方案采用三分量—四阶的单纯型—格子布点混料试验设计，如图 9.2 所示。以 X_1、X_2、

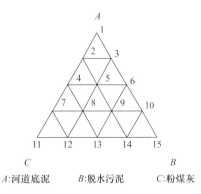

X_3 分别代表河道底泥、脱水污泥、粉煤灰。等边三角形三个顶点 A、B、C 三点代表的物料配比为：A（60%，30%，10%）；B（40%，50%，10%）；C（40%，30%，30%）。

等边三角形 ABC 中的点满足：$0.4 \leqslant X1 \leqslant 0.6$；$0.3 \leqslant X_2 \leqslant 0.5$；$0.1 \leqslant X3 \leqslant 0.3$；$X_1 + X_2 + X_3 = 1$。在三角形 ABC 内进行试验布点设计，各试验点的物料配比见表 9.8，为了便于下文分析比较，表中也列出了各配比对应的硅质、铝质含量以及两者之和。

A:河道底泥   B:脱水污泥   C:粉煤灰

图 9.2 配方试验设计布点示意图

各配方试验点物料配比   表 9.8

编号	X_1	X_2	X_3	SiO_2	Al_2O_3	$SiO_2 + Al_2O_3$
	河道底泥	脱水污泥	粉煤灰			
1	60%	30%	10%	50.5	19.0	69.6
2	55%	3010%	15%	49.7	19.6	69.3
3	55%	35%	10%	48.3	19.6	67.9
4	50%	30%	20%	48.9	20.2	69.1
5	50%	35%	15%	47.5	19.7	67.2
6	50%	40%	10%	46.1	19.1	65.2
7	45%	30%	25%	48.1	20.8	68.9
8	45%	35%	20%	46.7	20.3	66.9
9	45%	40%	15%	45.3	19.7	65.0
10	45%	45%	10%	43.9	19.2	63.1
11	40%	30%	30%	47.2	21.4	68.6
12	40%	35%	25%	45.8	20.9	66.7
13	40%	40%	20%	44.4	20.3	64.8
14	40%	45%	15%	43.0	19.8	62.8
15	40%	50%	10%	41.6	19.3	60.9

（4）试验设计及烧结工艺

陶粒高温烧结工艺研究试验分为四个部分：①原料配方对陶粒性能的影响及分析，并探索干化污泥烧结的最佳工艺配方；②烧结工艺条件对陶粒性能的影响及分析，包括预热温度、预热时间、烧结温度、烧结时间等，得出干化污泥烧结最佳工艺参数；③含水率对陶粒性能的影响；④烧结产品性能检测分析试验。

将底泥、脱水污泥和粉煤灰放入 105℃ 烘箱中烘干后，分别放入粉碎机粉碎至一定细度，并按一定比例混匀，其中污泥以干重计。混好的物料经粉末压片机成型，成型压力 8.0MPa，得到直径 2cm，高约 1.5cm 左右的圆柱形坯体。然后将该坯料放入管式电阻炉中烧结，按一定升温程序进行烧结，待烧结体冷却后将其从炉膛取出，升温程序如图 9.3 所示，升温速率为 9℃/min。

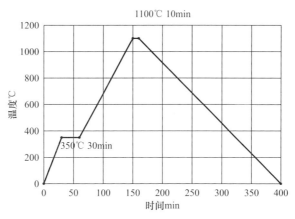

图 9.3 烧结过程的升温曲线图

9.2.2 陶粒烧结配方研究

根据现有陶粒烧结研究，确定烧结工艺为：350℃预热 30min→1100℃焙烧 10min→自然冷却，按照等边三角形 ABC 中的点满足：$0.4 \leqslant X_1 \leqslant 0.6$；$0.3 \leqslant X_2 \leqslant 0.5$；$0.1 \leqslant X_3 \leqslant 0.3$；$X_1 + X_2 + X_3 = 1$。在三角形 ABC 内进行试验布点设计，各试验点的物料配比见表 9.8 所示。为了便于下文分析比较，表中也列出了各配比对应的硅质、铝质含量以及两者之和。（根据配方烧结得到的陶粒产品性能如图 9.4 所示，测试分析陶粒产品的比表面积、抗压强度、吸水率和表观密度。）

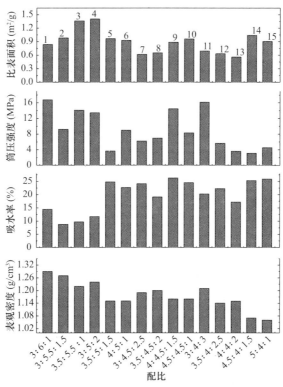

图 9.4 不同配方烧结陶粒的主要性能

169

（1）配方对比表面积的影响

对于水处理滤料而言，比表面积是评价其性能的重要常规指标之一，比表面积越大越有利于微生物的附着，提高滤料吸附截留效果。由图 9.4 可以看出，3、4 号样品的比表面积较大，达到 $1.2m^2/g$ 以上，远高于的行业标准（$\geqslant 0.5m^2/g$），其他配方的陶粒比表面积也都满足行业标准。当前的研究表明，在一定范围内增加污泥的含量可以提高陶粒的比表面积，不过相关研究中所用的污泥含量仅有 15%。在本研究中，污泥的含量提高到了30%～50%，这说明底泥和粉煤灰能够弥补污泥在烧结陶粒成分上的缺陷。

从图中可以看到，样品 1～3 号、7～10 号和 13～14 号随着污泥含量的提高，陶粒的比表面积也随之提高，这可能是因为污泥中丰富的有机物在烧结升温过程中由于挥发分解使陶粒内部形成大量多孔结构，从而提高陶粒的比表面积。而样品 4～6 号、11～13 号和14～15 号随着污泥含量的提高，陶粒的比表面积反而有所下降，这可能是由于污泥含量的提高增加了坯料中助熔剂的量，提高了液相的流动性，导致小孔合并成大孔，从而减小了单位体积内陶粒的比表面积，也有可能是污泥大量存在的 CaO 在烧结过程中。

而且对比抗压强度可以发现，当污泥含量大于 45% 时虽然陶粒比表面积提高了，但是过度丰富的孔隙结构极大地降低了陶粒的强度。

（2）配方对抗压强度的影响

抗压强度是考察陶粒建材利用的必要指标，GB/T 17431.1—1998 中 700 级陶粒的筒压强度优等品要求为 4.0MPa，合格品要求为 3.0MPa。本文采用陶粒的抗压强度代替筒压强度，用以表征陶粒强度性能。经验表明，轻集料的抗压强度约为其筒压强度的 75% 左右，即抗压强度达到 5.3MPa 的陶粒其筒压强度满足优等品的要求。

由结果可见，抗压强度与配方之间的规律，不过通过配方的调整可以使污泥添加量在30% 以上时仍可以制备抗压强度达 16MPa 以上的高强度陶粒。之前的研究指出，如要生产高强度陶粒，污泥掺加量不宜超过 5%。国外的相关研究发现在黏土烧结制砖过程中，如果加入 0～15% 污泥，随着污泥含量增加会降低陶粒强度，提高陶粒吸水率。

Ing-Jia Chiou 等研究了污泥和污泥灰混合后制取陶粒的配比建议，污泥掺加量不能超过 20%。但从图 9.4 中可以发现，即使污泥含量高达 40%，通过配方的调整所生产出来的陶粒也可达到高强度陶粒的标准，这说明底泥和粉煤灰的加入可以在很大程度上弥补了污泥烧结陶粒时组分上的缺陷，充分发挥了几种废物在烧结过程中的协同作用。

（3）配方对吸水率的影响

用于建筑骨料的陶粒，其品质与吸水率有重要关系，它会影响陶粒的抗压强度和体积密度。当水被吸进烧结体后，陶粒会产生一定的膨胀，容易使陶粒因膨胀而龟裂，导致软化系数提高，从而降低抗压强度。

试验结果显示的吸水率变化并没有明显的规律，但底泥含量达到 55% 以上时，陶粒吸水率指标均满足《轻集料及其试验方法》中 600～900 级高强粉煤灰陶粒所要求的小于15% 的要求，其他配比得到的陶粒吸水率指标均不理想。虽然结合抗压强度指标可以推断陶粒在烧结时已经形成一定的液相，但是可能是由于污泥中大量的有机质和钙提高了陶粒的开孔率，导致陶粒吸水率偏高。

但是用于水处理滤料的陶粒对吸水率并没有要求，相反，吸水率较高说明陶粒结构中有大量相互连通的孔道，这对于用在生物滤池中的陶粒滤料是有利的，相互连通的内部空间更有利于微生物的生长以及营养物质的传递。

（4）配方对表观密度的影响

陶粒表观密度很大程度上反映的是陶粒在烧结过程中坯料的膨胀程度，它直接影响陶粒的密度等级，陶粒孔隙越丰富表明陶粒膨胀越充分，所生产出来的产品表观密度也就越小。因此，对于生产陶粒轻骨料来说，恰到好处地控制烧结过程中的膨胀过程至关重要。

从试验结果中的表观密度变化趋势可以看出，它与吸水率变化趋势是相反的，即当吸水率较低时，陶粒表观密度越大，反之亦然。这主要是因为吸水率大，则陶粒孔隙度较大，表观密度相应会比较小。这种相关性进一步说明本章所研究的陶粒孔道是相互连通的。那么，要生产出密度等级小，且吸水率较低的陶粒就必须调整配方，使坯料在烧结过程中能形成封闭的气孔。

要达到上述目的，就要在配方设计时充分把握：烧结时的产气量、液相量和液相黏度。液相量和液相黏度是陶粒形成良好孔隙和膨胀的最基本条件，加上在合适阶段对产气量的控制，就能形成发达的孔隙度。如果液相量不足或黏度过小，那么烧结过程产生的气体就不能很好地被保留，导致无法形成丰富的孔隙，也就无法达到膨胀的目的；相反，如果液相量过大黏度过强，那么它过强的抑制作用会使膨胀作用力过分地被抑制，也不能达到形成孔隙和膨胀的要求。

但是用于水处理滤料的陶粒对其孔的结构则有不同，正如上一节的分析，它要求陶粒有大量相互连通的孔道，因此，在配方调整上，用于生产滤料的原料中应该适当添加能降低熔融液相黏度的成分。

9.2.3 陶粒烧结工艺条件

9.2.3.1 烧结工艺条件对陶粒性能的影响分析

（1）工艺条件影响试验设计

基于对一定条件下不同配方的烧结样品性能初步探讨，提出了污泥、底泥和粉煤灰生产陶粒的配方建议。综合各性能指标和陶粒用途对性能的要求，选取第4、5、14、15组配方进一步研究。通过试验研究了解不同工艺操作条件对这三种废弃物烧结陶粒性能的影响，并借此优化干化污泥的烧结工艺。

采取正交设计方法安排试验，选取烧结温度，烧结时间，预热时间和配方四个因素对烧结工艺进行优化，预热温度定为主要有机成分的分解温度350℃，因素—水平表见表9.9，烧结工艺正交试验方案及产品性能测试结果见表9.10，对这些数据进行极差分析，分析数据见表9.11。

烧结工艺正交试验因素-水平表　　　　　　　　　　　　表9.9

编号	1	2	3	4
烧结温度（℃）	1000	1050	1100	1150
烧结时间（min）	5	10	15	20
预热时间（min）	10	20	30	40
配方注	5∶3∶2	5.5∶3.5∶1	4∶4.5∶1.5	4∶5∶1

注：原料配方为河道底泥∶脱水污泥∶粉煤灰的比例，以下若无特殊说明，则所有配比均按此顺序来计算。

烧结工艺正交试验方案及产品性能测试结果　　　　　　　　　　表 9.10

编号	烧结温度（℃）	烧结时间（min）	预热时间（min）	配方（底泥：污泥：粉煤灰）	比表面积（m²/g）	抗压强度（MPa）	吸水率（%）	表观密度（g/cm³）
1	1000	5	10	5：3：2	1.228	5.07	27.89	1.23
2	1000	10	20	5.5：3.5：1	1.288	4.77	25.34	1.22
3	1000	15	30	4：4.5：1.5	1.678	1.26	36.91	1.05
4	1000	20	40	4：5：1	1.722	1.73	35.38	1.03
5	1050	10	30	4：5：1	1.549	1.44	36.54	1.02
6	1050	5	40	4：4.5：1.5	1.423	1.85	34.29	1.06
7	1050	20	10	5.5：3.5：1	0.992	5.47	23.78	1.24
8	1050	15	20	5：3：2	0.886	5.72	22.20	1.24
9	1100	15	40	5.5：3.5：1	0.536	10.21	18.16	1.27
10	1100	20	30	5：3：2	0.534	11.97	10.75	1.31
11	1100	5	20	4：5：1	1.236	2.01	35.39	1.03
12	1100	10	10	4：4.5：1.5	0.974	3.42	27.93	1.08
13	1150	20	20	4：4.5：1.5	0.134	41.63	0.49	1.87
14	1150	15	10	4：5：1	0.219	13.23	6.90	1.92
15	1150	10	40	5：3：2	0.791	14.84	8.79	1.85
16	1150	5	30	5.5：3.5：1	0.388	16.84	7.39	1.88

四项性能指标极差分析　　　　　　　　　　表 9.11

指标	比表面积（m²/g）				抗压强度（MPa）			
工艺条件	烧结温度	烧结时间	预热时间	配方	烧结温度	烧结时间	预热时间	配方
$\overline{K}_1$	1.48	1.07	0.85	0.86	3.21	6.44	6.80	9.40
$\overline{K}_2$	1.21	1.15	0.89	0.80	3.62	6.12	13.53	9.32
$\overline{K}_3$	0.82	0.83	1.04	1.05	6.90	7.61	7.88	12.04
$\overline{K}_4$	0.38	0.85	1.12	1.18	21.64	15.20	7.16	4.60
R	1.10	0.32	0.27	0.38	18.43	9.08	6.74	7.44
指标	吸水率（%）				表观密度（g/cm³）			
工艺条件	烧结温度	烧结时间	预热时间	配方	烧结温度	烧结时间	预热时间	配方
$\overline{K}_1$	31.38	26.24	21.63	17.41	1.13	1.30	1.37	1.41
$\overline{K}_2$	29.20	24.65	20.86	18.67	1.14	1.37	1.34	1.40
$\overline{K}_3$	23.06	21.04	22.90	24.91	1.17	1.29	1.32	1.27
$\overline{K}_4$	5.89	17.60	24.16	28.55	1.88	1.31	1.30	1.25
R	25.49	8.64	3.30	11.15	0.747	0.09	0.07	0.16

注：为在该因素水平下所有点试验结果的平均值。

（2）工艺条件对陶粒性能影响分析

由表 9.11 可以看出，在所有工艺条件中，烧结温度对陶粒各项性能指标的影响都是最大的，其次分别是：配方、烧结组成、预热温度。虽然表 9.10 是正交试验结果，但仍可从整体上看出，温度与比表面积和吸水率成反比，与抗压强度和表观密度成正比，而预热温度对陶粒性能影响最弱。

由极差分析可知，预热温度对陶粒影响非常弱，可以忽略。在相同的温度条件下观察陶粒的抗压强度可以发现，所有试验的四个温度条件下，陶粒抗压强度与坯料中污泥含量均成反比，这主要是因为污泥的增加减少了坯料中形成陶粒强度和结构的硅质和铝质的含量，因而在烧结过程中未形成足够的诸如莫来石、玻璃体等强度物质。

同时，除1150℃外，其他温度条件下不同污泥含量范围的配比得到的陶粒强度存在较大差异，即污泥含量30%和35%的试验组陶粒强度为污泥含量45%和50%的陶粒的3倍或更高。这说明，如果要综合利用三种废料生产品质较好的陶粒，则需要控制好污泥的含量：对于烧制高强轻骨料来说，污泥含量最好在30%～35%；而如果想要提高污泥的处理量，生产出比表面积较大，附加值更高的水处理人工陶粒滤料的话，添加一定的增加强度的硅质或铝质成分是必要的。

另外，从烧结温度为1150℃条件下的烧结体各项性能指标来看，密度非常高，比表面积特别小，所得到的陶粒基本上处于密实的烧结体，而没有形成膨胀地多孔结构，可以定义为过烧状态。因此在单因素试验中温度的选择将会低于1150℃。

9.2.3.2 预热温度及坯料含水率对陶粒性能影响

预热温度和坯料含水率主要是在"预烧结阶段"对烧结过程起作用的，这一阶段里，陶粒坯料有机物得以分解，自由水和结合水被蒸发出来，为"烧结阶段"创造条件。这两个因素对于实际生产工艺的优化起着很重要的作用，因此，本节对这两个因素单独进行探讨。

本研究所用原料中有机物大部分来自污泥。据已有污泥进行的 TG-DTA 分析研究表明，干污泥中的有机物含量高，其中82%的有机物在200～500℃的低温阶段大量热解挥发，而一般来说，污泥中主要有机物的分解温度在350℃，因此预热温度试验选取200～350℃进行研究，烧结温度选取1075℃，试验结果见表9.12所示。

预热温度对陶粒性能影响试验结果　　　　表9.12

编号	预热温度（℃）	比表面积（m²/g）	表观密度（g/cm³）	吸水率（%）	抗压强度（MPa）
1	200	0.571	1.08	25.02	4.33
2	225	0.645	1.07	23.37	5.23
3	250	0.656	1.08	24.11	4.80
4	275	0.894	1.06	31.16	3.73
5	300	0.828	1.06	31.47	3.98
6	325	1.194	1.07	32.99	3.09
7	350	0.907	1.08	30.37	3.75

由表9.12可以看出，当预热温度高于250℃时，所得到的陶粒抗压强度较高，而吸水率和比表面积相对来说要低一些；当预热温度高于275℃时，情况则相反。不同预热温度下得到的陶粒表观密度基本上处于同一水平，波动不大。

陶粒烧结工艺中的预热过程主要起到两个作用：①将坯料中的大部分有机质变热解为气体去除，使陶粒轻质化；②除去坯料中的水分，避免升温过程中水蒸发过快而导致坯体炸裂，影响烧结体的强度性能。陶粒坯料在预热过程中，颗粒间的间隙扩大，孔隙率变大，烧结体密度减小，达到了超轻的作用效果。

结合升温曲线特点分析可知，采用低温预热其实相当于减缓了陶粒进入"烧结阶段"的升温速率，而较低的升温速率则会使坯体中的有机物更充分地分解挥发掉，而且有利于陶粒在未进入"烧结阶段"前的致密化。相反，高的预热温度意味着更快的升温速率，经过快速预热的坯料会保留更多的有机物进入到"烧结阶段"，而且更有利于陶粒轻质状态的保持。

陶粒进入"烧结阶段"产生液相时，如果坯体更致密，助熔剂就会更紧密地与硅质和铝质接触，那么熔融液相也就会更容易产生结晶共熔体，所以得到的陶粒强度就会越大，液相的量和黏度也会相应增大，根据前文的分析，这就会导致比表面积和吸水率相应的减小。

根据以上分析，结合水处理滤料和陶粒轻骨料在性能上的差别，在实际生产工艺的预热阶段建议采用以下策略：对于生产水处理滤料，应该在不影响陶粒性能的前提下，尽可能提高坯料进入烧结区的升温速率，以尽可能保留坯料中的有机物；对于生产轻骨料，将物料在低温下预热后进入窑炉进行烧结，或者在一定程度上降低坯料进入烧结区的升温速率。

由于在实际生产中将污泥和底泥干燥到无水状态比较困难，而且能耗非常大，可操作性不强，因此通过一定含水率物料成型后进行烧结的试验研究，考察含水率对烧结产品的性能的影响。分别向混合好的原料中加入10％、15％、20％的水均匀混合后加压成型，选取1100℃和1125℃两种温度条件进行烧结，实验结果见表9.13。

不同原料含水率对烧结陶粒性能影响 表9.13

含水率	1100℃烧结产品			1125℃烧结产品		
	吸水率（％）	抗压强度（MPa）	比表面积（m²/g）	吸水率（％）	抗压强度（MPa）	比表面积（m²/g）
10％	50.7	1.82	0.851	44.1	2.89	0.401
15％	48.3	1.71	0.497	42.82	2.15	0.405
20％	41.2	1.45	0.401	33.42	1.51	0.413

基于产品表观，不管是在1100℃还是在1125℃下烧结的陶粒均有较大程度的收缩，而且含水率越高收缩程度越大；另外，所得陶粒结构松散，且有较大裂纹，这与不含水的烧结陶粒产品有较大区别。从表中数据来看，不管是在1100℃还是1125℃，烧结产品吸水率和抗压强度均随物料含水率增加而降低，而比表面积变化趋势则有所不同，1100℃烧结产品比表面积随含水率增加而呈下降趋势，但是在1125℃下的烧结产品比表面积基本上保持在同一水平上。

产生以上现象的原因可能是含水率越高，烧结过程由于水分的蒸发而形成的物料间距越大，当达到烧结温度时，一方面，由于较大的物料间距使得助熔剂与硅质和铝质不能充分接触，导致液相不易产生；另一方面，虽然也会产生一定熔融液相，由于物料间隙太大，不易结晶产生莫来石等结构的晶体。虽然温度由1100℃升高到1125℃后，液相的流动性增强，在一定程度上克服了物料间距，增加了陶粒强度，但这种效果并不显著。

虽然不同含水率下所得到的陶粒在性能上有所差异，但是从整体上看，三种指标的差异并不显著。在所用的物料中，以污泥含水率最高，达80％以上，大量的河道底泥在清理后会自然堆放一段时间，其含水率比较容易降到6％以下，而干粉煤灰含水率一般在1％以下，所以混合物料含水率最终基本上取决于污泥干燥后的含水率，且实际应用中污泥干燥后的含水率宜控制在20％以下。

① 工程规模的污泥干燥工艺其含水率不易精确控制，会在一定范围波动，出料含水率过高（超过20％）会对粉磨工艺造成影响，过低（低于10％）则会造成能耗过大，因此，一般来说干燥后的污泥会在12％～20％间波动。

② 粉磨工艺一般工业上采用较为成熟的雷蒙磨或者其改进型，它对物料含水率有一定要求，一般黏土要求在6％以下，考虑到污泥具体情况，其含水率不宜超过20％（此含水率的污泥物理性状上与6％含水率的黏土相似），否则物料会粘在磨辊上。

③ 由于物料的特殊性，选用球盘造粒机不能满足要求，选用压力成型机比较合适，但压力成型过程中给模具进料需要物料具有一定的流动性，所以物料含水率不宜过高。

9.2.3.3 烧结温度对陶粒性能影响机理研究

(1) 烧结温度影响单因素试验

通过污泥∶底泥∶粉煤灰配比为5∶4∶1的混合原料进行陶粒烧结试验，考察温度对陶粒主要性能的影响。烧结温度分别控制在：1050℃、1075℃、1100℃、1125℃。试验结果如图9.5和图9.6所示。

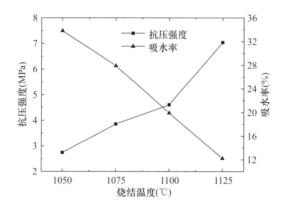

图9.5 温度对陶粒抗压强度、吸水率的影响

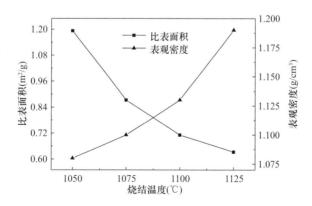

图9.6 温度对陶粒比表面积、表观密度的影响

由图9.5、图9.6可以看出，温度与比表面积和吸水率成反比，与抗压强度和表观密度成正比，此结果与Tsai等人的研究结果类似。随着温度的升高，抗压强度和吸水率是向有利的趋势变化的，而比表面积和表观密度则相反，与陶粒烧结机理是相符的。一方

面，温度越高液相量就越大，固体颗粒由于液相表面张力的作用相互接近，液相烧结反应就可以更好地发生；另外，温度越高液相的黏度会下降，这样烧结反应所形成的液相就会更容易填充到气孔中使坯体致密化，增大陶粒密度，减少气孔率，降低陶粒的比表面积。另一方面，液相还会不断溶解固相颗粒，玻璃相不断减少，并析出比较稳定的结晶相莫来石，这种溶解及析晶作用的不断进行，使莫来石晶体不断得到线性方向的长大，最终形成结晶针状莫来石晶体的网络结构，极大增强了陶粒的强度。

另外，也可以看到，1125℃条件下得到的烧结体已经形成了足够的强度物质，但是陶粒比表面积比较小，密度偏大。陶粒烧结研究表明，温度升高并不一定导致比表面积减小和密度增加，这说明液相的形成过程和产气过程没有协调好，因此，下面将对温度对陶粒形态结构以及加热过程中的产气过程进行分析，为综合控制陶粒性能提供依据。

（2）烧结体结构形态随温度变化特征

对不同温度下烧结出的陶粒内部形态结构进行电镜扫描，其结果如图 9.7 所示。

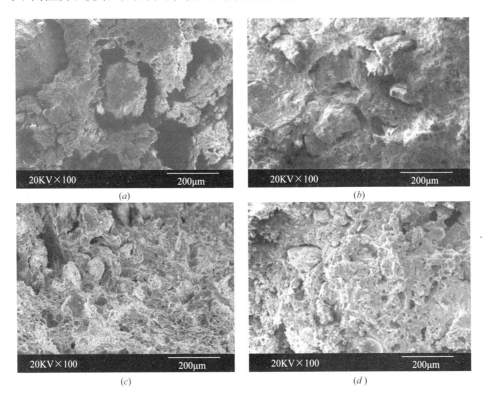

图 9.7 不同烧结温度下陶粒的微观结构电镜扫描

（*a*）800℃（×100）；（*b*）1000℃（×100）；（*c*）1050℃（×100）；（*d*）1100℃（×100）

由图 9.7 可见，温度对烧结体内部形态影响非常显著。图 9.7 中（*a*）显示 800℃下烧结体明显呈现出松散堆积状态，而当温度升高到 1000℃时，坯体的松散程度大大降低，并且可以看到开始有液相产生。有机物分解而产生的大孔洞开始减小，污泥中有机物分解而产生的轻质化效果从 1000℃开始逐渐消失，但此时陶粒尚未出现由产气反应而形成的膨胀气孔；当温度升高到 1050℃时可以观察到烧结体已经出现大量液相，而且有非常丰富的膨胀气孔存在；当温度继续升高到 1100℃时，虽然陶粒强度得到了一定的提高。但是由

图 9.7 中（*d*）可以发现，烧结体中气孔变得十分稀少，孔径也相应缩小，这表明陶粒由于液相的流动而变得致密化了。

对于污泥烧结陶粒，普遍认为污泥有机质对陶粒起到轻质化作用。也有学者认为污泥有机质在烧结过程中的热效应使陶粒产生膨胀。由上述分析可以发现，在温度达到1000℃之前，本文所用的原料烧结的陶粒液产生量较少，陶粒坯体中存在大量缝隙，坯料中的产气物质只能起到轻质化的作用。结合陶粒膨胀模式分析可知，1000℃之前坯料中所产生的气体不能使陶粒达到膨胀的效果，而只是因为分解而"腾"出空间来，使陶粒在进入高温烧结阶段之前轻质化。随着温度继续升高，如果没有产气物质发生产气反应，污泥有机物分解所形成的轻质化作用将会随着液相的出现而逐渐消失。由此，利用热重红外分析对陶粒加热过程中的产气反应和过程，分析，陶粒在液相大量出现时所发生的产气反应。

（3）原料的热重红外分析

原料加热过程中的物理化学变化借助热重—红外联用仪器对原料进行了 TGA-FTIR 同步测试，热重—红外联用仪器由热重及差热分析仪（德国 NETISCH 公司，STA409C）和傅里叶变换红外光谱仪（美国尼高利公司，Nexus670）两部分组成。其中，测试样品量约为25mg，盛装在 Al_2O_3 坩埚内，通入空气的流量为 50mL/min；采用程序升温法以 10℃/min 的温升速率从 100℃ 加热到 1350℃。烧结体的微观结构观察采用扫描电子显微镜（SEM）（科仪，KYKY2000）进行直观分析。

原料的热处理特性进行研究与以下几个问题紧密相关：①在陶粒烧制过程中存在有机物的变化，污泥中的有机物含量在38%以上，有机物的分解对于陶粒密度、强度以及孔隙等诸多因素有关；②在升温过程中，无机物也会在不同温度段发生化学反应，而且这些反应与陶粒的膨胀性与孔隙结构的形成有着密切关系。

本文对污泥和粉煤灰以及混合物料进行热重分析，结合加热过程中气体的红外光谱分析，对原料的热处理特性进行研究。其中，TG 代表物质剩余质量随温度的变化情况，DTG 代表失重速率，DTA 代表所测定物质与参比物之间的温度差和温度关系。

在陶粒烧结过程中，在不同阶段产生气体的物质很多，原理也有所不同，产生的气体可能是来自有机物，也可能来自碳酸盐、硫化物，或者来自铁化合物和某些矿物的结晶水等。起到发泡产气的无机物反应主要有以下几类：

① 碳的化合反应（400~800℃）：

$$C + O_2 \rightarrow CO_2 \uparrow$$
$$2C + O_2 \rightarrow 2CO \uparrow （缺氧条件下）$$
$$C + CO_2 \rightarrow 2CO \uparrow （缺氧条件下）$$

② 碳酸盐分解反应

$$CaCO_3 \rightarrow CaO + CO_2 \uparrow （850 \sim 900℃）$$
$$MgCO_3 \rightarrow MgO + CO_2 \uparrow （400 \sim 500℃）$$

③ 硫酸盐还原反应

$$CaSO_4 + 4C \rightarrow CaS + 4CO \uparrow （800℃ 以上）$$
$$3CaSO_4 + CaS \rightarrow 4CaO + 4SO_2 \uparrow （800℃ 以上）$$
$$MgSO_4 \rightarrow MgO + SO_3 \uparrow （1000℃ 以上）$$

④ 氧化铁的分解与还原反应（1000～1300℃）

$$2Fe_2O_3 + C \rightarrow 4FeO + CO_2 \uparrow$$
$$2Fe_2O_3 + 3C \rightarrow 4Fe + 3CO_2 \uparrow$$
$$Fe_2O_3 + C \rightarrow 2FeO + CO \uparrow$$
$$Fe_2O_3 + 3C \rightarrow 2Fe + 3CO \uparrow$$

⑤ 硫化物的分解和氧化反应

$$FeS_2 \rightarrow FeS + S \uparrow （近900℃）$$
$$4FeS_2 + 11O_2 \rightarrow 2Fe_2O_3 + 8SO_2 \uparrow （氧化气氛1000 \pm 50℃）$$
$$2FeS + 3O_2 \rightarrow 2FeO + 3SO_2 \uparrow$$

污泥和粉煤灰的 TG/DTG-DTA 曲线如图 9.8 和图 9.9 所示，200℃之前两种原料发生的基本上都是自由水的挥发过程，但是由于组成成分的差异，200℃之后原料的热重曲线变化呈现出不同特点。

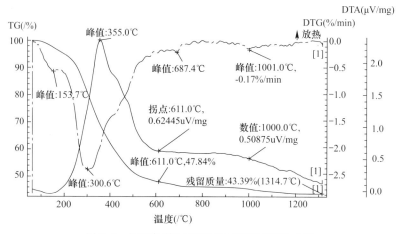

图 9.8　污泥加热过程的 TG/DTG-DTA 曲线

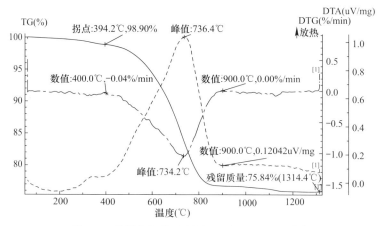

图 9.9　粉煤灰加热过程的 TG/DTG-DTA 曲线

污泥在 200～550℃之间主要发生有机物挥发分解和胞内结合水挥发，最大放热峰在 350℃左右，与之前的相关研究结果相比要高出 30～50℃。主要是因为大部分污水来自印染等行业，污泥有机物中难降解物质相对较高，由此有机物分解温度相对偏高。

从 600℃到反应结束污泥的失重率约为 4%，而且存在较大的放热效应，主要是由有机物热解碳化后形成的固定碳的氧化反应产生的。从图 9.9 可以看出，在污泥在加热到 600℃后出现了两个小的失重峰，其中 670~700℃之间的失重峰可能主要是碳酸盐的分解产生的 CO_2 形成的。将污泥在 1000℃时所产生气体的红外光谱图与标准图库进行对比分析可知，污泥此时所产生的气体主要是 CO_2。图中波数为 400~500cm^{-1}、1300~1800cm^{-1}、3800~4000cm^{-1} 的波动主要是水合硅酸盐等矿物的结构水和硫化物的分解和氧化产生的 SO_2 的特征峰，所以可以推断，污泥加热到 1000℃以上的产气反应主要是铁的氧化物的分解和氧化反应，也有少部分硫化物的分解和氧化反应。

但是对于含有丰富铁质成分的粉煤灰而言，相应的 DTG 图中并没有在 1000℃以上出现明显产气反应。目前研究普遍认为，有机质（包括碳粒）和铁的氧化—还原反应所产生的气体是促使具有一定黏稠度的液相产生膨胀的主要原因。因此，只有控制碳铁比在一定范围内才能使陶粒膨胀。但是这些研究并没有对不同形态的碳在烧结过程中的行为进行研究。

从污泥的 TG/DTG-DTA 曲线可以看到，污泥加热到 900℃时仍存在一定量的固定碳，这是由有机加热过程中的反应机理决定的。有机物在高温下首先热解气化，所产生的气体包裹在污泥周围，使得污泥中的有机物能在氧化气氛下进行热解碳化过程，并最终将碳元素保存到陶粒开始产生液相的 950~1200℃温度范围里，与铁的化合物一起发挥产气作用。粉煤灰中虽然铁的化合物含量较高，而且含有大量的固定碳（测定值约为 9%），但从图 9.9 可以看出，粉煤灰中的固定碳在升温过程中与氧气直接发生反应，因而未能将碳元素保存到铁的化合物发生产气反应的合适温度范围内，因此也没有在相应阶段产生气体。

综上分析，要使陶粒在合适阶段发生产气反应，不仅需要在陶粒高温烧结阶段有一定的碳，适量的铁的化合物也是必要的。污泥中虽然有大量的有机物，可以使更多的碳保留到高温产气阶段，但是铁质含量较少，而且其矿物组成也不适合烧制陶粒，而底泥和粉煤灰中含有丰富的硅质和铝质以及铁的化合物，因此，适当地添加底泥和粉煤灰对污泥矿物成分进行调质，可以充分发挥不同原料在组成上的特点联合烧制陶粒，下面对混合物料的热重红外进行分析。

图 9.10 是污泥：底泥：粉煤灰配比为 4：3：3 的原料加热过程的 TG/DTG-DTA 曲线，图 9.11 中给出了 1000℃时所产生气体的红外光谱图。

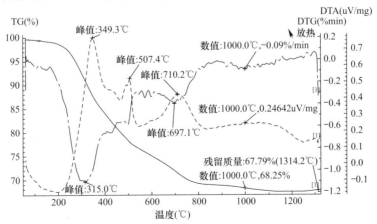

图 9.10　配比 4：3：3 原料加热过程的 TG/DTG-DTA 曲线

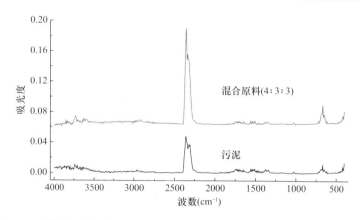

图9.11 污泥和混合原料（4∶3∶3）在1000℃时所产生气体的红外光谱图

混合物料的 TG/DTG-DTA 曲线整体形状与污泥加热时的曲线类似，并且也反映出了相应阶段粉煤灰中固定碳的分解过程。混合物料1000℃时的放热速率虽然比污泥在此温度时的要低，即所剩余的碳含量要低，但是从图9.11中污泥和混合物料所产生气体的红外光谱图对比可知，混合物料在此温度下所产生的 CO_2 的强度要比污泥的大，这充分说明了污泥中的有机物与底泥和粉煤灰中的铁的化合物在陶粒高温烧结阶段产气的协同作用。

（4）陶粒产气控制方略分析

根据前文的分析，在所有产气物质中，只有铁和硫的化合物在这个温度条件下会反应产生气体，但硫化物的产气反应会产生二次污染。铁的存在状态和烧成气氛有关，烧成气氛主要取决于原料中的含碳量，因此，只有控制好原料中铁和碳的含量才能够生产出理想的产品。本文将1000℃之前的烧结过程称为"预烧结阶段"，1000℃之后的烧结过程称为"烧结阶段"。由上述分析我们就可以得到陶粒产气控制的方略：

1）配方控制：①在保证原料中各组分满足烧结需要的前提下，尽可能提高污泥含量，增加有机质含量使陶粒在预烧结阶段轻质化，并尽可能保留更多碳进入烧结阶段；②适当提高混合物料中铁的化合物含量，与碳协同作用为烧结阶段提供持续的气体，维持或者增大已有气孔。

2）温度控制：烧结温度应该控制在1050℃以上，而当温度超过1100℃以后对温度的调节应该谨慎，以控制液相含量及黏度，避免液相流动性过大而将已形成的气孔填埋，防止"过火"现象。

9.3 高热值垃圾与工业边角料制备衍生燃料（RDF）

9.3.1 RDF 压制成型试验研究

9.3.1.1 材料与方法

本研究所用制备 RDF 的生活垃圾来源于苏州市角直镇。在垃圾中转站收集到垃圾后经手工分选出实验所需要的废旧塑料、废纸、纺织物等高热值组分，然后进行干燥。

为了增加 RDF 颗粒的强度，实验中采用农业废弃物秸秆和林业和木材加工业废弃物锯末作为添加辅料。添加剂为废石灰（主要成分为 CaO），按照 Ca/Cl 为 1.2 添加，在有效减少烟气中酸性气体排放同时，兼顾经济性。

实验采用的破碎设备为塑料薄膜破碎机，可破碎废旧塑料、废纸、废旧纺织品、秸秆等物质，破碎后物料粒径为约为 8mm。

将干燥后的垃圾进行破碎，得到粒径均匀的物料。然后将塑料与其他 RDF 制备物料（锯末、废纸、废旧纺织品）按照 1:4、3:7、2:3、1:1 进行混合，在 RDF 颗粒成型机压制成型 RDF 颗粒。

依据 GBT 212—2001 标准及 JY/T 017—1996 元素分析仪方法通则对 RDF 各制备物料进行了工业分析和元素分析，并依据 GB T213—2003 标准，利用氧弹式量热仪对其进行了热值分析，结果见表9.14。

RDF 制备物料工业分析及元素分析

表 9.14

实验样品	元素分析					工业分析				热值（MJ/kg）
	C	H	O	N	S	W	A	V	FC	
秸秆	41.09	5.94	51.97	0.997	0.14	5.94	7.14	81.3	6.62	18.21
废旧织物	46.8	5.63	47.33	0.24	0.04	1.37	0.33	86.26	12.04	21.14
废纸	42.27	5.3	52.11	0.32	0.05	3.82	20.4	66.40	9.38	14.37
塑料	85.39	14.38	0.07	0.16	0.01	0.18	0.16	99.66	0	43.33

实验主要从塑料含量、含水率及不同添加辅料量三个方面来研究 RDF 的成型特性，并对其产生原因作出分析，为日后制备 RDF 及 RDF 技术发展提供参考。制备工艺流程如图 9.12 所示。

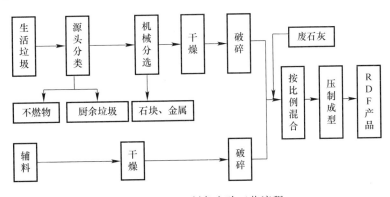

图 9.12 RDF 制备实验工艺流程

9.3.1.2 塑料含量对 RDF 颗粒成型特性影响

由于废旧塑料占高热值垃圾较大比例，且废旧塑料热值高，增加其含量可有效提高 RDF 热值，使其更适于燃烧。RDF 试样中塑料比例分别为 20%、30%、40% 和 50%。各样品效果如图 9.13 所示。

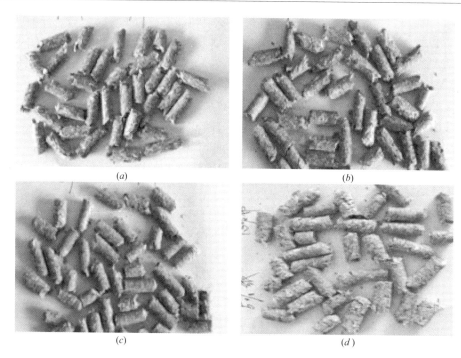

图 9.13　不同塑料含量的试样对比

(a) 20%；(b) 30%；(c) 40%；(d) 50%

由图 9.13 可以看出，20% 及 30% 塑料含量试样粒径均匀、紧实，外观较光亮；40% 塑料含量试样开始出现颗粒分层现象，紧实程度较差；50% 塑料含量时，RDF 颗粒分层现象更加严重，颗粒长度变短，紧实程度更差，颗粒变得松散易破碎，抗压效果变差，不适合存储及运输。出现上述现象的原因可能是随着塑料含量的增加，压制成型过程中塑料受热不均，局部过热产生粘结，从而导致颗粒分层，使得成型效果较差。

不同物料比例 RDF 物性表　　　　　　　　　　　　　　　　表 9.15

样品	颗粒密度（g/m³）	堆积密度（g/cm³）	颗粒长度（mm）	热值（MJ/kg）
20%塑料 RDF	1.245	0.555	15-23	20.10
30%塑料 RDF	1.279	0.509	12-22	22.03
40%塑料 RDF	1.262	0.527	10-20	23.95
50%塑料 RDF	1.171	0.452	8-17	25.88

由表 9.15 可知，随着塑料比例的增加，RDF 热值随着塑料比例的增加而明显增大，这主要是因为塑料的热值远高于 RDF 物料的其他组分，其比例增大会引起热值的明显升高。但 RDF 的颗粒密度及堆积密度都呈现减小趋势，并且颗粒的长度变短，50% 塑料含量尤为明显。综上，RDF 中塑料组分比例应小于 50% 为宜，避免产生不良效果。

9.3.1.3　含水率对 RDF 颗粒成型特性影响

国内生活垃圾含水率较高，对 RDF 成型及焚烧效果都有一定影响，因此，研究含水率对 RDF 颗粒成型特性的影响是十分有必要的，本实验所用物料经过干燥后，可认为物料的外在水分为零或不存在影响。因此，含水率的变化可通过物料混合时添加水量的变化来调节。不同含水率试样效果如图 9.14 所示。

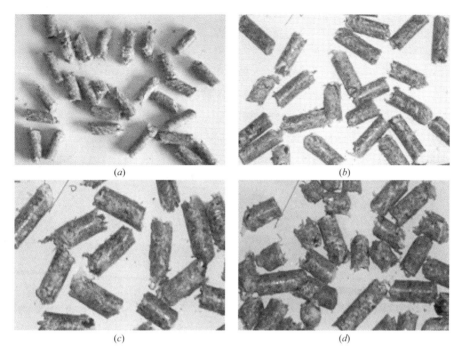

图 9.14 不同含水率的试样对比
(a) 10%；(b) 12%；(c) 14%；(d) 16%

由图 9.14 可以看出，随着含水率的增加，颗粒长度变短，尤其是 16% 含水率时，大部分颗粒长度较短。而且从模具出来的颗粒经干燥后易碎，抗压效果差，颗粒经长时间挤压变碎后影响后期的焚烧效果。含水率的增加使生物质的成型性变差，生物质粉末中含水率高时，虽然也能压缩成型，但其稳定性变差，干燥后可变得松散，导致被其包裹的 RDF 颗粒也随之散开。但水分亦不能太低，含水率过低，会造成物料与模具间摩擦力增大，降低出料速度，从而减少出料量，降低产率，造成能耗增加。

各不同含水率的 RDF 物料表见表 9.16。可见随着含水率的增加，RDF 的颗粒密度及堆积密度都有呈下降趋势，主要原因是随着水分的增加，物料变得更加滑润，更容易从模孔中压出，导致颗粒的紧实度及密度有所下降，并颗粒的长度有所降低。综上可知，RDF 制备过程中含水率在 10%～14% 为宜。

不同含水率 RDF 物性表 表 9.16

样品	颗粒密度（g/m³）	堆积密度（g/cm³）	颗粒长度（mm）	热值（MJ/kg）
10%含水率 RDF	1.329	0.555	16～22	22.03
12%含水率 RDF	1.314	0.537	15～25	22.02
14%含水率 RDF	1.307	0.543	15～20	21.98
16%含水率 RDF	1.285	0.531	12～18	21.95

9.3.1.4 辅料对 RDF 颗粒成型特性影响

目前，垃圾衍生燃料研究中所用的添加辅料多为秸秆类，但随着林业及木材加工业的发展，产生大量废弃物，如锯末等。如将之再利用进行能源化处理，会节省大量化石燃料并减少污染物排放。

本实验将玉米秸秆及锯末作为生物质辅料的 RDF 颗粒成型效果进行对比（图 9.15、表 9.17），锯末作为生物质的 RDF 颗粒比较紧实，而且外观上较光滑细腻，抗压能力较强，且颗粒密度、堆积密度、热值及颗粒长度等方面，含锯末 RDF 均好于含秸秆 RDF。因此，锯末作为生物质辅料压制的 RDF 成型性较好，其原因可能是因为锯末中木质素、纤维素含量较高，易于成型，并且成型后较稳定。利用锯末作为垃圾衍生燃料的物料可为其能源化利用提供一条新的途径。

 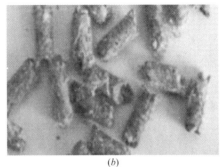

（a） （b）

图 9.15 利用不同辅料的 RDF 燃料对比

（a）秸秆辅料；（b）锯末辅料

不同生物质添加辅料 RDF 物性表 表 **9.17**

样品	颗粒密度（g/m³）	堆积密度（g/cm³）	颗粒长度（mm）	热值（MJ/kg）
含锯末 RDF	1.279	0.555	12-22	23.96
含秸秆 RDF	1.131	0.548	12-20	21.76

9.3.2 RDF 高温管式炉热解产气特性

9.3.2.1 实验材料和装置

本实验所用制备 RDF 的城市生活垃圾来源于国家重大水专项开展地，苏州市甪直镇。以 RDF 成型机出来的 RDF 燃料为实验物料，研究其热解产燃料气的特性。

高温管式炉实验用装置的示意图如图 9.16 所示。它主要用于热解过程，其中通入氮气做载气排除装置中的空气，防止燃烧的发生，同时又可以带出热解产生的气体（因为进料较少产生的气体也很少，很难自己排出）。

本实验所用的气相色谱分析仪为日本岛津公司的 GC-14B 气相色谱 C-26 型 TCD 分析仪。该仪器主要用于热解气体组分的百分含量测定。气相色谱分析产气的分析条件：热导检测器 TCD，填充柱 DTX-01 柱，柱内固定相为碳分子筛。测量 N_2 时所用载气为 He，流量压力为 30kPa，测量其他气体时所用载气为 N_2，流量压力为 60kPa，桥电流 80mA，TCD 温度 165℃，进样柱温度 150℃，采用恒温分析，柱温 120℃。实验工况见表 9.18。热解条件为氮气气氛，气体流量为 80mL/min。

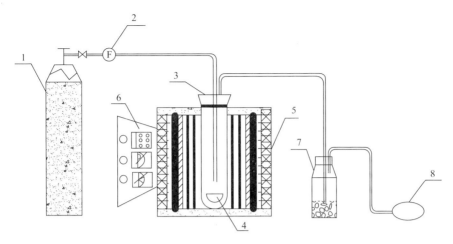

图 9.16 高温管式炉实验用装置示意图

1—N2气罐；2—流量计；3—石英管；4—坩埚；5—控温电阻炉；6—温控箱；7—集液瓶；8—气袋

RDF 热解实验工况表以及最终产物分布　　　　　　　　　表 9.18

样品	温度（℃）	气体（m³/kg）	焦油和水（kg/kg）	半焦（kg/kg）
样 1（生物质：生活垃圾=2：1 含 5%CaO）	650	0.033	0.297	0.260
样 2（生物质：生活垃圾=1：1 含 5%CaO）	650	0.072	0.277	0.309
样 3（生物质：生活垃圾=1：2 含 5%CaO）	650	0.067	0.195	0.318
样 4（生物质：生活垃圾=1：3 含 5%CaO）	450	0.038	0.100	0.555
样 4	550	0.025	0.201	0.377
样 4	650	0.094	0.218	0.377
样 4（650℃快热）	650	0.101	0.258	0.361
样 4（650℃加 DHC-32）	650	0.153	0.216	0.423
样 4	750	0.110	0.234	0.324
样 4	850	0.123	0.265	0.263
样 5（纯生活垃圾含 5%CaO）	650	0.055	0.227	0.296
样 6（生物质：生活垃圾=1：1 含 5%污泥）	650	0.093	0.238	0.249
样 7（生物质：布=1：3 含 5%CaO）	450	0.010	0.127	0.324
样 7	550	0.033	0.172	0.349
样 7	650	0.049	0.134	0.307
样 7	750	0.054	0.155	0.295
样 7	850	0.066	0.183	0.274

9.3.2.2　结果与分析

（1）RDF 热解产物特性分析

1）温度变化对 RDF 各热解产物的影响

可以看出，热解终温增加，半焦产率大幅降低。这可能是在较低温度下热解反应不完全，只有少部分挥发分析出，同时由于垃圾中某些成分热解生成了大量炭黑，较低温度下部分焦油因炭黑的吸附作用，沉积于其表面而无法收集，随着温度的升高，固体产物量逐渐减少，温度的升高有利于提高热解气的产率。

2）物料配比对 RDF 各热解产物的影响

由图 9.17 可以看出，热解终温相同时，半焦产率在样 4 时最大，其值为 0.38kg/kg，而样 4 中热解气产量也相对较高，而焦油和水的产率与其他 RDF 样品比则相对较低，因为垃圾热解焦油中的主要成分为苯、甲苯及脂肪烃和芳香烃，其中 85% 为芳香族化合物，而样 4 中，由于生物质含量较少，导致芳香族化合物减少，所以热解产生的焦油含量较少。气体产率变化趋势不大，只有样 1 产气量最小，为 0.03m³/kg，由之前的工业分析可以看出，样 1 中含挥发分较少，而水分和固碳含量较多，所以产气量很少，而热解油和半焦的产量则较大。

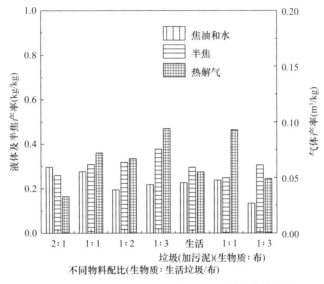

图 9.17　不同物料配比和添加剂 RDF 热解产物产率

3）添加污泥对 RDF 各热解产物的影响

图 9.18 表明添加污泥有利于热解气体的产生，这是污泥中含有较高的有机质，大多数含碳化合物在 500℃ 以下就完全挥发，释放了多余的热解气。

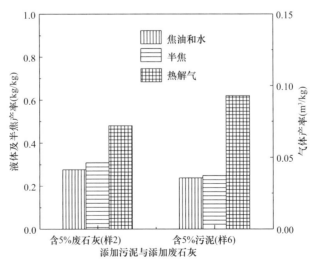

图 9.18　不同添加剂 RDF 热解产物产率

4）升温速率对 RDF 各热解产物的影响

图 9.19 为升温速率对 RDF 各热解产物的影响，具有高升温速率、短停留时间的热解方式下，油、气总产率明显高于低升温速率、长停留时间的热解方式。这是由于热解反应的进行主要是由物料在高温下的停留时间决定，在一定的反应时间内，在低升温速率下，物料在高温区的停留反应时间要远远少于其在高升温速率时在高温区的停留反应时间。另外，高升温速率还使得物料在反应初期来不及生成较为稳定的缩合体之前使得挥发分大量析出，从而使得物料在快加热方式下产气量也高于其在低升温速率下产气量。

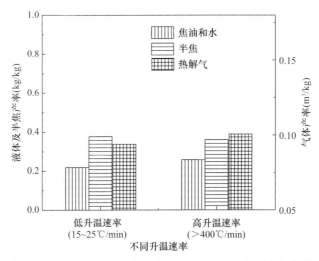

图 9.19 低升温速率与高升温速率下 RDF 各热解产物产率

（2）RDF 热解气成分分析

1）温度变化对 RDF 热解产气的影响

由图 9.20 可以看出，在热解终温为 750℃ 和 850℃ 时，样 7 的 H_2 产量大幅增大，这是由于热解终温越高，有利于热解气体的析出，热解温度高于 500℃ 时，H_2 的量随着热解温度的升高而快速增加。对于样 4，热解终温增加，H_2 的体积分数呈增加趋势，只是在 750℃ 的热解终温时，H_2 产量有略微下降。其中在热解终温为 850℃ 时，H_2 产量最大，其值为 28.1%。因此由可以看出，热解终温增加，H_2 产量增大。

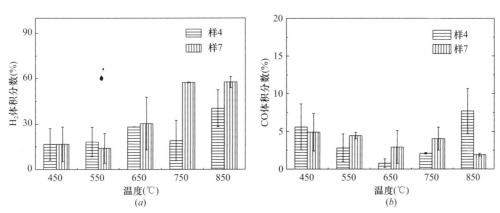

图 9.20 热解终温对 RDF 热解产气成分的影响（一）

（*a*）产 H_2；（*b*）产 CO

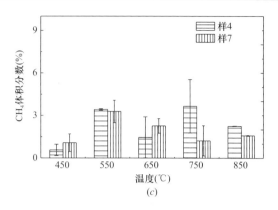

图 9.20　热解终温对 RDF 热解产气成分的影响（二）

（c）产 CH_4

样 7 随着温度升高，CO 体积分数缓慢降低，在热解终温为 450℃时，CO 的体积分数达到最大，其值为 4.91%。而样 4 与之不同是先单调递减后单调递增的柱形图，在热解终温为 850℃时达到最大体积分数为 7.7%。这可能是因为 RDF 在 650℃反应比较少，并且高温段产生的气体中含有大量的 CO 等可燃气体。

样 4 随着温度变化 CH_4 体积分数上下波动较大在 750℃时达到最高 36.5%。样 7 和样 4 大致相似但在 550℃时达到最高 32.8%。

样 7 的热解气总体比样 4 高，这是因为棉布是由经纬纤维编织而成，特别是垃圾中的旧布，使得表面上有很多非常细小的单纤维覆盖层，容易受热分解。

2）不同物料配比下 RDF 各热解产物的影响

由图 9.21 可以看出，样 2 的 H_2 体积分数最大其值为 32.4%，其他样品 H_2 体积分数相差不多。这是因为样 2 的挥发分相对来说较高，所以释放的气体含量相对要高。CO 的体积分数呈先下降后上升的变化，在样 5 时 CO 的体积分数为最大。CH_4 体积分数变化大致相同，但样 6 的 CH_4 体积分数较其他样品高很多，其值为 42.73%。这是污泥中含有较高的有机质，极大部分为含碳化合物，所以产生的 CH_4 也较多。

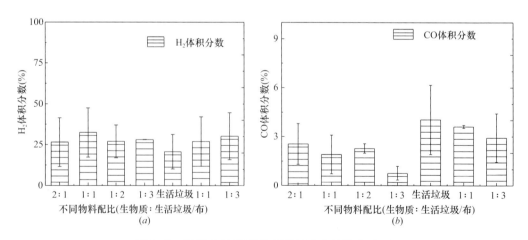

图 9.21　物料比对 RDF 热解产气成分的影响（一）

（a）产 H_2；（b）产 CO

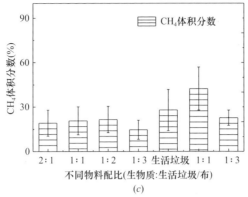

图 9.21 物料比对 RDF 热解产气成分的影响（二）

（c）产 CH₄

（3）添加污泥与添加废石灰下 RDF 各热解产物的影响

由图 9.22 可以看出，添加污泥能增加 CO 和 CH₄ 的产量，并能降低 CO_2 的产量。所以添加污泥有利于 RDF 热解。

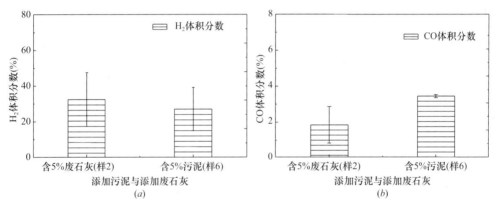

图 9.22 添加污泥与废石灰情况 RDF 热解产物体积分数变化

（a）产 H₂；（b）产 CO

（4）升温速率对 RDF 各热解产物的影响

由图 9.23 可以看出，样 4 的 H₂ 体积分数没有因为升温速率的不同而不同，而是呈现

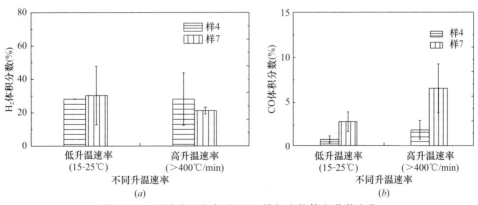

图 9.23 不同升温速率下 RDF 热解产物体积分数变化

（a）产 H₂；（b）产 CO

出水平的直线。而样 7 的 H_2 体积分数却由低升温速率的 30.27% 减少到高升温速率的 21.19%，减少了 30%。样 4 的 CO 体积分数几乎没有变化，而样 7 的 CO 体积分数却由低升温速率的 32.64% 减少到高升温速率的 29.89%，减少了 8.4%。生活垃圾中含有很高的有机质，高升温速率的热解方式会增大 CH_4 的产生量。

9.4 生物质水解供碳

很多城镇污废水处理厂来水以工业废水为主，生活污水为辅，生化处理存在碳源不足的问题。生物质垃圾中富含碳氮，破碎浆化后可以作为外部碳源和氮源加入污废水处理工序中协同处理。生物质垃圾为污废水处理提供碳源，可实现生物质垃圾的安全高效处理，同时还可改善污废水的可生化性。

有机垃圾的水解速率与预处理方式、含固率、pH、温度等诸多因素有关。许多学者已经对有机垃圾厌氧水解的淋滤处理方式与浸泡处理方式等进行了研究，认为采用浸泡方式的溶出效率优于采用喷淋的方式，而切碎等机械预处理是城市有机垃圾厌氧消化工艺应用最广泛的预处理方式。因此在探讨不同颗粒度、不同含固率、不同温度和不同pH对有机垃圾水解速率和水解液中有机物含量的影响，以确定最优的厌氧水解工艺参数。

9.4.1 生物质水解供碳的材料与方法

9.4.1.1 试验物料

所用有机垃圾取自苏州市甪直镇某农贸市场附近的垃圾箱，垃圾取回后将其进行初步挑选，剔除其中的纸屑、塑料、砖头、瓦块、金属、玻璃等可回收或难降解物质，破碎后在冰箱中 4℃ 保存。试验配料时加入米饭颗粒，具体组成见各因素影响试验结果部分。试验过程中常用垃圾组分的含固率见表 9.19。

常用有机垃圾组分的含固率　　　　　　　　　　　　　　　表 9.19

物料	含固率（%）	物料	含固率（%）
米饭	41.82	萝卜	5.10
大白菜	5.50	青菜	8.70
辣椒	7.52	茄子	5.61
长葫芦	5.67	西红柿	6.07
冬瓜	4.11	胡萝卜	10.47
土豆	19.81	苦瓜	6.40

9.4.1.2 厌氧水解试验装置

试验装置如图 9.24 所示，采用内径 20cm、高 42cm 的有机玻璃加工而成，总容积 13.2L，其中 10L 用来水解有机垃圾，上部 3.2L 作为气室用来储存消化气，在反应器的顶部设计了一个水封槽来保证反应器的厌氧状态。反应器设有可调速搅拌器进行搅拌。本实验没有另外添加启动菌种。

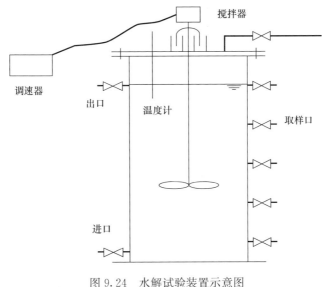

图 9.24 水解试验装置示意图

9.4.2 有机垃圾厌氧水解的影响因素

9.4.2.1 颗粒度

颗粒度在有机垃圾厌氧水解过程中是一个重要的影响因素。首先有机垃圾颗粒过大不利于垃圾的流态化处理与搅拌以及反应器内料液的均匀分布。其次有机垃圾颗粒度直接影响了垃圾与水接触表面积大小，垃圾颗粒度越小则接触表面积越大，从而加快生物反应过程，提高厌氧消化速率。由此，有机垃圾进入厌氧水解系统之前，经常需要进行破碎等预处理以减小垃圾颗粒的尺寸。通过破碎，可使原料水分在一定程度上均匀化，同时增大比表面积使微生物侵蚀的速度就加快，可提高消化速度。从理论上讲，粒径越小越容易分解，但是垃圾颗粒越小则动力消耗就越大，使得处理费用越高，造成经济性降低。因此，在应用研究中应该选择合适的颗粒大小。

本次试验的步骤是在 5 套厌氧水解试验装置内各装入成分均匀的 3000g 试验物料，组成见表 9.20。试验固液比为 1:1（经测定含固率约为 3%），浸泡水（自来水）pH 约为7，室温为 30(±2)℃，选用 5 个颗粒度水平：1 号装置颗粒度<5mm，2 号装置颗粒度10~20mm、3 号装置 20~30mm、4 号装置 30~40mm、5 号装置 40~50mm，粒度筛选采用标准筛网。

试验物料组成   表 9.20

物料成分	蔬菜	米饭	水果
百分含量（%）	87.60	8.82	3.58

（1）不同颗粒度条件下水解液 pH 的变化

图 9.25 反映了溶出液 pH 的变化情况，可以看出，5 个颗粒度下水解液的初始 pH 在 5.20～5.70 之间，水解开始进行后 1d 内由于大量有机物水解酸化使得 pH 迅速下降，之后酸化速率开始减缓，在 4d 以后就都平稳在 3.50～3.60 之间，不同颗粒度之间几乎没有差异。从图 9.25 中还可知，在水解未达到稳定状态前，颗粒度越大 pH 越高，颗粒粒径越小，水解酸化速率越大，与相关的研究结论相符。

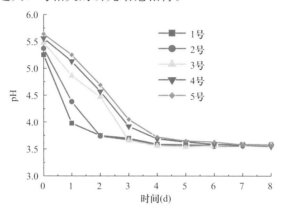

图 9.25　溶出液中 pH 的变化

（2）颗粒度对溶解性 COD_{Cr}（$SCOD_{Cr}$）溶出的影响

从图 9.26 可知，随着有机垃圾颗粒粒径的增大，有机物溶出效果随之逐渐变好，然而根据现有的研究表明，颗粒粒径的减小可使垃圾与水接触表面积增大，可以促进生物过程从而提高水解速率，这两种结论截然不同，通过分析，出现这种现象的原因在于：颗粒太小会造成部分有机垃圾的含水率太高（达 80％～90％）而在未进行水解之前就溶出很多，使得有机物颗粒度越小其初始 $SCOD_{Cr}$ 浓度就越高，如图 9.27 所示。

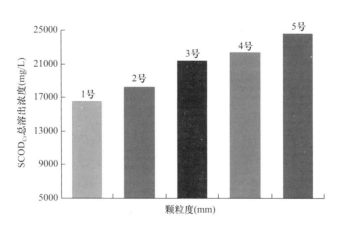

图 9.26　不同颗粒度的 $SCOD_{Cr}$ 总溶出浓度

在水解过程稳定之前，颗粒粒径越小的水解液，其总 $SCOD_{Cr}$ 量越大且溶出速率越快。并且随着颗粒粒度的增大，水解速率的滞后期有逐渐延长的趋势，主要原因应是扩散限制作用：水解开始时，微生物吸附于有机垃圾的外表面，并逐渐向其内部扩散。

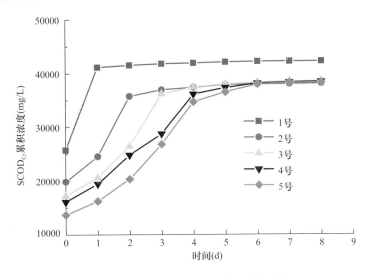

图 9.27 不同粒度 SCOD$_{Cr}$累积浓度变化

与此同时，水解酶类不断将有机颗粒降解使其粒径逐渐减小，当颗粒粒径变得足够小后，比表面积增大，扩散阻力可忽略；由于 1 号装置颗粒度很小，为了更好地说明其溶出速率的变化，跟踪检测的 COD$_{Cr}$变化情况，发现其溶出速率达到峰值的时间是在第 4～6h 之间。不同颗粒度的溶出速率峰值详见表 9.21、图 9.28 所示。

不同颗粒度有机垃圾溶出速率峰值　　　　　　　　　　　　　表 9.21

垃圾颗粒度（mm）	0～5	10～20	20～30	30～40	40～50
COD$_{Cr}$溶出速率达到峰值时间	4～6h	2d	3d	4d	4d
COD$_{Cr}$溶出速率峰值	1694 mg/(L·h)	11208 mg/(L·d)	9731 mg/(L·d)	7385 mg/(L·d)	7885 mg/(L·d)

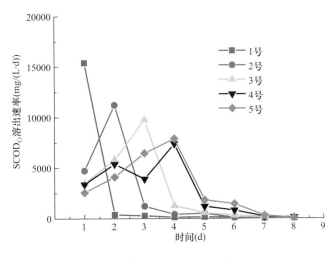

图 9.28 不同颗粒度 SCOD$_{Cr}$溶出速率

(3) 水解前后 SS 和 VSS 的变化

不同颗粒度条件下有机垃圾厌氧水解前后 SS 和 VSS 的变化见表 9.22。

SS 和 VSS 水解前后的变化情况 表 9.22

垃圾颗粒度 (mm)	SS (g/L)		溶出率（%）	VSS (g/L)		溶出率（%）
	水解前	水解后		水解前	水解后	
0～5	30.57	28.05	8.24	24.10	15.37	36.22
10～20	30.62	28.16	8.03	24.32	15.49	36.31
20～30	30.69	28.25	7.95	24.47	15.58	36.33
30～40	30.73	28.31	7.88	24.52	15.60	36.39
40～50	30.81	28.46	7.63	24.75	15.73	36.44

从表 9.22 中可以看出，厌氧水解前和后，VSS 和 SS 均随颗粒度增大而增大，但变化不大。有机垃圾经厌氧水解，SS 溶出率随着颗粒度增加而降低，这是因为垃圾颗粒度越大无机物与有机物等的溶出越不充分。总体上，颗粒度 VSS 和 SS 溶出率影响较小，各数值相当接近。

9.4.2.2 含固率

厌氧水解过程中，提高含固率可以减小反应器体积，增加单位体积反应器累积的溶出量，但也可能会导致垃圾降解效率的降低，即降低了单位质量垃圾累积溶出量和总固体去除率。因此在厌氧水解过程中"含固率"（通常用 TS 表示）也是一个重要参数。通常有机垃圾厌氧水解的含固率一般维持在较低水平，因为含固率高时在水解过程中容易严重酸化而破坏运行稳定性。本试验通过不同含固率（含固率分别约为 1%、2%、3%、4%）的对比，考察其对水解过程的影响。

本次试验的方法是分别在 4 套厌氧水解试验装置中放入表 9.23 所示的不同含固率的物料（颗粒度小于 5mm）和浸泡水（pH≈7 的自来水），室温为 33(±2)℃。取出的样品溶液经过过滤后，检测滤液中的 pH、$SCOD_{Cr}$ 和氨氮含量等，SS、VSS 等用滤渣分析测定。用前后两次溶液中 $SCOD_{Cr}$ 含量差值表示水解速率，$SCOD_{Cr}$ 差值在 5% 之内称为稳定状态。

试验物料性质 表 9.23

含固率（%）	含量（g）	物料成分			
		蔬菜	米饭	水果	浸泡水（自来水）
1.19≈1		2000	95	100	7000
2.11≈2		4000	280	100	6000
3.14≈3		5000	560	100	5000
3.90≈4		6800	900	100	4000

（1）不同含固率条件下水解液 pH 的变化

从图 9.29 可知，垃圾批式投入后，水解酸化会产生的大量脂肪酸而使 pH 迅速下降。厌氧水解过程中，含固率为 1% 的反应器在前 19h 处于比较正常状态，之后由于含水分太多，水解液 $SCOD_{Cr}$ 浓度不是很高，pH 在降至 4 后，产甲烷菌不断增殖，脂肪酸被逐渐分解为 CH_4、H_2、H_2S 和 NH_3 等气体，使得其 pH 迅速上升，最终在反应器内将逐渐形成完整的厌氧消化过程，pH 提高变缓，并趋于稳定于中性左右。而起始含固率分别为 2%、3% 和 4% 的反应体系中的 pH 变化情况基本一致，pH 都是经过迅速下降后趋于稳定的过程。Ghanem 等的研究认为餐厨垃圾的水解酸化过程在 pH 不低于 3.5 时尚不会对消解过程造成太大不利的影响，但 pH 若更低则会严重影响微生物的活性。在不加碱液调节体系 pH 的情况下，4％的厌氧消解体系不利于餐厨垃圾的水解酸化，因为其水解液 pH 将迅速下降至 3.5 以下。

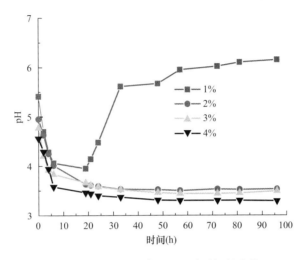

图 9.29 不同含固率下 pH 随时间的变化

(2) 不同含固率条件下水解液 NH₃-N 的变化

从图 9.30 可知，在水解前 4h，不同含固率反应体系的氨氮浓度都是比较快速的下降，原因可能是用于此阶段水解菌的大量增殖的细胞合成。但这之后不同含固率的变化情况都不一样。起始含固率为 1％的反应体系，由于其中的厌氧消化各类微生物大量增殖等原因使得氨氮浓度几乎全程下降，直至接近 0；起始含固率为 4％的反应体系，它的氨氮浓度经历了从低到高并逐渐稳定的过程，但其浓度在整个过程较另 3 个体系都高出很多，这间接说明了含固率太高或 pH 太低会使得反应体系中各类微生物的生长受到抑制，厌氧水解作用不能有效进行；起始含固率为 2％的反应体系与 1％的氨氮变化情况有点相似，但其稳定后的氨氮浓度会保持在一定水平，而起始含固率为 3％的反应体系的氨氮浓度变化情况是在开始时迅速下降，很快就稳定在一较高水平上，约在 140mg/L 左右，比含固率为 4％的稳定时氨氮浓度低很多，这说明含固率为 3％时仍有一定厌氧水解作用。

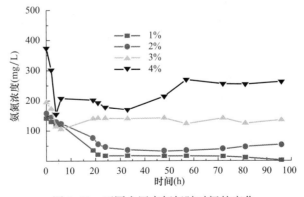

图 9.30 不同含固率氨氮随时间的变化

（3）含固率对水解液 SCOD$_{Cr}$溶出的影响

从图 9.31 可以看出，在水解开始，由于对有机垃圾进行破碎时，产生汁液，因此含固率 3%和 4%的水解液初始浓度明显比含固率 1%、2%的大。随着水解进行，各反应器中的水解液的 SCOD$_{Cr}$累积溶出浓度随时间迅速增加，之后开始变缓，到 24h 后即基本不再提高。这表明有机垃圾经破碎后粒径较小（<5mm），固液接触表面积较大，且果蔬垃圾内部缝隙连通充分，有利于有机物溶出，随着初始的有机物大量水解，之后垃圾液化速率降低，厌氧水解过程逐渐变慢。这个结果与刘国涛的实验结果一致。水解达到稳定后，SCOD$_{Cr}$变化不大，甚至略有下降，这可能是因为厌氧微生物已大量繁殖，开始少量厌氧产气的缘故。

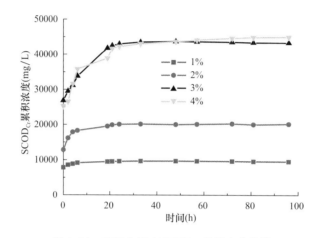

图 9.31　不同含固率 SCOD$_{Cr}$总量变化曲线

由图 9.32 可以看出，SCOD$_{Cr}$水解过程溶出增加浓度随含固率提高而增加，但增幅有明显的不同，含固率由 1%到 3%，SCOD$_{Cr}$溶出浓度以成倍数增加，但到 4%时，比 3%增幅有较大程度的变小。

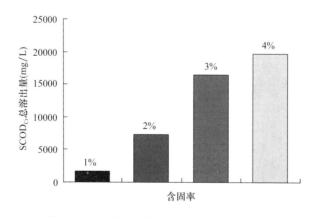

图 9.32　不同含固率 SCOD$_{Cr}$水解溶出增加量

从图 9.31 和图 9.32 所示，SCOD$_{Cr}$溶出浓度受含固率的影响大：

1）含固率为 1%的反应体系的水解过程在前几个小时还算比较正常，随着水解时间的延长，SCOD$_{Cr}$的溶出不再增加，这是因为含固率太低，可进一步溶出有机物已很少，且水解液 pH 接近中性，在厌氧微生物的作用下，垃圾出现明显的腐化现象，水解作用与分解作用基本抵消。实际应用中含固率低会增加耗水量，因此本实验中未进一步考察低于 1%的含固率对水解过程的影响；

2）含固率为 2%的反应体系的水解过程还算比较正常，只是在水解第 4 天反应器中暴露在空气中的垃圾出现少许的腐化，从图 9.32 中可以看出与"1%"相比，其 $SCOD_{Cr}$ 溶出增加浓度是"1%"的 4 倍多，但由于其水解液可达到的 $SCOD_{Cr}$ 累积浓度较低，说明水解效果并非最佳；

3）含固率为 3%的反应体系的水解过程比"2%"的要好，各项测试指标都比较稳定，并且其 $SCOD_{Cr}$ 溶出增加浓度是"2%"的 2 倍，有机物溶出比较充分；

4）当起始含固率从 3%提高到 4%时，两者水解液中 $SCOD_{Cr}$ 累积浓度基本相近，有机物溶出增加浓度差异很小。出现这种现象的原因主要是含固率达到 4%时，其水解液的 pH 太低和水分太少，抑制了厌氧水解菌的活动。因此，从对有机垃圾利用效率和可获得的水解液 $SCOD_{Cr}$ 浓度角度考虑，厌氧水解时选择含固率为 3%。

（4）水解前后 SS 和 VSS 的变化

不同含固率条件下有机垃圾厌氧水解前后 SS 和 VSS 的变化见表 9.24。

SS 和 VSS 水解前后的变化情况

表 9.24

含固率（%）	SS（g/L）		溶出率（%）	VSS（g/L）		溶出率（%）
	水解前	水解后		水解前	水解后	
1	11.03	9.65	12.51	8.38	6.85	18.26
2	20.46	18.40	10.07	15.74	11.80	25.03
3	30.88	28.32	8.29	24.40	15.81	35.20
4	38.25	35.34	7.61	31.23	21.73	30.42

从表 9.24 中可以看出，有机垃圾在厌氧水解开始进行以前，含固率越高，SS 浓度越大，但是水解过程中的溶出率却是相反的，说明含固率越高其无机物和有机物等的溶出越不充分。VSS 在厌氧水解前与含固率的关系和 SS 的基本相同，但是 VSS 溶出率却存在最大值，即含固率约为 3%时的溶出率达到 35.20%。当含固率从 3%提高到 4%时，$SCOD_{Cr}$ 累积浓度并没有增加多少，体现在 VSS 的溶出率上是其值只有 30.42%，比"3%"下降了 4.78%，有机物并没有充分溶解。

9.4.2.3 pH

从前文的试验结果可知，在自然条件下水解反应器内的有机垃圾的 pH 波动范围在 3.5～5.5。由此在本节试验设计中不再对低 pH 对厌氧水解过程的影响进行研究，而仅考虑自然条件下、中性环境和碱性环境的影响，故此将水解液初始 pH 控制为 7 和 9。试验物料组成见表 9.25。

试验物料组成

表 9.25

物料成分	蔬菜	米饭	水果
含量（g）	4500	460	100

试验方法是分别在 3 套厌氧水解试验装置中内装入成分均匀的 5060g 垃圾样品，加入浸泡水 5000g 使其含固率约为 3%，在室温 30（±2）℃下运行。取样方法分两种：

1）初始 pH 控制为 7 和 9 的自然状态下的每次取完样的同时加入与取出水等量的相应 pH 的浸泡水，并将过滤后的滤渣放回反应器（除第一次用于分析测定外）；

2）自然条件下的除了没有在取完样后加入相应 pH 的浸泡液外其他的与第一种方法一样。取出的样品溶液经过滤后，检测滤液中的 pH、$SCOD_{Cr}$ 和氨氮含量等，SS、VSS 等用滤渣分析测定。试验周期为 4d。

（1）水解液 pH 的变化

研究表明，在 pH 为 6~8 范围内，其 pH 主要取决于代谢过程中挥发酸、碱度、氨氮、氢之间自然建立的缓冲平衡，如图 9.33 所示。

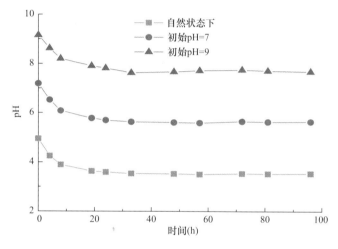

图 9.33 pH 随时间的变化

在初始 pH 分别约为 5、7、9 条件下，水解开始进行后一天内 pH 迅速下降，并且差不多在第 2 天即稳定在最低值。出现这种现象的原因是在水解开始阶段，微生物繁殖很快，且在产酸菌的作用下糖类、淀粉、纤维素等降解为各种酸、醇等。反应 2d 后，pH 基本稳定在某个的范围或呈轻微的上升趋势，这是因为随着水解的进行含氮有机质（如蛋白质、核酸等）降解产生的氨氮使水解液的 pH 上升；同时有机酸逐渐被其他细菌利用，也会使 pH 升高。初始 pH 越高，最后稳定的 pH 也越高，对自然条件下（pH 不控制条件下）水解液在 48h 以后 pH 一直维持在 3.50~3.55，而初始 pH 分别约为 7 和 9 条件下，最后水解液 pH 分别维持在 5.6 和 7.7 左右。

（2）水解液氨氮的变化

由图 9.34 可知，水解液中氨氮浓度的变化趋势是：首先是在水解开始时迅速下降，8h 后上升，一天后稳定在 120~140mg/L 范围内，出现此现象的原因可能是在垃圾迅速水解酸化过程中微生物利用或消耗了氨氮，之后水解作用变弱，微生物利用氨氮速率也下降了，两者基本平衡；当初始 pH 为 5~9 时，对水解稳定后氨氮浓度影响很小，但初始 pH 为 7 的水解液中氨氮浓度略高。

（3）pH 对 $SCOD_{Cr}$ 溶出的影响

相关实验表明 pH 在中性或稍微偏碱性的条件下，水解溶出效果最好，但也不是 pH

越高溶出效果越好，因为强酸或强碱环境不利于水解酸化菌的生长。并且有机物水解的最主要成分是碳水化合物和蛋白质，而分解这些有机物的细菌最适应在中性环境。

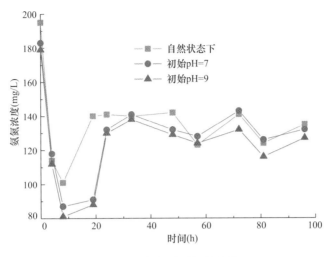

图 9.34　氨氮随时间的变化

由图 9.35 可知，在水解开始进行时，初始 pH＝7 条件下的水解速率就比初始 pH＝9 和初始 pH＝5 的快，这与前面的研究结论基本相符。而随着水解的进行，微生物逐渐开始适应所处的环境；初始 pH＝7 和初始 pH＝5 这两个条件下的水解反应较快的时间段约在水解开始后 1d 的时间内，1d 之后基本保持稳定；而初始 pH＝9 的在水解 1d 后还继续保持一定的增长速率，至水解 57h 后开始逐渐稳定，因此与另外两条件下的相比，该条件下的 $SCOD_{Cr}$ 累积溶出量存在一定的滞后现象，另外一个可以解释此现象的原因是：随着水解的进行，初始 pH 为酸性和中性条件逐渐变成酸性的，而原本碱性的逐渐向中性环境靠拢；在三个条件的水解达到稳定状态后的水解速率出现负值可能是因为产气等原因而消耗了水解液中的有机物。

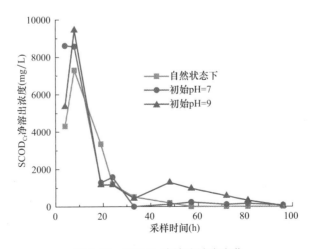

图 9.35　$SCOD_{Cr}$ 净溶出浓度变化

由图 9.36 可看出，在水解 2d 内，初始 pH 为 7 和 9 两种条件下的 $SCOD_{Cr}$ 溶出量较初始 pH 为 5 条件时高，且 pH 为 7 时的 SCOD$_{Cr}$ 累积溶出量在 60h 前较 pH 为 9 时更高。其主要原因是大多数微生物最适宜中性环境生长，因而在中性环境中微生物的生长繁殖更加旺盛，其水解效率也更高；水解进行 2d 后，初始为酸性和中性条件下的水解液由于 pH 迅速降低而变成酸性而使某些微生物受到抑制，反之初始 pH 为 9 的水解液逐渐向中性环境靠拢而使得其水解效率得到提高，终于在 3d 之后 SCOD$_{Cr}$ 累积量超过另两个。

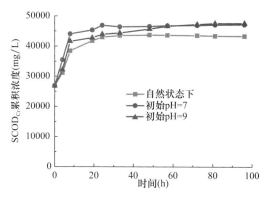

图 9.36　SCOD$_{Cr}$ 累积浓度变化

（4）水解前后 SS 和 VSS 的变化

不同初始 pH 有机垃圾厌氧水解前后 SS 和 VSS 的变化见表 9.26。

SS 和 VSS 水解前后的变化情况 表 9.26

含固率（%）	SS（g/L）		溶出率（%）	VSS（g/L）		溶出率（%）
	水解前	水解后		水解前	水解后	
自然条件下（pH=4.95）	30.88	28.33	8.26	24.26	15.71	35.24
7.19	30.62	28.16	8.03	24.22	15.13	37.53
9.15	30.81	28.36	7.95	24.38	15.43	36.71

从表 9.26 可以看出，厌氧水解前，当 pH=7.19 时 SS 在水中溶出最快，水解结束后 SS 在自然条件下的溶出率最高，达到 8.26%，并且 pH 越大，SS 溶出率越低；厌氧水解前，VSS 在 pH=7.19 时的含量最低，pH=4.95 条件下次之，pH=9.15 条件下最高，水解结束后，VSS 在 pH=7.19 时溶出率最高，达 37.53%，在 pH=4.95 时最低，这说明 pH=7.19 时，有机物溶出率最高。

9.4.2.4　温度

厌氧水解过程中微生物对温度的变化非常敏感，温度主要通过影响厌氧微生物细胞内的某些活性酶的活性，从而影响微生物自身的生长繁殖及其对基质的代谢速率。同时温度也可以影响有机质在反应器中的流向，从而影响反应过程。因此，温度是影响水解酸化过程的一个重要因素，较小范围的温度变化也会对水解酸化过程产生较大的影响。但迄今为止，关于温度对有机垃圾水解酸化过程的影响研究还很少。本实验设计选取三个有代表性的温度（20℃、35℃、55℃），来考察温度对有机垃圾厌氧水解的影响。试验物料组成见表 9.27。

试验物料组成			表 9.27
物料成分	蔬菜	米饭	水果
含量（g）	2000	200	50

试验装置选用上海方瑞仪器有限公司生产的 CH 系列恒温水浴、5L 可加盖密封的聚乙烯瓶以及搅拌器各 1 个。

试验方法：在烧杯中装入 2250g 垃圾样品，加入 2L 的浸泡液（pH 约为 7）使其含固率约为 3%，之后将聚乙烯瓶等放入恒温水浴中。本次试验采取分批进行，另取 2 份相同的垃圾样品于冰箱中且 4℃储存。选用 3 个温度水平：20℃、35℃、55℃。每次取完样的同时加入与取出水等量的浸泡液，并将过滤后的滤渣放回反应器（除第一次用于分析测定外），每次取样时关闭仪器电源。取出的样品溶液经过过滤后，检测滤液中的 pH、$SCOD_{Cr}$ 和氨氮含量等，SS、VSS 等用滤渣分析测定。用前后两次溶液中 $SCOD_{Cr}$ 含量差值表示水解速率。结合之前的实验结果，本试验的周期取 2d。

（1）不同温度条件下水解液 pH 的变化

图 9.37 反映了不同温度条件下的水解液中 pH 的变化情况。从图中可看到，①在 20℃条件下，从水解反应开始至 1d 内，水解液 pH 从开始的 5.28 迅速下降至 3.99，之后的下降速度开始逐渐减缓，在 24h 到 48h 之间 pH 从 3.99 降至 3.86；35℃条件下，水解液 pH 较 20℃时下降得更迅速一些，水解至 24h 后水解液 pH 从开始的 5.21 迅速下降至 3.83；24h 后，pH 基本稳定在 3.80 左右；55℃条件下的下降速度又会比 35℃的更快一些，24h 后 pH 也基本稳定，比 35℃的略低。②造成水解开始至 24h 内的 pH 迅速下降的原因可能是此阶段的有机物水解酸化速度很快，并且有随着温度上升有加快的趋势。③胡金臣的研究表明，除强酸（如盐酸）溶液外，当体系的温度升高时，其溶液的 pH 都呈不同程度的下降趋势。换言之，温度本身也对水解液 pH 产生一定的影响。

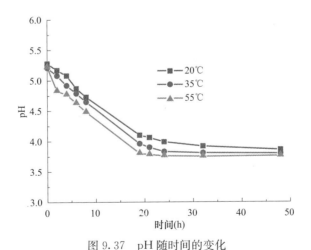

图 9.37 pH 随时间的变化

（2）不同温度条件下水解液氨氮的变化

不同温度下厌氧水解过程氨氮浓度变化如图 9.38 所示。在 20℃温度条件下，整个过程中氨氮溶出的最大浓度为初始时的 299mg/L，在 8~24h 处于稳定状态（浓度在 180~188mg/L），24h 后继续下降，48h 后降至 131mg/L，整个过程中，氨氮累积浓度下降、稳定、下降的趋势；在 35℃ 和 55℃ 温度条件下，在水解后期氨氮的溶出浓度都比较稳定，但在水解前 24h，下降和上升的趋势都很明显。48h 后 3 个温度下氨氮浓度基本相近。

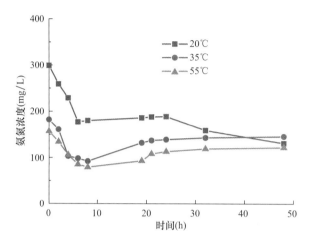

图 9.38　不同温度条件下氨氮随时间的变化

总体来看，NH_3-N 的溶出速率经过了由快到慢的过程，这可能与蛋白质等含氮组分的分解速率有关，溶出液中增加的 NH_3-N 主要来源于蛋白质的降解；低温条件下的氨氮溶出浓度大于高温条件下的氨氮溶出浓度，可能原因是高温条件下微生物生长繁殖较快，利用氨氮多，以及氨氮的挥发量比低温下的挥发量大等。

（3）温度对水解液 $SCOD_{Cr}$ 的影响

由图 9.39 和图 9.40 可以看出，随着浸泡时间增加，水解液中 $SCOD_{Cr}$ 的浓度在前 8h 迅速增大，在 8~24h 缓慢增大，之后基本趋于稳定，前 8h 有机物净溶出占总净溶出量的 93.67％、57.83％、89.05％。

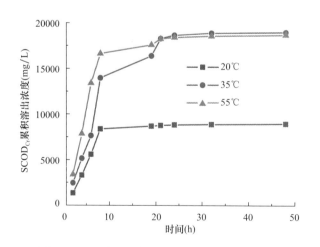

图 9.39　不同温度条件下 $SCOD_{Cr}$ 累积溶出浓度

20℃ 条件下前 8h 的溶出比例最高，这是由于 8h 之后可能反应器内微生物作用受到限制导致水解液中有机物几乎不再溶出；水解温度为 20℃ 和 35℃ 条件下，前 6h 的有机颗粒水解速率较慢，特别是 20℃ 条件下的存在较为明显的滞后现象，而水解温度为 55℃ 条件

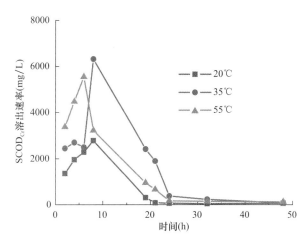

图 9.40 不同温度条件下 $SCOD_{Cr}$ 溶出速率

下，其水解速率几乎不存在滞后现象，水解速率的快慢顺序依次为 55℃＞35℃＞20℃。表明提高水解温度能够提高水解液中的 $SCOD_{Cr}$ 净溶出量和有机质水解率，其主要原因之一是有机垃圾 3 种主要有机组成（碳水化合物、蛋白质、油脂），随着温度的上升，其水解率均表现为上升趋势，且从常温到中温的变化更为明显。另一个原因是随着温度的升高，有机质分子活动越强烈，且可能是由于高温条件下有机物本身的一些特性发生了明显变化，产生自溶现象，使有机质更易降解且降解的更多；水解结束时，温度为 35℃ 的 $SCOD_{Cr}$ 累积溶出量最大，其次是 55℃，最小是 20℃。这与水解稳定前的 55℃ 的 $SCOD_{Cr}$ 累积溶出量比 35℃ 的大不一致，两者交叉点发生在约 24h 处。其原因主要有两个方面：一是系统 COD_{Cr} 均存在损失，且 COD_{Cr} 损失量随着温度的上升而上升。这说明，升温不仅可以增加某些微生物活性，还可能对生化反应进程产生了影响，增加了水解过程中酸性气体的产生量等；另一方面，虽然说 55℃ 的环境也可以增加某些菌群的活力，但是大多数水解微生物最适宜的生长代谢温度在 37℃ 左右，因此在微生物作用较大的水解后期中温的溶出效果会更好一些。

（4）水解前后 SS 和 VSS 的变化

不同温度条件下有机垃圾厌氧水解前后 SS 和 VSS 的变化见表 9.28。

SS 和 VSS 在水解前后的变化情况 表 9.28

温度（℃）	SS（g/L）		溶出率（%）	VSS（g/L）		溶出率（%）
	水解前	水解后		水解前	水解后	
20	30.59	28.66	6.31	24.75	19.48	21.29
35	30.51	28.02	8.16	24.26	15.75	35.08
55	30.69	28.04	8.63	24.07	16.02	33.44

从表 9.28 可以看出，水解前三个温度的 SS 基本相近，但 VSS 随水解温度升高而略有降低。有机垃圾经厌氧水解后，VSS 溶出率明显比 SS 高，即有机物比无机物较多地溶出。在三个水解温度下，20℃时的 SS 和 VSS 溶出均明显低于 35℃ 和 55℃，说明低温不利于有机物溶出。水解结束时 35℃ 条件下的有机物溶出率最高，说明在 35℃ 时有机垃圾的水解效果最好。

在小试规模上对有机垃圾厌氧水解有机物溶出的主要影响因素进行了试验研究，得到如下结论：

（1）在有机垃圾颗粒粒径范围为 0～50mm 内，粒径小于 5mm 的水解液 $SCOD_{Cr}$ 累积浓度最大，水解没有滞后期，而其他粒径水解液 $SCOD_{Cr}$ 累积浓度相近，且有水解滞后期；颗粒粒径大小对水解液的 pH 没有影响。

（2）有机垃圾颗粒厌氧水解液 $SCOD_{Cr}$ 累积溶出浓度随不同起始含固率在初始阶段都是迅速增加，到 24h 后即基本稳定。在水解结束时，起始含固率 2% 的 $SCOD_{Cr}$ 累积溶出浓度比含固率 1% 的高，含固率 3% 和 4% 的水解过程中 $SCOD_{Cr}$ 累积溶出浓度基本接近，并明显高于含固率 2% 的，水解过程净溶出量含固率 4% 的略高。水解液 pH 随不同起始含固率在初始阶段则是迅速下降，之后含固率 1% 的 pH 上升 6.0 以上，含固率 2% 和 3% 的 pH 稳定在 3.5～3.6 范围，含固率 4% 的 pH 下降至 3.5 以下；氨氮浓度也是先快速下降，之后基本稳定，但浓度大小随含固率的增大而变小。因此，从对有机垃圾利用效率和可获得的水解液 $SCOD_{Cr}$ 浓度角度考虑，厌氧水解时应选择含固率为 3%。

（3）不同初始 pH 条件下，水解液 $SCOD_{Cr}$ 累积溶出浓度随水解时间先迅速上升再减速并趋于稳定，稳定时初始 pH 为 7 和 9 的 $SCOD_{Cr}$ 累积溶出浓度基本相等，自然条件下（pH 约为 5）的略低；而水解液 pH 随时间变化趋势与之相反，稳定后 pH 随初始 pH 增大而越大，自然条件下（pH 约为 5）和初始 pH 分别约为 7 和 9 条件下水解液最后稳定 pH 分别约在 3.50、5.6 和 7.7 左右。水解液氨氮浓度则是呈开始时迅速下降再上升，一天后稳定在 120～140mg/L 范围。

（4）不同的温度下水解液的 $SCOD_{Cr}$ 累积溶出浓度在 8h 内均迅速上升，之后低温（20℃）和高温（55℃）$SCOD_{Cr}$ 累积溶出浓度增大很小，但后者数值已达 40000mg/L，而中温（35℃）则继续以较缓慢速率增加，直至略高于高温的 $SCOD_{Cr}$ 累积溶出浓度；而水解液 pH 随时间在前 24h 内以近似线性下降，随即迅速稳定在 3.8 左右；氨氮浓度变化趋势与 pH 变化情况较为类似，最终稳定在 140mg/L 左右。由于不同温度下水解液的 $SCOD_{Cr}$（作为资源利用低温时明显偏低）、pH 和氨氮浓度基本相近，若从减小厌氧水解时间角度，在高温下有优势，但高温需加热会带来成本增加，因此采用中温条件下进行水解比较合适。

10 水环境综合整治工程体系与运行效果分析

针对太湖流域河网地区城镇水环境整治需求，结合关键技术研发，构建综合整治技术与工程体系，实现优化运行，包括：敏感密集区污水收集、污废水协同处理升级改造、污水处理尾水再生利用、城镇固体废弃物协同资源化利用，以及河道水系水动力调控与生态修复等。上述工程与河道疏浚、河道整治、生态建设等依托工程相结合，形成太湖流域河网地区城镇"水系调控—污水收集—污水处理—再生回用—生态修复"等一体化水环境综合整治工程体系，改善水环境质量，并为河网地区城镇水环境提供借鉴。

10.1 综合整治技术集成与工程布局

基于甪直镇空间分析和水环境问题的时空识别，综合考虑技术综合集成、污染负荷构成，构建了两个水环境综合整治技术集成模式：Ⅰ区——支家库水环境综合整治技术集成模式和Ⅱ区——古镇水环境综合整治技术集成模式，如图 10.1 所示。

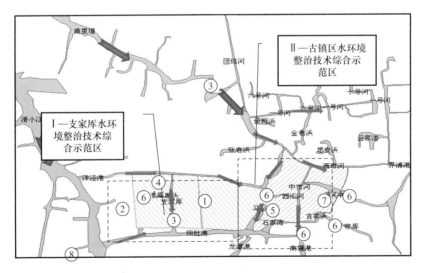

图 10.1 重点示范区水环境治理技术集成图

注：①污水收集技术示范工程；②城镇污废水协同处理、再生利用示范工程；③浦里塘、支家库河道生态工程；④支家库湿地工程；⑤古镇湿地工程；⑥水系沟通与调控；⑦水生态工程；⑧固废资源化工程

Ⅰ区——支家库水环境综合整治技术集成模式。针对区内存在的分散污水收集率低、甚至缺乏收集管网系统，河道连通性差、存在断头浜、水动力学条件差，河道黑臭、生态

系统退化等问题，按照负压收集—多级复合生态系统—断头浜激活与水动力调控—河道生态恢复等关键要素构建水环境治理技术成模式，提高污水收集率、有效降低污染负荷、耦合景观与生态建设、改善支家库重污染区的水环境质量。

Ⅱ区——古镇水环境综合整治技术集成模式。针对区内属于古镇旅游区，水质要求较高，目前存在水系连通性差、水量交换低、水流动缓慢、水质量差（属于劣Ⅴ类水）等问题，按照水系连通—生态快滤系统—水动力调控—水系生态恢复关键要素构建水环境治理技术集成模式，提高古镇河道交换水量，改善古镇河道水动力条件，降低河道污染负荷，改善水环境质量。

基于河网地区城镇水环境治理技术突破与技术集成，布局综合整治工程包括：$0.5km^2$ 的敏感密集区污水收集示范工程，4 万 m^3/d 的污废水协同处理升级改造示范工程，$4000m^3/d$ 的污水处理尾水再生利用示范工程，20t/d 城镇固体废弃物协同资源化利用工程，以及面积 $1.0km^2$ 降雨径流污染高效控制、河道水系水动力与生态系统恢复示范工程等。

10.2 敏感密集区污水收集工程

用直古镇保护区污水均为传统重力收集方式，污水管道埋深最浅仅为 0.5m，最深不足 1.5m。由于污水排水管道埋深较浅，居民住宅稠密，造成污水管道仅能接纳管道两侧建筑物内的污水，非临街建筑内的污水难以接入到污水管，造成大部分污水仍然难以纳管，成为制约提高污水重力收集效果的一个关键因素。另外，从古镇保护区目前已敷设的管道管径在 $DN200\sim DN400$，坡度均为 0.1%，远小于排水设计规范所要求的 $0.3\%\sim0.4\%$，易造成管道淤积。为此，类似平原河网城镇镇区污水有效收集，是改善周边城镇水系水环境质量的关键。

10.2.1 污水收集工程概况

综合示范工程区位于用直镇张巷村如图 10.2 所示。南起东方大道、北至迎宾路，东临甫澄北路，西到吴淞路，总面积约 $0.5km^2$，区域内北部以工业为主，"三友针织染整有限公司"、"金旺染整有限公司"和"兴发包装工业有限公司"等 15 家企业，日平均统计用水量约 $1100m^3/d$；南部区域为居住区及少量工业，支家库常住人口约 370 人，统计用水量约 $180m^3/d$。总体上区域用水量约 $1280m^3/d$。

原有管网主要位于北部，为 $DN300\sim DN450$ 的重力管道，用于收集的工业废水，就近接入污水处理厂的 1 号调节池泵房，每天收集水量约 $930m^3/d$。张巷村南部支家库周边的居民区和工厂因建筑密集、道路狭窄，大多数房屋之间的街道宽度只有 $1\sim2m$，地形标高约 2.0m 左右，区内外来人口较多，由于房屋旁开挖埋设污水管，可能影响房屋结构与建筑安全。由于传统的重力污水收集方式实施难度较大，污水一直无法得到有效收集。污水就近直排河道，造成临近的支家库和洋泾港河道水环境污染。

图 10.2 工程位置示意图

针对区内生活污水和尚未纳管工业废水，采用负压和重力相结合的复合收集模式。采用重力收集方式进入真空收集井，然后通过负压系统进入污水处理厂。工程分两期实施，总污水收集量约 160m³/d。实现居民区生活污水收集率 100%，综合示范区污水收集率85%左右。

10.2.2 工程实施方案

（1）污水收集量分析

按照《镇（乡）村排水工程技术规程》CJJ 124—2008，当粪便污水和其他生活污水混合计算时，每人每天的生活污水量为 100～170L/（人·d），当粪便污水单独计算时，为20～30L/（人·d）。情况下收集的水量约 25～35m³/d。

（2）污水收集井

根据当地实情况中，可每户单独建一套收集井，也可多户共用一个收集井。为了防止管道堵塞，在污水收集井设置污泥沉淀区，同时考虑一定的贮存体，污水收集井容积计算如下：

$$V = \alpha(V_1 + V_2)$$

$$V_1 = \frac{nq_1t_1}{24 \times 1000}$$

$$V_2 = \frac{nq_2t_2(1-b)(1+m)}{1000(1-c)}$$

式中　V——污水收集井有效容积，m^3；

　　　α——安全系数，本工程中取 2；

　　　V_1——污水收集井污水区有效容积，m^3；

　　　V_2——污水收集井污泥区有效容积，m^3；

　　　n——单污水收集井的设计人数，人，本工程取 $n=4$；

　　　q_1——生活污水量，L/（人·d），本工程中取 100L/（人·d）；

　　　t_1——污水在污水收集井中停留时间，本工程中取 12h；

　　　q_2——污泥量，L/（人·d），本工程中取 0.5L/（人·d）；

　　　t_2——污水收集井的污泥清淘周期，本工程中取 90d；

　　　b——新鲜污泥含水率，%，取 95%；

　　　m——清淘后污泥遗留量，%，取 20%；

　　　c——污水收集井中浓缩污泥含水率，%，取 90%。

　　污水收集井尺寸平面尺寸为 2840mm×1040mm×1000mm，分成三格，第一格为贮泥井，主要进行粪便及颗粒物质的沉积，有效容积：0.25m³，第二格为贮存井，主要用于短暂贮存住户排出的污水，有效容积约 0.35m³，第三格检修操作井，主要用于对水井管、阀门的安装和维护管理，内设 DN150 水封管一根，深度一般为埋入地面以下 4m。在水封管内设置 DN65 抽吸管一根，同时设置 DN65 电动球阀一只，DN65 止回阀一只。

　　当多户共用一套收集井时，应对收集贮泥井和贮存井的有效容积进行适当放大。

　　污水收集井一般设置在住户北面，施工时应满足以下条件：

　　① 污水收集井设置在离厕所出口附近，方便厕所废水就近接入；

　　② 方便操作：具有一定空地，并避开人行及交通要道，方便操作管理；

　　③ 防雨功能：顶板需高出周围地面约 100mm，防止雨水进入；

　　④ 防渗功能：收集井内侧必须防渗处理，建成后应经渗漏检验。即加满水观察 24 小时，其水位的减少，以不超过 10mm 为合格。

　　⑤ 旁通功能：溢流旁通功能，在收集设备损坏时，污水能够溢流旁通，溢流管就近下渗或排入附近沟。

　　⑥ 设置可开启盖板：每格需要设置可开启式的盖板，方便清淤和井内设备的管理。

　　(3) 管道布置

　　根据系统服务范围特点和系统真空度控制要求，确定负压收集系统管网布局。拟敷设两根 DN150 的负压支线，1 号支线管中心标高为 1.50m，服务用户端数量 23 个，2 号支线管中心标高为 1.70m，服务用户端数量 31 个。负压支线最终接入设置于甪直污水处理厂 1 号进水泵房的中央收集站中。54 个用户端中，4 个为公共厕所，无需新建污水收集井，仅需在公共厕所旁边新建连接管阀门井，公共厕所化粪池出水与连接管阀门井进水管连接；其余均需新建污水收集井。

　　根据河网城镇的特点，设计负压支线埋深为 0.4~0.7m，小于《室外排水设计规范》中的管道最小覆土要求。由于本工程中管道敷设的道路均为居民区中的小巷，最大路宽不超过 2m，少有机动车经过，所以管道受压力小，设计减少覆土厚度。对于部分管道，位于低洼地带时，可以采用局部覆土的方式，以保证管道有一定的覆土深度。在负压收集管道中纵断面布置时，应尽量避免设置提升段，本工程中，负压支线均按水平敷设设计，负压支管由污水收集井出口按一定坡度坡向污水支线。由于住户排水点大部分位于房屋北侧，污水收集井布置于住户北侧，污水支线沿住户北侧敷设，以减少接出管和真空管道的用量。

本工程埋深较浅，均采用开槽埋管法施工，管材：DN100～DN150 均采用 UPVC 塑料管，粘结接口。所有管道工作压力为 0.6MPa。负压管道最小流速大于不淤流速 0.3m/s。

工程敷设管线两条，1 号支线布置收集井 17 座，2 号支线布置收集井 21 座，共 38 座，其中包括 2 座公厕的收集井。管线及收集井点位详见图 10.3。

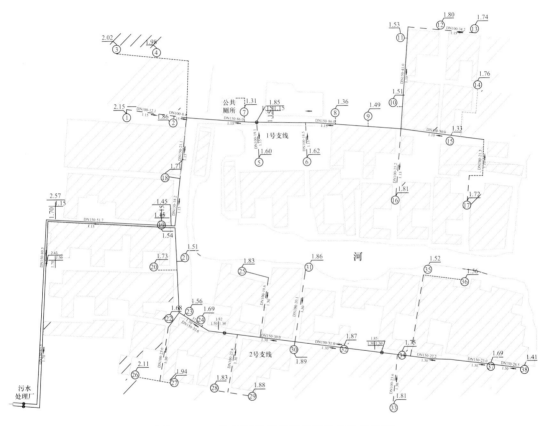

图 10.3 工程实际敷设的管线及收集井点位图

（4）负压收集站

根据现场条件，本工程负压泵站设置于张巷村支家库西侧的甪直污水处理厂 1 号进水泵房内，收集的污水直接排入污水处理厂进水泵房，负压泵站采用成套设备，具体参数如下：

① 负压收集罐：负压收集罐直径为 1.5m，长 2m，采用卧式安装方式，负压收集罐上设置真空开关和浮球开关。

② 污水泵：流量为 30～40m³/h，H=10m，P=4kW，吸水高度 7m，一备一用。

③ 真空泵：真空泵采用 SZB-4 水环式真空泵，压力为－56.7kPa 时，抽气量为 100L/min。

④ 控制系统：中央收集站内设置控制箱，系统可根据需要采用定期开启和常开启两

种工作模式，同时采用压力开关和浮球开关控制系统运行。真空开关包括升压和降压开关，当系统真空度上升至升压开关规定的真空上限时，关闭系统电源，当系统真空度降到降压开关规定的下限时，开启电源；浮球开关用于控制真空罐液位，当负压收集罐的液位低于某一液位时，低液位开关接通，水泵关闭，真空泵启动；当负压收集罐的液位高于某一液位时，高液位开关接通，真空泵关闭，水泵启动。中央收集站采用自动运行，无需人员值守，只需定期巡视和设备维护。

（5）施工注意事项

管网布置采用水平布置，在管网施工过程中，尽可能减少凸起或下凹，防止气体在管道中积聚导致管网的阻力增加；

负压收集管网中的分段设置检修阀门，在管道施工过程中，可用于分段检验负压收集管道密封性能，同时在运行管理中，也可分段检修负压管道；实施过程中，负压管网中的阀门井的最大间距不超过100m，同时每户设置阀门，用于检修。

施工时应注意管道的密封性，在覆土前应分段进行气密性试验，以在最大工作负压情况下，30min管道气体压力降低不高于5％作为依据。

管道收集中，负压收集站和收集井水封管是系统运行的关键，为保证现场施工质量，采用工厂生产加工的成套产品。

10.2.3　工程调试运行情况

由于负压收集系统有别于传统的重力收集方式，因此在工程正常运行之前，应对该系统进行现场调试，以确定适宜的运行真空度范围，既保证最容易吸空点负压不被破坏，又保证最不利吸空点收集井污水不满溢。

（1）管线密封性检验

管线密封性是指管线实际敷设后，中央收集站、收集干管、两条支线、收集井的套管、阀门井及其他管件的连接密封情况。

检验方法：手动启动系统，将系统负压提升至指定真空度，关闭系统并保持该负压30min后，检测系统负压下降情况，30min内降幅≤5％即为密封良好。检验共分两部分：①将系统负压提升至-4.5kPa，关闭两支线进厂阀门，检验中央收集站及收集干管的保压密封情况ΔP_1；②将系统负压提升至-4.0kPa，打开支线所有检查井阀门，关闭所有收集井前进水阀门，检验整体收集管道的保压密封情况ΔP_2。检测结果如图10.4所示。

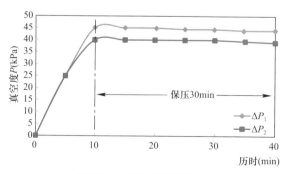

图10.4　管线密封性检验

由图 10.4 可知，中央收集站及收集干管的负压降幅为 2.2%，整体收集管路的负压降幅为 2.5%，均低于 5%，管段中能够保持较好的负压状态，表明两支线管段密封性良好。

(2) 负压站参数设定

试验开启真空泵，对收集罐进行抽吸试验，罐内负压开始上升较快，到达 −20kPa 后，然后保持平稳状态，这时各收集井内的污水在收集罐内的负压作用下进入收集罐内，因此收集罐内的负压基本保持稳定，稳定一段时间后，收集井的污水被抽干，系统的负压值又快速上升，当负压进一步上升至 47kPa 后，管网最不利点的水封被破坏，系统的真空度迅速下降至 15kPa 以下。负压值随时间变化曲线如图 10.5 所示。

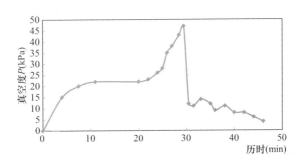

图 10.5 管道负压设定试验

由图 10.5 可知，根据真空度测定曲线可知：系统的静提升损失约 15kPa，当罐内的负压超过 15kPa 时，收集井内的污水开始进入收集罐内，当罐内的负压达到 27~30kPa 时，收集井内的所有污水均被抽吸到底部，当系统负压达到 47kPa，系统的水封破坏，空气从收集井进入收集管中，对污水的抽吸作用停止。基于上述试验，设定负压站的最高真空度和最低真空度。

最高真空度：据图 10.5 所示，1 号和 2 号支线阀门全部开启，最高点代表系统负压破坏值，因此收集罐内的最高负压应低于 47kPa，装置拟设定为 45kPa。

最低真空度：克服静提升损失的真空度为 15kPa，所有收集井内污水抽吸完成的负压值为 27kPa，系统运行最低真空度拟设定为 30kPa，可确保所有的收集井污水有效抽吸完成。

调试过程中，开启水泵和开启真空泵的负压系统压力曲线包括负压提升阶段和压力恢复阶段，由于水泵流量比真空泵大，因此，开启真空泵上升速度慢，开启水泵负压曲线上升速度快，利用真空泵提升系统负压至 −45kPa 的时间约为 28min，而开启水泵的提升时间缩短至 8min，如图 10.6 所示。

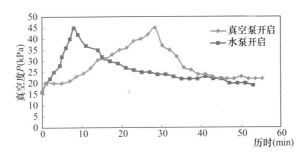

图 10.6 负压系统压力曲线调试

初步选定两条敷设支线的地面高程最高点及支线最远最低点为可能最不利点，分别为最高点 No.1 和 No.26、支线最远点 No.17 和 No.38 收集井。当负压站空度为 -30kPa 时，运行时的最不利控制点需根据调试结果进行确定，调试结果见表 10.1。

可能最不利点收集井的调试   表 10.1

调试指标	No.1	No.17	No.26	No.38
抽空时间（min）	<1	65	10	>80
井前表压（kPa）	15	8	10	5

经过现场调试测定，No.38 收集井为管线最远点，抽空时间最长，井前真空压力表值最小，确定为管线的最小真空度时的最不利控制点。

（3）负压站自动运行曲线

系统最高真空度设定为装置拟设定为 45kPa，最低真空度设定为 30kPa，系统自动运行，结果如图 10.7 所示。

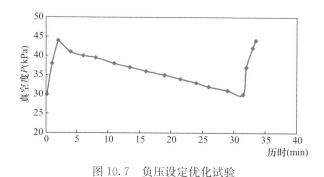

图 10.7　负压设定优化试验

通过对系统较长时间的监测，罐内负压值与罐内液位情况如图 10.8 和图 10.9 所示，当真空度达到 45kPa 时，系统自动停止，真空度 30kPa 时，设备自动开启，具体开启水泵或真空泵根据液位情况确定，收集罐内高位浮球处的水位刻度为 45cm，低位浮球处最低限约低于 0.0cm，达到最高液位时，开启水泵，低于最低液位时，关闭水泵，开启真空泵。

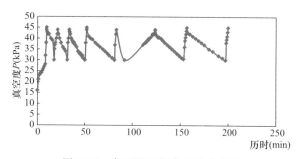

图 10.8　负压站运行真空度变化图

（4）设备运行时间及排水量确定

试运行前，先把收集井内的污水抽吸干净，待系统的真空度达到 -45kPa 后关闭系统，收集系统于前一天 18：00 关闭，然后，第二天开启自动运行到 18：00 关闭，在整体运行过程中，除水泵和真空泵动时间外，其余时间均为设备静止时间，系统依靠原有的负压持续抽吸输送污水。

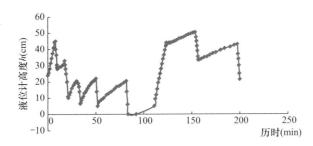

图 10.9　负压罐内水位变化图（最低水位为 0.00，最高水位为 45cm）

试运行中，真空泵和水泵运行时间见表 10.2，水泵抽吸输送完成的时间为 34.6min，用以提供负压的真空泵运行时间为 51min。

负压收集系统设备运行时间统计　　　　　　　　　　　　　　　　表 10.2

运行设备	运行时间（min）		总计（min）
	08：00-12：00	12：00-18：00	
真空泵运行	18.0	33.0	51
水泵运行	15.7	18.9	34.6

根据水泵运行记录，水泵流量约 30m³/h，由此可能测算技术验证区——支家库每天的污水总量约为 25m³/d。

（5）负压泄露情况的检验及对策

系统运行过程中，由于多种偶然因素的出现，如道路开挖、管件老化、进口堵塞、管道沉积等，系统负压存在泄露或堵塞的风险。因此系统投入运行前，需对负压泄露或堵塞的突发情况进行试验，并提出突发情况下系统的排查、监测及应急方案。

由于支家库区域自来水管道改造，道路开挖时造成某处管线破坏，系统存在较为严重的负压泄露情况。使负压站的空泵一直运行情况下，罐内的真空度最大为整体真空度最大为 −35kPa，达不到真空度达到 −45kPa，如图 10.10 所示。

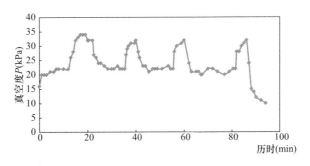

图 10.10　负压泄露工况时系统负压变化（两支线全开）

针对这一情况，首先分别检查两条管线的总体负压变化，其次分段检查泄露管线，最后确定泄露管段。初步排查结果如图 10.11 所示。结果显示：1 号支线负压可迅速提升至 −45kPa，表明该支线管段密封性良好；2 号管线阀门进行分段关闭，最终表明：末端两检查井之间（标注五星处）可能存在泄露。

现场检修过程中发现，2 号支线中间检查井后 0.5m 在自来水施工过程中，把负压收集管凿出裂口，导致管道负压难以形成。因此，应对负压系统的突发泄露等情况时，可根据整体监测、分段排查的原则，快速定位，制订应急方案，保障系统正常运转。

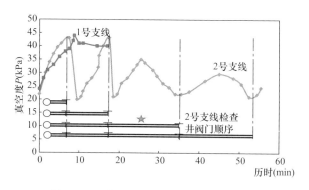

图 10.11　负压泄露工况时管道负压检测

10.2.4　工程效益分析

工程包括 54 户生活污水收集，以支家库示范区域为例，如采用重力排水模式，假设道路管位要求能得到满足，则两种系统的管道敷设工程量见表 10.3。

示范工程区域两种排水系统的工程量比较　　　　　　　　　　　　　表 10.3

		室外负压收集			重力排水系统		
		规格	数量（m）	埋深（m）	规格	数量（m）	埋深（m）
管道		水封管	50	4			
		DN100	600	0.7	DN200	600	0.7～1.0
		DN150	660	0.7	DN300	560	1.0～1.5
检查井		规格	数量（个）	井深（m）	规格	数量（个）	井深（m）
		500×500 小方井	6	1.2	φ700	50	1.0～1.8

室外负压排水系统的管道敷设费用约为 40 万元，考虑到工程规模较小，设备加工和现场施工均无经验可供参考，随着技术的成熟和设备的标准化，工程投资有望降低。

如采用重力排水系统，使用相同管材，则相应的管道敷设费用约为 50 万元。工程实施后，一方面能为平原河网城镇密集居住区生活污水的收集提供示范，为下一步新农村的建设提供技术支撑；另一方面，对支家库生活污水进行收集处理，削减了污水直排对受纳水体的污染。

总体上，通过室外污水负压抽吸收集技术创新，污水负压收集工程建设与运行，对污水进行有效收集，提高污水收集率和处理效果，减少污染物排放，减少排入河的 COD_{Cr}、NH_3-N 和 TP 污染物负荷 11.89t/a、0.77t/a 和 0.17t/a，污水收集率达到 85% 以上。其中生活污水的 COD_{Cr}、NH_3、TP 的削减量分别为 6.60t/a、0.50t/a、0.13t/a。

10.3 污废水协同处理与升级改造工程

10.3.1 工程建设方案

城镇污废水协同处理与升级改造技术示范工程建在苏州市甪直污水处理厂（简称"污水处理厂"），改造工程规模为 40000m³/d。根据污水处理厂 2008 年 7 月至 2009 年 6 月全年进水水质分析结果，确定设计水质为 $COD_{Cr}\leqslant 600mg/L$，$TP\leqslant 6mg/L$，$TKN\leqslant 25mg/L$，色度 $\leqslant 150$ 倍。按《太湖地区城镇污水处理及重点工业行业主要污染物排放限值》规定，改造后工程接纳污水中工业废水量占 70%，执行其中城镇污水处理厂 II 的标准，主要水质指标为 $COD_{Cr}\leqslant 50mg/L$，$TP\leqslant 0.5mg/L$，$TKN\leqslant 15mg/L$。

基于关键技术突破与工艺优化研究，技术验证工程采用"水解—活性污泥—混凝沉淀—生物过滤"污废水协同处理工艺，工艺流程如图 10.12 所示。

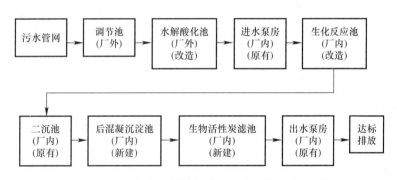

图 10.12 污废水协同处理升级改造工程工艺流程图

污水处理厂包括二期工程和三期工程，二期工程主导工艺为水解酸化—好氧活性污泥法，三期工程主导工艺为"水解—A²O"工艺。因此改造工程实施的主要内容包括优化三期工程主体生化工艺和增加后处理单元。

(1) 主体生化工艺优化的改造内容

1）规模为 20000m³/d，取消三期生化池的 A/A 段，改为 O 段；

2）改善原 O 段曝气效果，以增加 MLSS 浓度。HRT 为 18.57h，污泥浓度为 3g/L，污泥负荷为 $0.041kgBOD_5/(kgMLSS \cdot d)$，需氧量为 $1.2kgO_2/kgCOD_{Cr}$。

(2) 后处理单元的内容

采用"混凝沉淀＋曝气生物滤池"联合后处理工艺，规模为 40000m³/d。原二期脱水机房拆除，新建后混凝沉淀池；厂前区新建生物活性炭滤池，滤料停留时间为 0.74h，滤速为 2.72m/h，气水比为 2:1，填料容积负荷为 $0.23kgCOD_{Cr}/(m^3 \cdot d)$。

经校核，处理原污泥处理规模可满足改造后需要，系统原样利用原有系统。进水泵房、二沉池、出水泵房均利用原有设备。

10.3.2 三期生化池改造工程及其效果

(1) 工程内容

三期生化池改造取消厌氧缺氧段，将"A-A²O"工艺改为"A-O"工艺，利用原有池容，延长好氧停留时间达 18.57h。工程具体改造内容包括拆除厌氧池、改造曝气系统及相关设施，于 2010 年 2 月 1 日开工，实施了放水、排泥、清淤、设备拆除、拆墙、放曝气管、安装曝气盘 8600 个等内容。3 月 11 日曝气系统改造完毕，进水测试。图 10.13 为工程实施过程部分照片。

安装曝气管

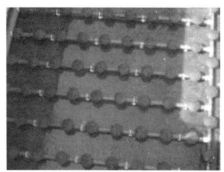

安装曝气盘

图 10.13　示范工程三期生化池改造工程实施过程照片

(2) 三期工程曝气池运行效果

对改造后曝气池的 COD_{Cr} 和 TP 去除效果进行检测，并与改造前的情况进行对比。污水处理厂内 2008 年全年三期生化处理各单元 COD_{Cr}、TP 月平均进出水值见表 10.4。

2008 年三期生化池月平均处理效果　　　　　　　　表 10.4

月份	进水 COD_{Cr} (mg/L)	二沉池出水 COD_{Cr}(mg/L)	COD_{Cr} 去除率 (%)	进水 TP (mg/L)	二沉池出水 TP (mg/L)	TP 去除率 (%)
2008-1	618	113	81.1	4.7	0.9	77.2
2008-2	745.3	105.3	85.5	4.3	1.1	74.7
2008-3	627	98	84.0	6.1	1.2	81.0
2008-4	643	106	82.0	7.1	1.2	
2008-5	687	104	85.0	5.4	1.3	76.0
2008-6	530	113	79.0	6.7	1.2	82.0
2008-7	501	114	76.0	4.5	1.0	77.3
2008-8	487	121	73.5	4.9	1.2	68.3
2008-9	428	117	72.0	4.1	1.0	72.2
2008-10	527	123	76.4	6.0	1.6	63.9
2008-11	485	100	79.4	5.5	1.7	69.1
2008-12	458	120	74.0	4.6	2.0	56.5

　　根据 2008.07～2009.06 全年的监测数据，计算生化池改造前全年的进出水平均浓度及最低、最高值，见表 10.5。出水 COD_{Cr} 年平均值为 106mg/L，变化范围为 68～166mg/L；TP 年平均值为 1.3mg/L，变化范围为 0.2～6.3mg/L。出水水质没有达到排放标准要求，并且水质波动较大。

三期生化池改造前处理效果统计　　　　　　　　表 10.5

	三期进水			三期出水		
	色度	COD_{Cr}(mg/L)	TP(mg/L)	色度	COD_{Cr}(mg/L)	TP(mg/L)
年平均	146	582	4.7	34	106	1.3
最低值	60	204	1.3	20	68	0.2

　　改造后连续运行，三期曝气池进出水 COD_{Cr}、TP、色度含量及去除率的历时变化如图 10.14～图 10.16 所示。

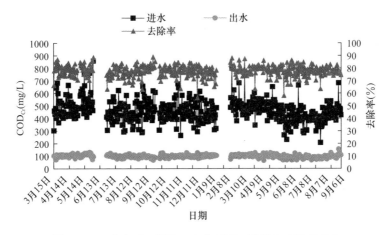

图 10.14　改造后三期进、出水 COD_{Cr} 浓度和去除率变化

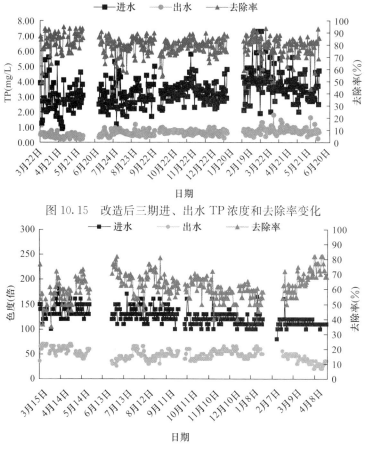

图 10.15 改造后三期进、出水 TP 浓度和去除率变化

图 10.16 改造后三期进、出水色度度和去除率变化

CODCr 和 TP 的月平均和年平均进出水浓度和去除率见表 10.6，污泥状况及色度去除效果数据见表 10.7。

三期生化池改造后月平均处理效果　　　　　　表 10.6

月份	进水 CODCr (mg/L)	二沉池出水 CODCr (mg/L)	CODCr 去除率 （%）	进水 TP (mg/L)	二沉池出水 TP (mg/L)	TP 去除率 （%）
2010-3	501.41	96.59	79.37	2.57	0.49	75.67
2010-4	479.20	105.20	77.67	2.67	0.40	82.85
2010-5	562.22	110.37	79.79	2.96	0.43	84.56
2010-6	400.00	108.40	72.33	2.92	0.41	85.20
2010-7	443.79	96.81	77.31	2.88	0.59	80.79
2010-8	431.10	98.00	76.72	3.00	0.65	76.96
2010-9	478.00	94.00	79.63	3.20	0.57	81.38
2010-10	440.96	96.88	77.80	3.06	0.74	74.65
2010-11	469.13	98.62	79.02	3.59	0.69	81.17
2010-12	463.68	97.76	78.06	3.32	0.63	80.65
2011-1	432.56	103.92	75.49	3.29	0.90	76.04
2011-2	570.25	98.25	82.40	3.44	0.67	78.30
2011-3	497.12	105.76	78.23	4.43	0.73	81.84
2011-4	492.8	100.72	79.34	3.97	0.84	77.87
2011-5	473.17	101.31	78.26	3.61	0.78	77.39
2011-6	389.73	86.87	76.89	3.46	0.79	76.47
年平均值	471.83	100.52	78.04	3.18	0.62	79.65

三期生化池改造后污泥状况及色度去除效果　　　　　　　表 10.7

月份	污泥沉降比（%）	污泥干重（kg/L）	进水色度（abs）	出水色度（abs）	色度去除率（%）
2010-3	27.12	2.03	130.77	61.54	52.00
2010-4	27.03	1.64	136.67	58.60	55.23
2010-5	16.04	1.29	139.05	49.52	64.17
2010-6	27.70	1.10	126.00	31.00	75.32
2010-7	48.64	1.27	132.86	44.23	68.55
2010-8	12.52	0.96	131.72	45.32	65.02
2010-9	12.68	1.06	130.36	48.93	62.02
2010-10	22.62	1.57	119.58	44.40	62.72
2010-11	36.53	2.00	122.33	48.79	61.06
2010-12	40.27	2.52	121.00	53.23	55.87
2011-1	45.04	2.03	115.00	50.80	55.73
2011-2	13.88	1.66	120.00	48.13	59.13
2011-3	18.63	1.38	115.20	43.20	62.42
年均值	27.73	1.60	125.96	49.12	61.84

比较可知，改造前平均污泥沉降比为 12.53%，污泥浓度平均为 900mg/L。生化池改造后，污泥沉降比和污泥浓度分别提高到 27.73% 和 2000mg/L 左右，污泥性状得到改善。改造前 COD_{Cr} 月平均浓度为 98～123mg/L，改造后为 94～110mg/L；年平均值 TP 降低 52.30%，达到 0.62mg/L。

为了进一步分析改造后污染物去除效果，利用 2010 年 3 月至 2011 年 4 月检测的日浓度值，分析了去除率的分布及波动情况。图 10.17、图 10.18 为三期工程生化池改造前后的 COD_{Cr} 和 TP 去除率频率图。可以看出，改造前（2008 年）COD_{Cr} 的去除率频率呈正态分布，主要集中在 70% 左右，而改造后 COD_{Cr} 的去除率较改造前 2008 年的去除率有明显提高，去除率主要集中在 80%～85% 之间。改造前 TP 去除率主要集中在 70% 左右，而改造后 TP 去除率主要集中在 80%～90% 之间。与改造前相比，去除率均提高了 10% 左右。

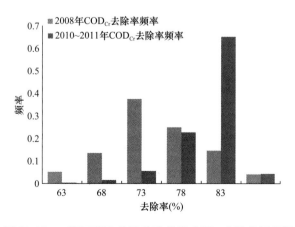

图 10.17　三期工程生化池改造前后 COD_{Cr} 去除率频率图

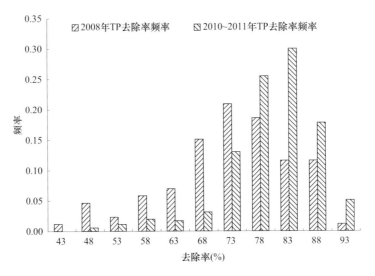

图 10.18　三期工程生化池改造前后 TP 去除率频率图

图 10.19 和图 10.20 分别为改造前后生化池进出水 COD_{Cr}、TP 的变化箱图。从图 10.18 中可以进一步分析改造工程的改造效果，改造前生化池进水 COD_{Cr} 波动不大，50% 的浓度位于 $400\sim550mgL$ 之间，平均值为 $450mg/L$；出水 COD_{Cr} 平均值为 $150mg/L$。而改造后生化池进水 COD_{Cr} 比改造前的更加稳定，波动较小，但是平均值相同，这主要是由于改造后水解池的处理效果提高。改造后生化池出水 COD_{Cr} 的平均值为 $100mg/L$，与改造前相比下降 33%，并且波动范围变小，稳定性提高。

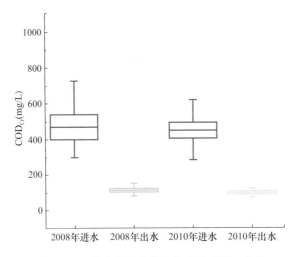

图 10.19　改造前后生化池进出水 COD_{Cr} 变化

改造后进水 TP 比改造前有所降低，平均值从 $4.8mg/L$ 左右降至 $3mg/L$ 左右，从而可知改造后的水解池对 TP 也有去除。而改造生化池出水 TP 的平均值也从改造前的 $1.5mg/L$ 降至 $0.8mg/L$，降低 47%。可见改造后生化池对 COD_{Cr} 和 TP 的去除效果有明显提高。

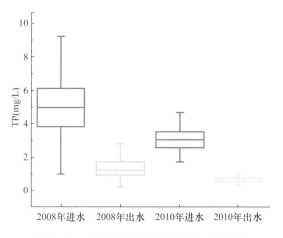

图 10.20　改造前后生化池进出水 TP 变化

经过对污水处理厂三期生化池的改造，生化池对 COD_{Cr}、TP、色度等的去除率有一定程度的提高，减轻了后续工艺的压力。为了进一步提高水质，生化池出水经后混凝池和生物曝气滤池进行再处理。

10.3.3　混凝沉淀池运行效果

混凝沉淀采用的混凝剂为碱式氯化铝。图 10.21 为混凝沉淀池改造及运行图片。

图 10.21　混凝沉淀池改造及运行图片

图 10.22 和图 10.23 分别为混凝沉淀池加药量与 COD_{Cr} 及 TP 的变化图。

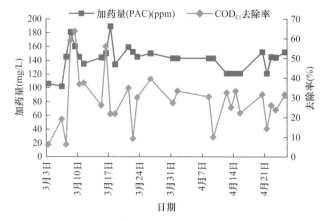

图 10.22 混凝沉淀池加药量与 COD_{Cr} 去除率的变化

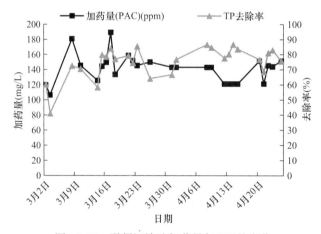

图 10.23 混凝沉淀池加药量与 TP 的变化

由图 10.24 和图 10.25 可以看出，加药量对 COD_{Cr}、TP 的去除率影响较大，试运行期间混凝沉淀池 COD_{Cr} 平均去除率为 28%，TP 的平均去除率为 75%；当混凝剂 PAC 的投加量为 120～150mg/L 时，出水 COD_{Cr} 平均值为 48.67mg/L，TP 平均值为 0.20mg/L。

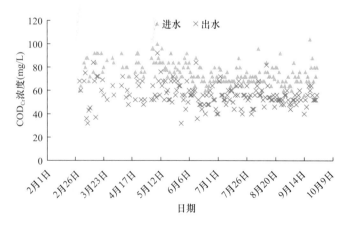

图 10.24 混凝沉淀池 COD_{Cr} 进出水浓度变化

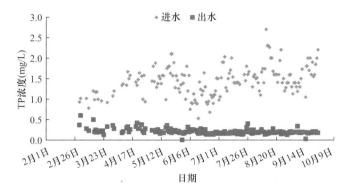

图 10.25 混凝沉淀池进出水 TP 浓度变化

混凝沉淀池运行稳定后，污水处理厂出水的 COD_{Cr} 及 TP 浓度与 2009 年同期相比大幅降低，如图 10.26 和图 10.27 所示。经过 6 个月的运行，系统运行稳定，出水水质显著改善。2011 年 7 月～9 月与污水处理厂改造工程前同期相比，出水 COD_{Cr} 平均值由 $101.10\pm7.44mg/L$ 降低为 $53.84\pm6.84mg/L$，TP 平均值由 $1.55\pm0.31mg/L$ 降低为 $0.19\pm0.04mg/L$，达到《太湖地区城镇污水处理及重点工业行业主要污染物排放限值》规定。

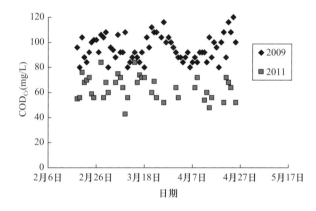

图 10.26 混凝沉淀池 COD_{Cr} 进出水浓度变化

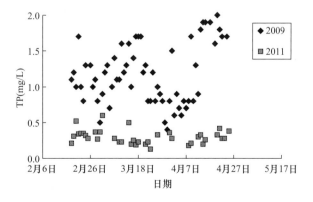

图 10.27 混凝沉淀池进出水 TP 浓度变化

委托第三方环境监测公司对示范工程处理效果进行监测，采集工程水解池、曝气池、混凝沉淀池进出水，测定 COD_{Cr}、BOD_5、TN、$NH_3\text{-}N$、$NO_3\text{-}N$、TP、$PO_{43}\text{-}P$、色度及重金属含量，其中 COD_{Cr}、TP 结果如图 10.28、图 10.29 所示。第三方监测结果表明，污水处理厂出水 COD_{Cr}、TP 含量均达到提标升级的要求。

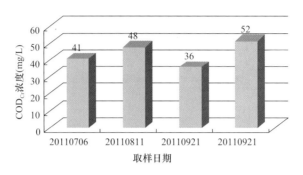

图 10.28　污水处理厂改造后出水 COD_{Cr} 浓度（第三方监测）

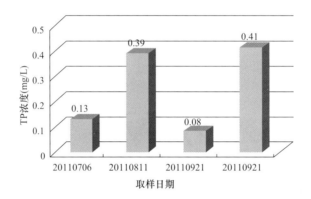

图 10.29　污水处理厂改造后出水 TP 浓度（第三方监测）

10.3.4　曝气生物滤池运行效果

曝气生物滤池于 2011 年 8 月建成，10 月开始试运行，共有 8 组，其中 2 组采用活性炭，6 组采用陶粒，进行对比分析。图 10.30 为曝气生物滤池改造及运行图片，表 10.8 为第三方检测出水水质情况。

图 10.30　曝气生物滤池改造及运行图片（一）

图 10.30 曝气生物滤池改造及运行图片（二）

第三方检测出水水质情况　单位 mg/L　　　　　　　　　　　　表 10.8

样品	活性炭池出水	陶粒池出水	总出水
COD_{Cr}	30	33	32
BOD_5	<2	<2	<2
总氮（以氮计）	5	4.1	4.2
硝酸盐（以氮计）	4.72	3.82	3.89
氨氮（以氮计）	0.04	0.06	0.04
总磷（以磷计）	0.39	0.4	0.49
磷酸盐（以磷计）	0.23	0.17	0.3

曝气生物滤池建成后连续运行，出水 COD_{Cr} 平均值为 50mg/L，TP 平均值为 0.20mg/L，色度平均值为 30 倍。可见，采用"水解—活性污泥—混凝沉淀—生物过滤"污废水协同处理工艺处理工业废水比例高的城镇污废水，出水可以满足《城镇污水处理厂污染物排放标准》GB 18918—2002 一级 A 排放标准的要求。

10.3.5　工程效益分析

污水提标升级示范工程通过实施强化生物预处理、改造生化池以优化二级处理工艺和运行参数、增加后混凝沉淀—曝气生物滤池深度处理单元等内容，将原有"水解—A²/O"工艺改造成为"水解—活性污泥—混凝沉淀—生物过滤"工艺，使用直污水处理厂的出水水质大幅度提高，达到《城镇污水处理厂污染物排放标准》一级 A 排放标准。与改造前相比，COD_{Cr}、NH_3、TP、分别减少排放 560.00t/a、13.36t/a、14.90t/a。升级改造后，技术验证区内纳管污水处理排放的 COD_{Cr}、NH_3、TP 的削减量分别为 17.35t/a、0.38t/a、0.46t/a。工程与地方的重大项目相结合，使用直小城镇水环境治理成为首批"江苏城建示范工程"，推动用直镇水环境质量的改善。

研发的污废水协同处理工艺适用于含工业废水比例较高的城镇污水处理厂升级改造或

者新建工程，尤其适用于印染、化工、机械加工等行业混合工业废水的处理。对于进水水质复杂、有机组分繁多、氮素含量相对不高的污废水，该技术具有针对性，系统运行比较稳定，可有效提高污水处理厂出水水质。对于降低受纳水体的污染负荷、改善当地水环境具有重要作用，也为污水处理厂尾水的再生利用提供了必要的水质条件，实现了污染物减排及污水资源化。

10.4 污水处理尾水再生利用工程

10.4.1 再生利用工程设计

（1）设计规模与设计标准

1）再生水服务范围及对象

本示范工程生产再生水的服务对象主要为甪直污水处理厂周围及镇域内生产企业。此外再生水也可作为镇区公共用水，包括道路喷洒，浇灌绿地，公厕冲洗等。

根据再生水用户对水质的不同要求，拟采用分质供水，高品质再生水主要用于热电厂锅炉用水，常规品质再生水主要用于印染工业及市政用水等。

2）设计规模

再生水用户调查及中水用水量估算见表10.9。

中水用水量预测　　　　　　　　　　　　　　　　表 10.9

再生水用户	需求量（m³/d）	用途
高品质用水	2000	热电厂锅炉用水
一般品质回用水	4000	印染、包装、漂染等
低品质用水	1000	冲灰水
合计	7000	

3）再生水水源

拟建再生水回用工程以甪直污水处理厂二沉池出水与电厂冷却水排水作为水源，目前甪直污水处理厂日规模为 4 万 m³/d，完全可以保证拟建工程的水源需要。

4）工程规模的确定

根据测算以及实际需求，甪直镇政府近期先行实施一般品质及低品质再生水回用。近期再生水规模为 4000m³/d。远期建设高品质用水回用工程。根据中试研究成果，RO 工艺的产水率为 60%，并考虑一定的安全系数，远期高品质用水配套的预处理装置处理能力为 3500m³/d。为此，再生水回用工程的设计产水规模确定为 7000m³/d，其中一般品质用水为 4000m³/d，高品质用水为 2000m³/d，冲灰水为 1000m³/d。

（2）设计水质

1）进水水质

污水处理厂现状进、出水水质调查，见表10.10。

水质指标	进水				出水			
	二期工程		三期工程		二期工程		三期工程	
	范围	均值	范围	均值	范围	均值	范围	均值
COD_{Cr}(mg/L)	224～688	474	308～904	503	—	106	—	111
色度（倍）	—	144	—	144	—	46	—	34
TP(mg/L)	—	3.4	—	5.0	—	2.0	—	1.3

注：1. 在 r 变化 80%保证率下，二期进水 COD_{Cr} 浓度为 560mg/L，三期进水 COD_{Cr} 浓度为 605mg/L，进水 COD_{Cr} 变化幅度较大，特别是三期工程。
　　2. 出水色度变化幅度较大，如 2008 年 7 月、11 月和 12 月的二期、三期出水色度均大于 50 倍，因此，有部分时间出水色度仍达不到排放要求。
　　3. 二期原设计进、出水水质指标中对 TP 没有要求，三期设计进水 TP 为 3mg/L，要求出水 TP≤1mg/L。

根据前述调查，并考虑可能出现的水质波动等不利因素，确定用直污水处理厂再生水水回用工程的进水水质见表 10.11。

项目	单位	现状出水水质 a	升级改造后出水水质	设计进水水质 b	备注
COD_{Cr}	mg/L	98～123(111)	≤60	115	
SS	mg/L	20	≤10	20	
NH_3-N	mg/L	5	≤5	5	项目通过加强
TP	mg/L	1.0～1.6(1.3)	≤0.5	0.5	物化预处理，
pH		6.0～9.0	6.0～9.0	6.0～9.0	TP 会有所下降
色度	倍	29～46(34)	≤40	45	

注：1. 表中现状出水水质为 2008 年实际出水水质，括号内为平均出水水质。
　　2. 为出水保证率为 90%的设计参数。

2）出水水质

高品质再生水主要回用对象为用直热电厂锅炉用水，其水质标准见表 10.12；一般品质用水主要用于印染企业用水，其水质要求见表 10.13。

额定蒸汽压力，MPa	P≤1.0	
补给水类型	软化水	除盐水
浊度（FTU）	≤5.0	≤2.0
硬度（mmol/L）	≤0.03	
pH(25℃)	7.0～9.5	
溶解氧（mg/L）	≤0.10	
含油量（mg/L）	≤2.0	
总铁（mg/L）	≤0.30	
电导率（25℃）（μS/cm）		

注：以上数据为 GB/T 1576—2007 蒸汽锅炉和汽水两用锅炉给水和锅水水质。

总硬度（mgequ/L*）		pH	色度**（倍）	铁（mg/L）	锰（mg/L）	高锰酸钾需氧量（OC）（mg/L）
染液	洗涤用水					
＜0.36	＜3.6	7～8	＜10	＜0.1	＜0.1	＜10

* mgequ＝mmol/z，z 为离子电荷数。** 表中色度为铂钴比色法。

冲灰水目前尚无具体标准，经调查，二沉池出水水质即可满足要求。

（3）再生水回用技术方案论证

在充分调研和现场小试、中试的基础上，确定了一般品质再生水处理工艺，流程图详见图 10.31。

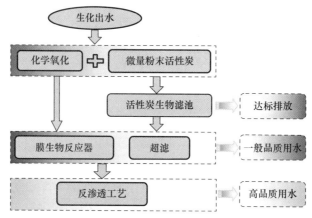

图 10.31 再生水回用工程处理流程

污水处理厂二沉池出水至后混凝沉淀池，处理后出水自流至臭氧化学氧化池，经活性炭还原除臭氧后出水进入生物活性炭滤池，滤池出水自流进入中间水池，再通过泵将水送至超滤膜池，超滤膜池出水作为一般品质用水。为保证用水企业的用水稳定，在完成升级改造之前，暂用用直热电厂冷却水作为中水回用的原水。对于三沉池出水，采用"化学氧化—活性炭生物滤池—超滤"工艺；对于远期高品质用水（如锅炉用水），在上述工艺基础上增加"反渗透—混床"工艺。

（4）工艺设计

根据推荐方案，再生水回用工程需单独建设的构筑物包括臭氧化学氧化池（新建）、鼓风机房（利旧）、中间储水池（与综合泵房共建）、综合泵房（包括：自控柜、超滤产水泵房、一般品质用水输水泵房、反渗透进水泵房及办公室）、配电室（利旧）、加药车间（利旧）、清水池（新建）、超滤膜池（利旧，改造）；再生水回用工程需与污水处理厂升级改造合建的构（建）筑物包括：后混凝沉淀池，生物活性炭滤池。

① 臭氧化学氧化池，功能为利用臭氧的氧化功能脱色，去除发色基团，降低出水色度。尺寸为长×宽×高＝7.9m×5.0m×4.15m（有效水深 3.8m）；设计进水量 9500m³/d；停留时间 22.75min；臭氧投加量 11.3684mg/L。臭氧发生系统的型号为 KCF-DT4.5，产气量 4500g/h；气源为纯氧；一用一备。

② 生物活性炭滤池，功能为进一步去除 COD_{Cr} 与色度。与升级改造工程合建（共 8 格），其中生物活性炭为两格。

③ 中间储水池。其间设置中间提升泵，将生物活性炭滤池产水送至超滤膜池。型号为 50WQ15-8-0.75；流量 10m³/h，扬程 10m，功率 0.75kW；一用一备；远期更换泵，与泵房合建。

④ 超滤膜系统（池），膜组件型号为 SMM-1525；数量 240 片；膜架尺寸为 1300mm×1400mm×2000mm/SUS304L，40 片/个，6 个。超滤膜池利用用直污水处理厂原有的生物滤池改造。

超滤膜配套装置供气系统：用于冲刷超滤膜表面，风量 $0.1m^3/min$，风压 0.8MPa，功率 1.1kW，鼓风机房利用用直污水处理厂原脱水机操作间。

MC 及 RC 系统：NaOCl 加药泵流量 700L/h，扬程 10m，功率 0.5kW，一用一备；酸加药泵流量 5000L/h，扬程 10m，功率 1.1kW，1 台；中和泵流量 5000L/h，扬程 10m，功率 1.1kW，1 台；酸贮罐容积为 $1m^3$，材料位 PE，1 个；次氯酸钠贮罐容积为 $1m^3$，材料为 PE，一个。

超滤产水泵：用于提供废水通过超滤膜所需动力；流量 $190m^3/h$，扬程 10m，功率 11kW；一用一备。

⑤ 水池，用于水量调节，蓄水。尺寸为 26.4m×15m×4m。

⑥ 提升泵房（二泵房），一般品质用水输水泵，将符合用水水质要求的再生水送至各用户点。型号为 KQW100/150-11/2；流量 $83m^3/h$，扬程 30m，功率 15kW；两用一备。

反渗透进水泵：将符合反渗透进水要求的水送至反渗透系统，型号为 SLW80-100（1）；流量 $100m^3/h$，扬程 12.5m，功率 5.5kW；两用一备。

⑦ 仪表

再生水所使用的仪表见表 10.14

再生水示范工程仪表统计表　　　　　　　　　　　　表 10.14

序号	名称	仪表特性
1	压力变送器	测量范围：－100～200kPa
2	压力变送器	测量范围：0～500kPa
3	在线浊度仪	量程：0～20NTU 精度：0.01NTU
4	电磁流量计	测量范围：0～$250m^3/h$ DN200
5	电磁流量计	测量范围：0～$1500m^3/h$ 空气 DN200
6	液位开关	测量范围：0～1m 一点插入式

10.4.2 再生利用工程建设

再生水示范工程建设过程部分照片如图 10.32 所示。其中再生水回用工程生物活性炭滤池与污废水协同处理升级改造工程合建。

(a)　　　　　　　　　　　(b)

图 10.32 再生水示范工程实施过程的部分照片（一）

（a）清水池及泵房建设；（b）建成后的送水泵房

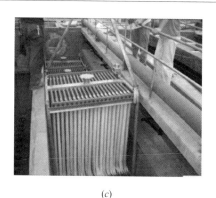

(c)　　　　　　　　　　　　　(d)

图 10.32　再生水示范工程实施过程的部分照片（二）
(c) 超滤膜系统安装；(d) 运行中膜池系统

图 10.33 为供水管网布置图。再生水示范工程的产水由厂内送水泵房经供水管网送到甪直污水处理厂周围的苏州富艺印染有限公司、东方印染有限公司、苏州信天漂染厂、苏州大明印染有限公司、苏州和丰印染有限公司、苏州新宇宙印染有限公司、天天漂染厂、兴发漂染厂、恒达丝绸印染有限公司、明达漂染厂等十家印染企业，这些企业主要分布在甪直污水处理厂的南偏东、西偏北侧。

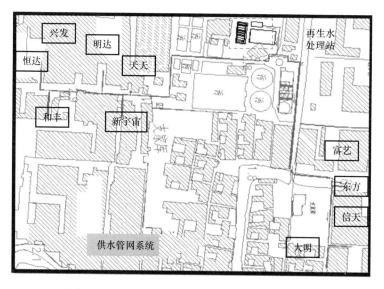

图 10.33　再生水示范工程供水管网系统布置图

10.4.3　工程运行与跟踪研究

（1）工程运行情况

2010 年 9 月建成供水，产水规模 $4000m^3/d$。至 2011 年 9 月 30 日，连续运行一年多，根据用水企业的实际用水统计，累计供水量达 70 万余吨，系统运行稳定。出水水质满足《纺织染整工业废水治理工程技术规范》中"漂洗用回用水质标准"。

示范工程产水水质各项指标与各印染企业实际使用的自来水水质相差不大，监测结果见表 10.15 和图 10.34～图 10.36。

工程进出水水质监测结果 表 10.15

项目 水质指标	pH	COD_{Cr}(mg/L)	浊度（NTU）	铁（mg/L）
进水	6.70～6.97	16.0～33.4	0.6～24.8	0.06～2.30
出水	6.70～6.98	8.0～16.6	0.16～0.20	0.025～1.710

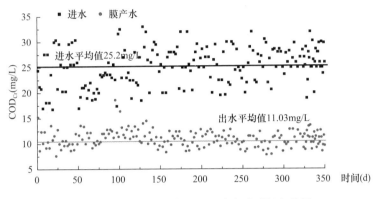

图 10.34 工程进出水 COD_{Cr} 浓度随时间变化图

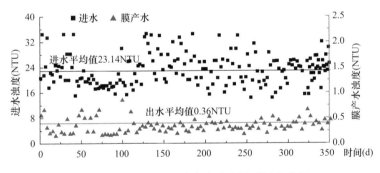

图 10.35 示范工程进出水浊度随时间变化图

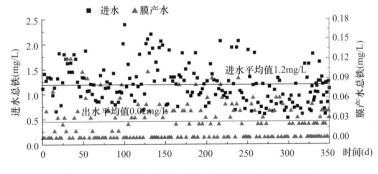

图 10.36 示范工程进出水 TFe 浓度随时间变化图

工程对 COD_{Cr}、浊度、总铁等污染物指标的平均去除率分别为 56.24%、98.46%、98.10%，出水水质主要指标优于《纺织染整工业废水治理工程技术规范》中"漂洗用回用水质标准"。

（2）工程运行跟踪研究

由于受进水水质波动的影响，实际使用过程中，部分企业使用再生水漂白半成品及染色产品出现了一定的色斑，经调查发现，供水中产生的部分杂质导致了色斑的产生。为此，对杂质成分进行了分析，并对色斑的组分进行了解析，结果如图 10.37、图 10.38 及表 10.16 所示。

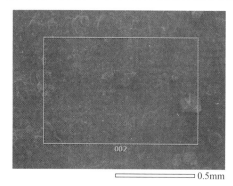

图 10.37 能谱电镜扫描样品

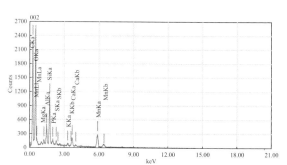

图 10.38 元素分析样品

无机元素含量样品 表 10.16

元素	C	O	Mg	Al	Si
百分比（%）	38.69	38.26	0.59	2.23	5.55
元素	P	S	K	Ca	Mn
百分比（%）	0.69	0.69	0.57	2.27	4.47

分析认为，使用再生水产生色斑的原因主要为有机质，进一步分析表明，由于供水初期消毒剂投量不足，导致清水池中有微生物生长，微生物分泌的大量代谢产物使出水出现少量悬浮物，而微生物产物具有黏性，这些黏性代谢产物不断聚集，形成大的絮体，最终粘附在染色布的表面。

为此，水质方面，对超滤产水、清水池出水、用户端水质连续（2011.03.28～2011.04.06）监测分析，结果如图 10.39～图 10.41 所示。

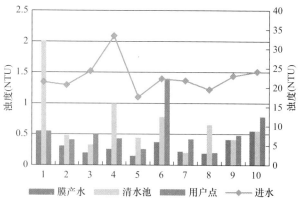

图 10.39 再生水不同取水点水质状况（浊度）

分析不同取水点的水质，超滤出水水质最好，其次为清水池出水，再次为企业终端用水。随着企业用水的增加，超滤出水在清水池中的停留时间减少，清水池出水接近超滤出水，但由于部分用水企业采用钢管，因此，用户端水质有所减低。

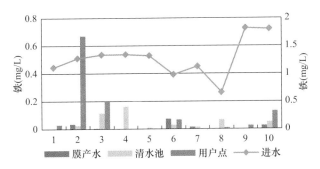

图 10.40 再生水不同取水点水质状况（铁离子）

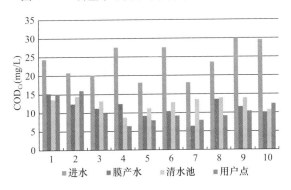

图 10.41 再生水不同取水点水质状况（COD_{Cr}）

1）超滤工艺出水：根据半年多的运行分析，超滤工艺出水可以满足大部分印染用水水质要求，优于《纺织染整工业废水治理工程技术规范》中"漂洗用回用水质标准"的水质要求。

2）清水池出水：从以上监测结果分析，清水池出水部分时日的出水劣于超滤出水，但自从供水量增加缩短产水在清水池的停留时间后，清水池的水质与超滤产水基本一致，有效避免了产水在清水池因消毒不足可能发生的生物作用，提高了出水水质。

3）用户端出水：根据近期的监测分析，用户端的水质如铁离子、浊度等指标劣于清水池出水，分析表明与这些企业所用的钢制管道有关。由于本项目外管道均采用聚乙烯（PE）供水管道，因此，由镇负责完成的管路系统不会对供水产水二次污染，而印染生产企业连接管道的二次污染会使水质变差。本项目供水与自来水供水相比消毒不足，因此，在供水端出现了二次污染问题。

根据以上监测分析，通过采取系统优化调控及强化消毒措施，供水水质稳定，用户反映良好，至今供水稳定，使再生水示范工程真正受惠于用水企业。

10.4.4 成果应用效果及环境、经济效益

（1）工程投资及运行成本分析

再生水工程建设内容包括化学氧化、生物氧化、膜系统三个单元模块，再生水应用于周边十家印染企业。工程实际投资为 862.4 万元（含供水管网及再生水厂内投资）。工程实际运行成本小于 2.00 元/m^3，低于自来水水价。

（2）环境效益分析

化学—生物—膜组合模块化尾水再生利用集成技术通过多种单元技术的有效组合，使

出水水质满足不同的回用途径，有利于尾水资源的高效利用并发挥更大的经济效益。按示范工程 4000m³/d 计，可有效节约水资源 146 万 m³/a，削减 COD_{Cr}、NH_3-N、TN、TP 分别 146t/a、21.9t/a、29.2t/a、1.46t/a。按目前苏州市工业用水 4.77 元/m³ 计，示范工程建设可为再生水使用企业年增效 404.42 万元，因而经济效益十分显著。

据不完全统计，全国印染废水排放量约为 $3 \times 10^6 \sim 4 \times 10^6$ m³/d，约占整个工业废水的 35%。江苏省有规模以上的印染企业 900 余家，其中太湖流域 570 家，日排放污水 70 万～80 万 t，产生 COD_{Cr} 为 700～800t。因此，印染废水再生利用不仅对于削减入太湖污染、负荷实现尾水资源化具有十分重要的现实意义，而且对江苏省乃至全国都有积极的示范作用。再生水工程真正实现了污染物减排，节约了水资源，用水企业实现了增效节支，提高了其在市场中的竞争力。

10.5　城镇固体废弃物协同资源化利用工程

10.5.1　污泥底泥粉煤灰联合烧结制备轻质陶粒

10.5.1.1　工程方案

工程建设重点是完成污水处理厂脱水污泥、河道疏浚底泥和热电厂粉煤灰高效联合烧结制备陶粒技术的工艺优化，分析研究陶粒烧结过程的影响因子，包括原料的复合配方、烧结工艺参数和烧结相关设备的开发运行等，并从成品外观性能、物理力学性能和环境安全性等方面进行产品性能分析及质量检验，使性能指标符合相关标准要求的陶粒产品再利用，可作为水处理滤料回到污水处理厂或作为建筑轻骨料应用于建材领域。

（1）工艺流程设计

烧结制备陶粒的工艺流程详见图 10.42，技术工艺主要包括热风干燥、物料粉磨、混合上料、造粒成型、高温烧结、除尘脱臭等环节。

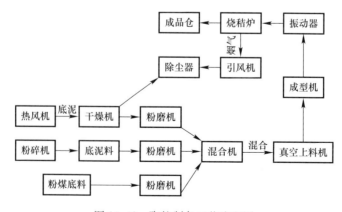

图 10.42　陶粒制备工艺流程图

(2) 设备及配套系统设计

1) 干燥系统

干燥阶段主要是去除脱水污泥中的水分，属于原料预处理。一般情况下，脱水污泥的含水率85%左右，为使其符合陶粒生产的要求，需降低含水率至15%左右。高湿物料干燥机如图10.43所示，是一种低燃耗、高效率的干燥设备，该机与燃油热风炉配套使用，采用顺流烘干工艺，利用滚筒内高速转动的破碎装置将物料击碎，通过温度设置和进料、主传动及破碎轴装置变频调速，使物料与呈负压的热风充分接触，以满足不同性质、不同物料的烘干要求。另外，此干燥系统还配备了排风管道和旋风除尘器、水沫除尘器两级除尘装置，使尾气达到安全排放。

本工程通过高湿物料干燥机可以将含水80%～85%的污泥一次烘干至含水15%以下，干燥过程中进口热风温度750℃左右，出口尾气排放温度120～130℃，污泥处理规模高于700kg/h，整个干燥系统可通过控制箱对引风机和干燥机的进出料、主机、破碎轴等进行控制，操作方便。

2) 粉磨系统

干燥污泥及河道底泥、粉煤灰等原料颗粒较粗，选用碾压力较高的高压悬辊磨粉机如图10.44所示。可磨碎至工艺要求的颗粒粒径，该机采用重叠式多级密封，生产环节少，可将粒度20mm以下的物料一次性达到平均料径<6.5μm的超细粉。该设备主要由主机、分析机、旋风集粉器及布袋除尘器等组成，另根据实际生产需要配备了破碎机、提升机、储料仓、电磁振动给料机及控制柜等辅助设备，整个粉磨工作原理是经破碎的物料由提升机至储料斗，再由振动给料机控制连续均匀的进入磨室，被碾压粉碎后，经分析机分析后大颗粒物料落回重磨，合格细粉则随气流进入旋风集粉器，从卸料口排出，小部分气流排入布袋除尘器被净化后可达标排放。

图10.43 高湿物料干燥机　　　　　　图10.44 高压悬辊磨粉机

3) 混合上料系统

粉磨后的干燥污泥、底泥和粉煤灰需经混合均匀才能压制成型，此工程项目采用的双锥高效混合机如图10.45所示。呈双锥形，从而保证物料在筒体内能形成较好的扩散性、流动性和剪切力，在混合过程中不产生积聚，不产生相对密度偏析，快速达到三种物料的均匀混合，混合时间在0～99min范围内可调。另外，工程还采用真空上料机，通过设置气动阀门，一机两用，实现混合机及成型机的上下料，该机采用真空吸气原理，通过形成负压，将粉料提升至高位，利用旋风集料器收集物料，为避免上料过程中产生粉尘，另配备了布袋除尘装置。

图 10.45　混合上料机

4）成型系统

造粒成球是陶粒生产的核心工艺之一，成型设备不仅影响陶粒的外观，还会决定陶粒产品的强度、吸水率等性能指标是否达到要求。经多次调研和实验最终采用液压成型机如图 10.46 所示。此机适用于各种粉状物料的成型，无需加水，可实现全程自动化，成型稳定易控。该设备采用 PLC 编程控制，所有工作都可以时间调控，双向压制，产品加粉高，压制密度好，另外可根据生产需要更换不同规格的模具。

5）烧结系统

烧结是生产陶粒的重要过程，直接影响陶粒的质量。通过对不同烧结设备的比较，综合考虑各项因素，试制加工了连续式双推板窑如图 10.47 所示，为示范工程的烧结设备。此设备烧结炉膛主要由预热区、烧结区和冷却区组成，窑体结构以保温砖保温棉为主，各区之间设置夹层防止串温，炉体升温方式为电加热，烟气量较小，进料采用液压推进系统，推送时间间隔可调。整个烧结过程控温方式为 PID 全自动调节控温，具有精密测量、数字显示、自动调节、自动记录和超限报警等功能，安全可靠，通过对各区温度和推进速度的调节，可使陶粒在不同的升温曲线下烧结。另外烧结炉前后两端配备了烟气排放系统，连接到高湿物料干燥机的排气管道，进行两级除尘处理，最后安全排放。

图 10.46　液压成型机

图 10.47　双推板烧结炉

10.5.1.2　工程运行及其优化

（1）示范工程原料及其特性

示范工程中所用污泥分为混合污水污泥（SS）和生活污水污泥（DSS），底泥（RS）取自河道底泥，粉煤灰（FS）取自某热电厂，所取样品矿物成分采用 X 射线荧光光谱仪（岛津 XRF-1700）进行分析，所得到的分析结果以及样品热灼减率列于表 10.17 和表 10.18 列出了物料重金属含量。

示范工程中所用物料（干基）化学组成表（%）   表 10.17

物料类型	SiO₂	Al₂O₃	Fe₂O₃	CaO	MgO	Na₂O	K₂O	P₂O₅	灼减率
SS	10.64	26.48	2.95	23.09	4.56	1.18	0.37	22.28	38.2
DSS	31.09	17.65	7.31	13.00	2.76	1.01	2.43	20.75	51.5
RS	64.89	19.24	7.19	1.10	1.77	0.88	2.85	0.19	7.1
FS	50.46	22.45	10.69	4.39	2.23	0.61	1.62	0.47	4.4

示范工程研究物料中重金属含量（mg/kg）   表 10.18

物料类型	Cd	Cr	Cu	Ni	Pb	Zn
SS	6.5	1527.6	918.0	1723.0	29.6	731.6
DSS	3.0	489.7	360.0	290.5	26.3	6399.2
RS	17.9	82.6	405.3	47.6	18.2	1048.2
FS	27.4	157.5	102.9	168.8	42.7	152.2

由物料的化学组成可以看出，与实验室研究中所用的 SS 相比，示范工程中所用的 SS 中 SiO_2 含量非常低，而 Al_2O_3 含量非常高，P_2O_5 的含量比较高，Fe_2O_3 和 CaO 的含量比较接近。而在示范工程中所加入的 DSS 具有相对较高的 SiO_2 含量，而且 Fe_2O_3 含量丰富，CaO 的量比较低。SS 的这些特点可能会对示范工程中烧结陶粒带来新的问题，而 DSS 较高硅和铁质以及较少的钙含量给示范工程烧结陶粒的配方调整提供了更多选择。

污水处理厂污泥干燥时设置进口热风温度 750℃ 左右，调节进料速度、破碎轴转速等使污泥均匀进料，并尽量控制出口尾气排放温度 120～130℃，出料粒径小。干燥后的脱水污泥、河道疏浚底泥和电厂粉煤灰粉磨至细度 200～400 目，按照主要烧结配方设计确定原料的添加量，输入混合搅拌装置混合均匀，再将混合物料输入造粒机成型，形成粒径 5mm 的均匀陶粒颗粒。图 10.48 是三种物料经预处理后的成型产品。

（2）陶粒烧结过程控制

工程中陶粒烧结过程主要包括烧结炉升温过程、保温过程和物料炉膛内烧结过程。陶粒烧结时的升温速率也是影响陶粒烧结的因素之一，为防止升温速率过高或过低，烧结炉升温过程预热温度为阶梯式增加，预热区间温度分别设置为 600℃、800℃、950℃，陶粒生产过程中烧结区温度按照烧结温度设计设置，烧结炉升温过程中全功率升温至设定温度，保温 5h 后开始进料，将陶粒生料放入料框铺平以使物料受热均匀，按照设定的时间间隔推进推板，陶粒料球经过烧结炉各区间的预热、烧结后出料冷却，图 10.49 是陶粒烧结产品实物图，图 10.50 是烧结炉运行时的温度变化曲线图。

图 10.48　陶粒成型品

图 10.49　陶粒烧结产品实物图

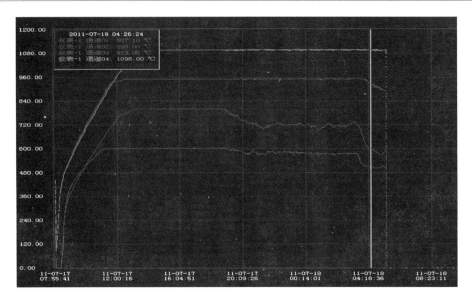

图 10.50 烧结炉升温曲线

由图 10.50 可知升温过程中，烧结炉各区间在初始温度到 450℃时升温速率较快约 6℃/min，后来的升温速率逐渐减慢，经过不同时间的升温各区间都能正常升到设定值，再经过约 5h 的稳定期烧结炉才正式开始进料烧结。烧结过程中烧结区温度随着陶粒的慢慢推进而有所降低，但是会在短时间内升上来，所以随着陶粒的周期性进料，烧结区的温度曲线呈现波形，1、2 区间温度有些下降，但是基本上对烧结过程无影响，3 区间的温度一直保持在稳定状态，而 5 区间因为陶粒产品在推出过程中会从烧结区带来大量的热量，导致温度升高，最终稳定在一个温度范围内。

(3) 工程烧结工艺优化问题识别

由于示范工程中所用设备与室内试验有较大不同，导致陶粒在烧结过程中的热工条件以及规模上存在较大差异，使得实验室研究所得到的工艺条件不能直接照搬到示范工程研究平台中使用。而且在室内试验研究过程中，只对陶粒的骨料和滤料的比表面积，抗压强度、吸水率和表观密度这四个核心指标进行检测，很明显这些指标只能作用探讨陶粒烧结过程中的一些基本规律，由这四个指标所得到的最佳工艺条件用于示范工程平台并不能保证制备出满足水处理滤料或轻骨料的相关国家标准。

因此，研究中首先对不同配比的混合物料成型后，分别在 1100℃和 1120℃条件下进行示范工程烧结试验，以明确研究中需要重点解决的问题，对于骨料研究中选取筒压强度、吸水率、堆积密度和表观密度作为指标进行性能测试，对于滤料选取含泥量、盐酸可溶率、破损率、比表面积和空隙率作为指标进行性能测试，如图 10.51 所示。对于骨料来说，主要存在的问题是筒压强度和堆积密度不匹配，陶粒的膨胀性能不佳；而对于滤料，虽然比表面积均能达到相关标准中的要求（$\geq 0.4 m^2/g$），但盐酸可溶率远高于标准中$\leq 2\%$的要求，而且滤料的破损率也较高。

从图 10.51 中，对比配比为 2∶6∶2、2∶7∶1、2∶8∶0 的实验组可以发现，添加粉煤灰不利于陶粒强度的提高，这可能是因为粉煤灰中的铝质成分提高了烧结温度导致的。而且可以发现，污泥与底泥的比例对于陶粒性能的改变起到重要作用。在保持粉煤灰含量不变的情况下，筒压强度随底泥含量的增加而有所提高，吸水率随底泥含量增加而有所降低，这可能是因为底泥中硅质含量比较高，另外，对比实验对照组（配比为 0：8：2）与其他陶粒的性能发现，SS 的添加虽然会在一定程度上降低陶粒的强度，但可以降低陶粒的密度等级。

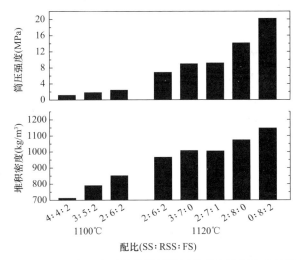

图 10.51　配比和温度对陶粒骨料筒压强度和堆积密度的影响

从图 10.52 中可以看出，陶粒滤料的盐酸可溶率和破损率与 SS 的含量有密切关系，其含量大于 30% 的滤料盐酸可溶率均大于 6%，甚至高达 12%，严重超出≤2% 的标准值。这可能是由于 SS 中的钙和磷引起的。另外，从图 10.52 中还可以看出，盐酸可溶率、破损率和比表面积均随温度升高而降低，其原因可能是坯料中的物相随温度升高而发生变化，酸可溶组分烧结变为难溶组分，使酸溶出率降低。

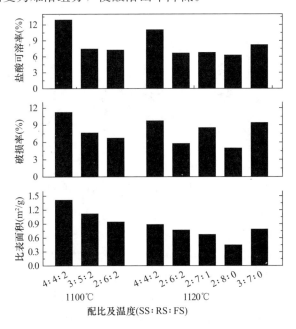

图 10.52　配比和温度对陶粒滤料主要性能的影响

（4）陶粒骨料制备的工艺优化及其效果

SS 中含量过高的钙和磷导致陶粒不能膨胀，而且温度的提高和有机物的加入可能有利于陶粒轻质化，因此将烧结温度提高到 1140℃，分别加入 SS（10/20％）、DSS（20/30/40/50％）、SS＋DSS（10％＋30/40/50％），其余物料为 RS，试验结果如图 10.53 所示。

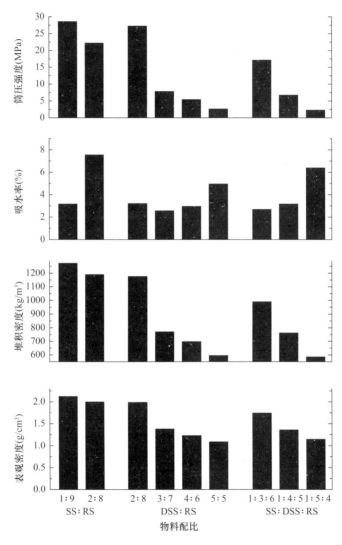

图 10.53　工艺条件对陶粒骨料性能的影响（1140℃）

骨料产品外观如图 10.54 所示，其中③号陶粒为 1120℃条件下的烧结产品，图 10.55 为配比 DSS：RS＝4：6 的陶粒表面和截面骨料微观 SEM 图，表 10.19 列出了合格陶粒轻骨料的密度等级和筒压强度。参照《轻骨料及其试验方法》可以看出，不同配方生产出来的陶粒性能可以达到 600～800 级轻粗骨料的相关要求，配比 SS：DSS：RS＝1：3：6 的陶粒堆积密度在 1000kg/m³ 以下，筒压强度达到 17MP 以上，属于优质高强陶。在实际应用中，可以根据需要选取不同配方生产适宜强度和密度等级的陶粒。

图 10.54　陶粒骨料外观形态

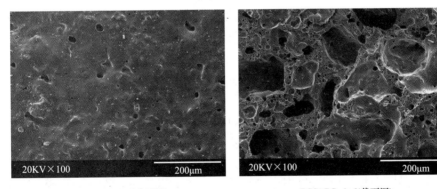

DSS：RS=4：6(表面图)　　　　　　DSS：RS=4：6(截面图)

图 10.55　轻质陶粒骨料微观图

陶粒轻骨料性能参数　　　　　　　　　　　表 10.19

配比		烧结温度（℃）	密度等级	筒压强度（MPa）	标准参考值	
					筒压强度（MPa）	吸水率（％）
DSS：RS	3：7	1140	800	7.8	4.0/6.0（高强）	≤10
	4：6		700	5.4	3.0/5.0（高强）	
	5：5		600	2.6	2.0/4.0（高强）	

续表

配比		烧结温度（℃）	密度等级	筒压强度（MPa）	标准参考值	
					筒压强度（MPa）	吸水率（％）
SS：DSS：RS	1：4：5	1140	800	6.7	4.0/6.0（高强）	≤10
	1：5：4		600	2.3	2.0/4.0（高强）	

由陶粒外观特征可以看出，DSS 添加量越大，陶粒颜色越深。可能是因为 DSS 中有机物为烧结过程提供较好的还原气氛，使大量 Fe_2O_3 还原为黑色的 FeO。从三类配方陶粒性能可以看出，提高 SS 添加比例会降低陶粒强度，增加吸水率，降低陶粒密度。

从陶粒表面宏观图和陶粒微观图还可以看出，添加 DSS 的陶粒表面形成了一层致密的釉质层，而陶粒内部则有非常丰富的封闭孔隙。对比 DSS：RS＝3：7 和 SS：DSS：RS＝1：3：6 的陶粒筒压强度和堆积密度可以看出，虽然后者添加了 10％ 的 SS（前面的研究表明 SS 增加会降低陶粒强度和密度），但其强度和密度都要比前者大。根据前文的分析，导致上述现象的原因可能是：（1）SS 中的 CaO 和磷的化合物提高了料球的液相形成的温度，导致大量气体在液相形成之前溢出，降低了膨胀系数；（2）料球中磷含量的提高导致烧结过程中形成更多高强度的 $AlPO_4$，提高了陶粒的强度。另外从⑥号和⑨样可以看出，SS 具有较好助熔作用，适量的 SS 能够降低液相黏度，提高陶粒膨胀系数。

（5）陶粒滤料制备的工艺优化及其效果

基于骨料和滤料性能特点对比以及在烧结过程中形成不同特点所发生变化机理的分析，对于烧制滤料的配方以及工艺条件为：

（a）适当提高 DSS 掺加比例：DSS 中的有机物会丰富陶粒内部孔隙，但过量添加会增大形成陶粒结构骨架矿物成分的间距，使滤料机械性能降低。根据本研究在示范工程过程中的经验以及文献中数据，DSS 添加量应该控制在 50％ 以下；

（b）适量添加 SS：虽然 SS 是造成盐酸可溶率的主要原因，但 SS 中含有大量的钙、磷和铝质成分，这些成分不仅能提高熔融温度，还会增加液相黏度，从而降低液相流动性，有利于保持坯体在升温过程中形成的孔隙结构，SS 添加比例不应高于 10％；

（c）加入一定量的 FS：FS 的加入可以提高陶粒滤料的比表面积，这可能主要是 FS 中的铝质含量较高，有助于降低陶粒在烧结过程中的液相流动性，减小了封闭孔隙的形成。

（d）烧结温度控制在 1120℃ 左右：从前面实验结果可以看出，当 SS 含量小于 20％ 时，1120℃ 条件下陶粒破损率可以达到标准要求；而当温度升高到 1130℃ 时，陶粒表面已经开始形成釉质层，不利于比表面积的提高。

基于上述思路，对配方和烧结温度进行调整，在 1120℃ 下，对 SS：DSS：RS：FS＝1：4：3：2、1：3：4：2、1：3：5：1、1：3：6：0 和 1：2：5：2 的混合物料进行烧结，结果如图 10.56 所示。

可以看出，配比为 1：3：4：2、1：3：5：1 和 1：3：6：0 的陶粒所有指标均满足相关标准要求，而且配比为 1：3：4：2 的滤料比表面积达到 3.15m^2/g。配比为 1：4：3：2 的滤料虽然比表面积达到 4m^2/g 以上，但是其盐酸可溶率超过了 3％。导致该配比制备的滤料盐酸可溶率偏高的原因可能有两点：其一，比表面积较大，测定盐酸可溶率时与酸的接触面积增大而加快了可溶于酸的矿物的反应速率；其二 DSS 中钙和磷含量之后达到 33%，过量添加 DSS 会使钙和磷无法在烧结中完全反应，导致浸出时被酸溶解。

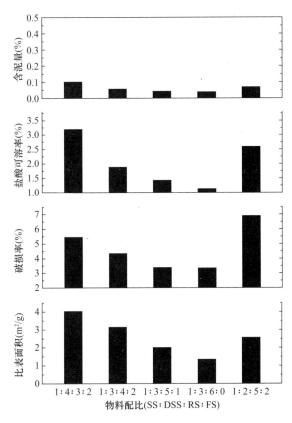

图 10.56 混合物料配比对陶粒滤料性能的影响（1120℃）

另外，分别对比配比为 1:4:3:2、1:3:4:2 和 1:2:5:2 以及配比为 1:3:4:2、1:3:5:1 和 1:3:6:0 的陶粒性能可以发现，上一节对于制备滤料配比调整方案的分析是正确的，即增加 DSS 和 FS 可以提高滤料的比表面积。

图 10.57 给出了配比为 1:4:3:2、1:3:4:2、1:3:5:1、1:3:6:0 的陶粒滤料的外观形态，其中配比为 1:4:3:2 的滤料颜色较深，这可能是因为 DSS 中大量有机物为陶粒提供良好的还原气氛，使大量 Fe_2O_3 还原为黑色的 FeO 导致的。对比图 10.48 中陶粒骨料的外观形态可以看出，滤料表面非常粗糙，而且陶粒没有发生膨胀，形状与成型之前的坯体基本保持一致。

图 10.57 陶粒滤料外观形态图

图 10.58 为部分滤料表面和截面的电镜扫描图，与图 10.55 中陶粒骨料微观图对比可以看出，两类陶粒在表面及内部结构完全不同。骨料表面被一层致密的釉层覆盖，而滤料表面则粗糙多孔；骨料内部孔隙为封闭状态，而滤料内部大部分孔隙为开放状态，且相互连通。陶粒滤料表面和内部有孔壁虽然出现了熔融反应，但壁面都非常粗糙，这说明在滤料烧结过程中液相流动性得到了控制。对比不同配比滤料的微观形态可以发现，DSS 含量越高，滤料孔隙越丰富，而且可以看出，添加 FS 的滤料熔融反应要比未添加 FS 程度低。

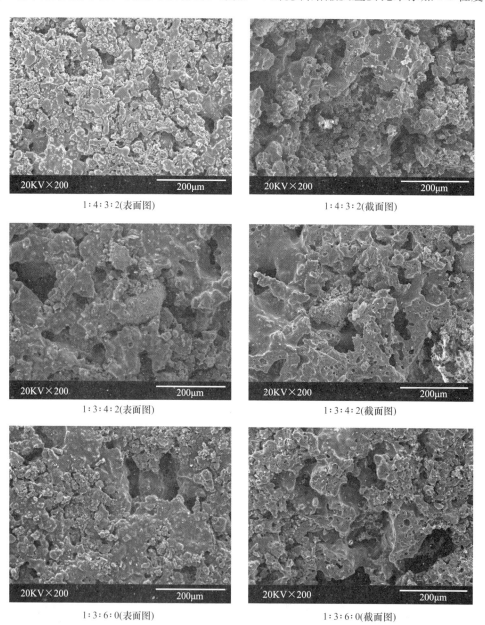

图 10.58　陶粒滤料微观形态图

图 10.59 是四种配比下滤料的孔径公布图，从图中可以更直观地看到 DSS 和 FS 对滤料比表面积和孔径的影响。几种配方烧制出的陶粒滤料孔径分布类似，只是最可几孔径的

微分体积大小有所差异。按照孔的大小可以将滤料中的孔隙可以分为微孔（<2nm）中孔（2～50nm）和大孔（>50nm），而表面积主要由微孔提供，绝大部分孔容积被孔径5～100μm的中孔大孔占据。水处理微生物直径一般为0.5～1.0μm，而生物滤池中的生物膜通常介于100～200μm，而且大部分比表面积由孔径小于0.5μm的孔提供，有利于将污水中的是污染物吸附到滤料内部供微生物生长，滤料的这种结构特征非常有利于微生物生长。

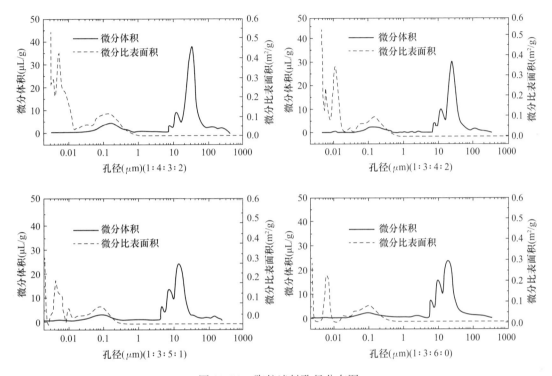

图10.59　陶粒滤料孔径分布图

10.5.1.3　技术经济分析

固废协同资源化制备陶粒技术既能解决了污泥、底泥处置难的问题，避免由于简单堆放处理造成的占地问题及环境污染问题，同时解决了污泥、底泥等的重金属二次污染问题，又生产出新的环保产品——陶粒，陶粒产品可作为滤料重新返回到水处理领域，进一步净化了污水，或作为建筑轻骨料应用于建材领域，应用前景非常好。本示范工程生产轻质陶粒的主要原料为城镇固体废物，同普通黏土陶粒生产相比，省去了大量的原料购买费用，节省了大量的黏土资源，极大地降低了陶粒生产成本，生产过程烟气排放指标均满足《工业炉窑大气污染物排放标准》GB 9078—1996，体现了固体废弃物处理技术的经济效益、环境效益和社会效益的统一。

10.5.1.4　环境安全性分析

（1）干燥过程的污染物排放

污泥干燥操作是污泥建材化利用的过程中必不可少的一个工艺环节，本研究所用的高湿物料干燥机污泥与热风采用顺流式接触方式，在干燥过程中进口热风温度一般控制在

600～650℃，出口尾气排放温度 120～130℃，干燥过程不可避免会导致有机物的挥发，如果有机物挥发过多，不仅会污染环境，加大尾气处理量，而且还会使污泥中有机物减小，降低热值，减小污泥在烧结过程中发泡产气作用。

本研究中所用的高温物料干燥机，虽然进风口温度达到 650℃，但有机物损失只有 2.13％。这说明干化后的污泥保留了绝大部分有机质，这些保留的有机物可以为烧结过程提供更多的热量和发泡产气物质。

有机物的分解温度一般在 350℃，虽然干燥机进风口温度达到 650℃，但由于污泥进入干燥机时含水率高达 80％，而且此时污泥处于黏稠状态，表面水分蒸发带走大量的热，使得污泥内部仍然维持在较低温度水平，当污泥干燥脱水体积收缩，与热空气接触面积增加时，污泥已经进入到干燥机中部，此时热空气温度也相应降低。因此本项目中所使用的干燥设备不会造成大量有机物的分解流失。

由表 10.20 可以看出，在中试研究过程中的干燥环节中，污泥中的 N 元素的迁移率非常低，只有不到 7％，而 S 元素的迁移率高达 50％以上。氨的主要来源极可能是污泥中碳酸氢铵的受热分解，它的释放与水的去除是同时发生的，由于干燥过程中有机物损失量非常小，所以可以推测污泥中的 N 元素主要是以有机态形式存在的。而硫化氢的主要来源可能是污泥中原有的游离硫化氢和污泥中有机硫化物分解的产物。灼减后污泥中 S 元素含量达 1.87％，说明 S 在污泥中大部分是以稳定的无机盐形态存在的，而高达 50％以上的迁移率说明，S 元素大部分存在于易挥发分解及不稳定有机硫化物中。

干燥过程中易挥发分解态和有机态 N、S 迁移率（％） 表 10.20

		低温干燥污泥		高温干燥污泥		迁移率
		总量	易挥发分解及有机态	总量	易挥发分解及有机态	
N	灼减前	1.08	1.07	1.02	1.01	5.66
	灼减后	0.02		0.02		
S	灼减前	1.38	0.26	1.28	0.12	52.93
	灼减后	1.87		1.87		

因此，在污泥干燥工艺尾气处理过程中需要对硫化物气体进行强化处理，以减小对环境的影响。

（2）烧结过程重金属固定效果分析

在陶粒烧结过程中，坯料达到 1100℃以上，完全能够将二噁英类物质完全分解，而且在本研究所用的工艺中，烧结后的烟气迅速降温，阻止了二噁英的再合成，因此这类物质不是本研究环境安全性分析中所要研究的重点。重金属及其化合物在污泥烧结过程中会被蒸发进入烟气，从而扩散到外界环境，造成环境污染。本节通过对烧结处理后不同重金属固定效果进行分析研究，以明确烧结过程中重金属向环境中的迁移情况，以便进行控制。为了表征重金属在烧结过程中固定在烧结体中的比例，引入固定率 R 的概念，公式如下：

$$R = \frac{C_2 m_2}{C_1 m_1} \times 100\%$$

式中 R——固定率，对应的重金属挥发率 $V = (100\% - R)$；

$\quad\quad C_1$——坯体中重金属质量含量；

$\quad\quad C_2$——烧结体中重金属质量含量；

m_1——坯体质量；

m_2——烧结体质量。

不同配比（工业污泥：底泥：粉煤灰）、烧结温度所得到的陶粒产品重金属固定率见表10.21。

不同配比、烧结温度产品重金属固定率（%）　　　表10.21

配比	添加剂	烧结温度	Cd	Cr	Cu	Ni	Pb	Zn
4：4：2	8%SiO₂	·1100℃	62.6	67.8	63.7	76.0	57.6	64.9
2：6：2	8%SiO₂		50.4	62.5	73.4	83.2	61.1	71.6
2：6：2	4%Fe	1100℃	64.4	69.5	63.5	85.5	57.2	63.8
		1120℃	59.1	72.8	59.4	75.5	49.9	57.4
		1130℃	50.0	60.9	53.7	76.1	41.5	51.6

可见：（1）Pb的固定率相对其他重金属元素要低，这主要是因为Pb属于易挥发金属，在高温烧结过程中容易气化；（2）Ni虽然在原料中含量非常高，但是固定率都在75%以上，Cr固定率在不同条件下固定率都在60%以上，这两种金属不同分布形态的熔点都较其他金属要高，所以在高温烧结过程中不容易从坯体中挥发；（3）烧结温度对重金属固定率有较明显影响，温度越高，各种重金属的固定率越低。

因此，虽然大部分重金属在烧结过程中都被固定在陶粒中，但出于防止污泥转移的目的，在烧结工艺条件选择上，首先，尾气处理工艺应该考虑到重金属的去除；其次，应尽可能通过配方的合理优化降低烧结温度。

（3）烧结产品重金属浸出毒性分析

采用《固体废物浸出毒性浸出方法HJ 557—2010—水平振荡法》来验证污泥烧结体是否满足浸出毒性的要求，不同配比（工业污泥：生活污泥：底泥：粉煤灰）和温度生产出的浸出结果见表10.22。

产品重金属浸出实验结果（mg/L）　　　表10.22

温度（℃）	配比	添加剂	Cd	Cr	Cu	Ni	Pb	Zn
1100	2：0：6：2	8%SiO₂	0.0001	0.0034	0.0012	ND	0.2541	0.0231
1120	2：0：8：0	无添加	ND	0.2891	0.0003	ND	ND	0.0066
1130	2：0：6：2	4% Fe₂O₃	ND	0.0005	0.0002	ND	ND	0.0008
	1：0：9：0	2%煤粉	0.0001	0.0035	0.0009	ND	0.0055	0.0009
		无添加	ND	0.2789	0.0009	ND	ND	0.0066
	2：0：8：0	2%Na₂CO₃	0.0002	0.2322	0.0008	ND	ND	ND
		2%煤粉	ND	0.2876	0.0017	ND	0.0019	0.0119
1140		无添加	ND	ND	0.0004	ND	ND	0.0029
	0：2：8：0	2%Na₂CO₃	ND	0.0013	ND	ND	ND	0.0050
		2%煤粉	0.0001	0.0028	0.0001	ND	ND	0.0051
	0：4：6：0	无添加	0.0001	0.0032	0.0021	ND	ND	0.0159
	1：4：5：0	无添加	0.0001	ND	0.0031	ND	ND	0.0174

可见：（1）当烧结温度达到1200℃以上时，Cd、Cu、Ni、Pb、Zn的浸出浓度较低；（2）Cu、Zn和Pb分别在污泥和底泥原料浸出时浓度较高，说明烧结能较好地使这两种重

金属固定在烧结体中，不会在使用中迁移到环境中去；（3）Ni 在原料以及烧结体浸出浓度均检测不出，并且高温烧结时的固定率也非常高，说明 Ni 在原料中主要是以非常稳定的形态存在的；（4）Cr 在坯料中含有较多工业污泥的陶粒中的浸出结果比较高，这可能是因为工业污泥中的 Cr 主要以游离形态存在。

虽然重金属浸出表明，含有工业污泥的陶粒 Cr 浸出会有部分超过地表水Ⅲ类标准，但是这部分陶粒主要是作建筑骨料使用，不会直接与水体接触，使得 Cr 释放到环境中的速率大大降低，而生产滤料所用的配方的各种浸出结果都达到饮用水标准，环境安全性良好。

10.5.2 高热值垃圾与工业边角料压制成型制备 RDF

10.5.2.1 RDF 制备工程概况

RDF 制备工程主要由三大部分组成：（1）垃圾分选预处理部分；（2）混合粉碎部分；（3）RDF 颗粒压制成型部分。本中试试验采用全套机械化生产，分选效率高，易于分离出所需高热值垃圾组分，出粒效果好，技术成型，对于非均质垃圾适应性强。

（1）垃圾分选预处理部分

该部分主要由可调速皮带输送机、滚筛、滚筒和风力分选等组成，主要利用城市生活垃圾的物理特性进行分选。城市生活垃圾经可调速皮带输送机运送进滚筛内，小于筛网孔径的杂质如小石块、玻璃碎片等因重力作用被筛分出来另行处理；大于筛网孔径的物料随滚筛滚动向前经皮带机进入到去石滚筒部分，经滚筒作用，较大较重的杂质与较轻物料（主要是废塑料、废纸和废旧纺织品等）分别掉落在滚筒两侧；分离出来的较轻物料经输送带进入分选阶段，利用风力吹送进一步分选制备 RDF 所需的较轻物料，并更进一步的去除杂质，保证物料的可靠可操作性。并且该阶段配置了旋风除尘器，采用循环风技术，在有效去除颗粒物的同时实现一风两用，充分节省能源。其流程如图 10.60 所示。

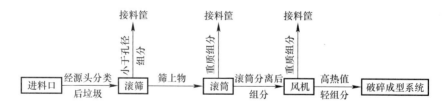

图 10.60 生活垃圾分选预处理流程图

（2）混合破碎部分

该部分有破碎机和风力输料机组成。采用的破碎机可同时破碎废旧塑料、废纸和废旧纺织品等，并达到约 8mm 的破碎粒径要求。经前端分选预处理设备分选获得的制备 RDF 所需的可燃高热值组分由输送带进入破碎机，破碎后经风力输料设备进入 RDF 颗粒成型机进行压制成型获得产品。

（3）RDF 颗粒压制成型部分

该部分主要有输料混料装置、压制成型装置、旋风、布袋除尘器和冷却装置构成。破碎后的物料，传输至输料混料装置，并在该装置内加入生物质、废石灰或污泥等添加物，然后进行混合输送到 RDF 颗粒压制成型装置；由 RDF 颗粒成型模具挤压（单孔成型压力范围为 2000～5000N，最高压力可以达到 17000N）后，获得 RDF 颗粒产品；最后经风力输送到冷却装置，冷却后的 RDF 颗粒便可装袋储存。

与此同时，整个 RDF 颗粒压制成型部分都有旋风、布袋除尘器进行除尘，去除物料混合输送、颗粒压制成型、RDF 颗粒输送阶段产生的粉尘，保证生产环境的清洁性，避免二次污染。该部分流程如图 10.61 所示。

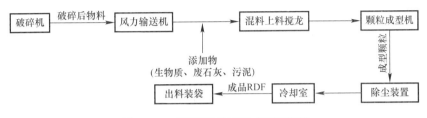

图 10.61　RDF 颗粒压制成型流程图

10.5.2.2　测试方法

由于本示范工程系统主要由三部分组成，而核心部分就是颗粒成型部分。因此在运行过程中重点监测颗粒成型部分运行，当然分选部分和破碎部分也是比较重要的监测部分。

(1) 垃圾分选预处理部分监测

该部分主要控制好滚筒的转速和风机的风速，这两项都是影响分选效率的主要设备参数，滚筒转速控制可以通过控制电柜的变速继电器控制（有效的工作范围集中在 13～21r/min）；风机的风速（70000～140000m/h）控制主要在风机出口处的选择开关控制风速大小。

(2) 垃圾分选预处理部分监测

该部分监测主要是控制好进料量的大小，如果进入过多的破碎物料，破碎机将会因为物料过多卡住切刀导致无法破碎，而控制进料量主要依靠分选部分的风选送料皮带提供的物料量，在设计过程中，我们已经考虑二者之间的有效搭配。

(3) RDF 颗粒压制成型部分

该部分是整个示范工程的核心部分，由于采用模压成型技术，因此监测部分主要包括，第一，物料的含水率，根据大量的实验监测发现，物料的含水率在 10%～20% 之间是易于成型的主要区间，除此之外，成型效果稍差；第二，进料量，根据大量实验发现，如果进料过多，会导致成型困难甚至可能卡住设备，而监测这一参数，主要根据控制电柜面板上的电流指示，在正常的工作区间应该是低于 15A，过高说明进料量较大，可能影响设备的正常运行，这样需要调节减料绞龙的转数。

10.5.2.3　结果与分析

(1) 分选预处理效果

1) 滚筛

筛分结果能否达到所期望的效果，一般用筛分效率进行判定。筛分效率的高低主要有物料性质、设备性能和操作管理等因素。从理论上来说，小于筛孔尺寸的物料，应全部通过筛孔透筛，但实际运行过程中往往不可能全部透过，一部分小于筛孔尺寸（本示范工程的滚筛尺寸为 4cm×4cm）的物料会留在筛上，并且在筛下物中也会混有一些大于筛孔尺寸的物料。因此，筛分效率是综合反映整个筛分过程效率高低的一个重要指标。

本研究采用筛分量效率方法对筛分效率进行计算。筛分量效率是实际的筛下产物质量与进料中理论筛下产物质量的比值，一般用百分数表示。

假设 e 为进料中小于筛孔尺寸物料的含量（％），f 为筛上产物中小于筛孔尺寸物料占筛上产物的质量分数（％），C 为筛下产物占总进料量的质量分数（％），则：

$$C = e - \frac{(100 - C)}{100} f \quad C = \frac{100(e - f)}{100 - f}$$

$$\eta_q = \frac{C}{e} \times 100\% = \frac{100(e - f)}{e(100 - f)} \times 100\%$$

式中，η_q 为筛分量效率，单位为％。

按照上述公式对筛网的筛分效率进行计算，结果见表 10.23，表中是将 4 次平行实验监测的结果进行均值化处理。

筛网筛分效率   表 10.23

平行试验	效率	平均效率	范围
1	87.67％		
2	85.39％	85.02％	82.21％～87.67％
3	84.80％		
4	82.21％		

2）滚筒

滚筒目前没有公式或者标准进行分选效率的评价，但该部分采用是比较先进设计，通过调节转速和落料位置来控制分选效率，由于在安装前进行的调研以及部分实验，确定了合理的落料位置，因此转速就是比较重要的参数。图 10.62 是滚筒转速对分选效率的影响。

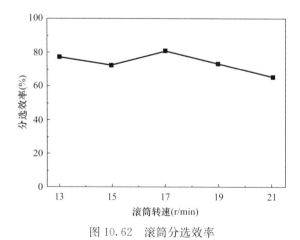

图 10.62　滚筒分选效率

3）风机

风机主要是控制风选效率，由于本设计主要考虑的风速的影响，因此实验时我们采用风速作为评价风机风选效率的主要因素。图 10.63 为风速对分选效率的影响。

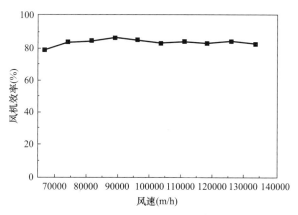

图 10.63　风机分选效率

（2）工艺沿程单元贡献

RDF 制备示范工程流程如图 10.64 所示。各主要组成单元的功能以及处理效果见表 10.24。

图 10.64　RDF 制备示范工程流程

示范工程各组成单元功能

表 10.24

各组成部分	功能
生活垃圾分选系统	处理对象：生活垃圾、工业边角料等，对原料适应性强，分选效率高 工艺特点：工艺流程简单实用，全程机械化操作，筛孔直径为 40mm，分离效果好，风选系统采用回流除粉尘装置 处理能力：200kg/h 处理效果：高热值垃圾分选效率为 80%～95%

各组成部分	功能
物料破碎系统	处理对象：塑料、纸张、布等垃圾以及边角料 工艺特点：刀具的处理范围较广，粉碎的颗粒粒度小，粒质较均匀 处理效果：颗粒粉碎粒度为 0.5～8mm
RDF 颗粒成型系统	处理对象：高热值垃圾、工业边角料、废石灰、污泥等混合成型原料 工艺特点：系统由送料，混料，成型，冷却，出料装置组成，成型压力可调，适应性强，成型效果好，全程电气控制，可实现不同配比原料成型 处理能力：RDF 产量 2～3t/d 处理效果：RDF 颗粒粒度较均匀，燃料热值达到 4500kCal/kg 以上

（3）能耗分析

本示范工程系统耗能主要集中在垃圾分选预处理部分、混合破碎部分和 RDF 颗粒压制成型部分。整个系统所有设备由电力驱动，因此，计算出该系统的耗电量就可表征其能耗问题。

按照磨煤机单耗定义公式对 RDF 生产单耗进行定义。RDF 生产单耗是指每生产出 1 吨 RDF 产品所耗用的电量。表示整个系统的耗能。单位：kWh/t（RDF）

$$RDF 生产单耗 = \frac{某部分耗电量}{计算期间生产量}(kWh/t)$$

据上公式对示范工程生产线各部分能耗进行计算，结果见表 10.25。

制备 RDF 中试试验各部分能耗　　　　　　表 10.25

生产环节	分选预处理部分	混合破碎部分	压制成型部分	总计
单位能耗（kWh/t）	12	41.28	111.36	164.64
百分比（%）	7.28%	25.1%	67.62%	

可知，整个中试试验系统生产单耗为 164.64kWh/t，耗能较少，在处理垃圾变废为宝的同时，又能耗较低，因此，RDF 的生产制备是具有一定的经济性的。

（4）工艺特征分析

目前，RDF 中试试验系统共制备了多种不同物料或配比的 RDF 样品，主要是纯生活垃圾＋5%CaO，辅料（生物质）：生活垃圾＝1∶1＋5%CaO，辅料（生物质）：生活垃圾＝1∶2＋5%CaO，辅料（生物质）：生活垃圾＝1∶3＋5%CaO，辅料（生物质）：生活垃圾＝2∶1＋5%CaO 和辅料（生物质）：生活垃圾＝1∶1＋5%污泥。

压制成型的 RDF 产品，处理能力为 150～200kg/h，RDF 的热值在 4000kal/kg 以上，颗粒的密度在 1.1～1.4g/cm³，产品的堆积密度在 0.42～0.60g/cm³，压缩比在 2.1～2.6 之间。其物理特性用颗粒密度、颗粒堆积密度、压缩比和热值表征，见表 10.26。

制备 RDF 中试试验产品物理特性　　　　　　表 10.26

样品	颗粒密度（kg/m³）	堆积密度（g/cm³）	颗粒长度（mm）	热值（MJ/kg）
纯生活垃圾 5%CaO	1.1467	0.406	14-20	21.01
生物质：生活垃圾＝1∶1 5%CaO	1.265	0.453	15-24	19.12
生物质：生活垃圾＝1∶2 5%CaO	1.314	0.552	16-24	19.85
生物质：生活垃圾＝1∶3 5%CaO	1.120	0.429	12-20	20.01
生物质：生活垃圾＝2∶1 5%CaO	1.274	0.645	15-27	18.96
生物质：生活垃圾＝1∶1 5%污泥	1.206	0.445	15-23	19.15

其中未添加 CaO 或添加污泥的 RDF 可进入水泥窑进行焚烧，在为水泥烧制过程提供热量的同时，能够利用水泥窑中大量存在的 CaO 去除 NO_x 和固硫。添加 CaO 的 RDF 可进入燃煤锅炉或热电厂锅炉进行利用，CaO 的存在，可有效地降低酸性气体对炉体的腐蚀效应，在获得热量进行利用的同时，降低对环境产生的危害。

本套发明系统制备 RDF 是以生活垃圾、工业边角料为原料，生产 RDF 颗粒燃料的设备，与其他生产系统相比，具有如下创新：

1）适应性好：制备 RDF 是对多种废物共同处理，物料差异性大，对设备要求高。该套设备可对不同垃圾进行配比，制成适合水泥厂、电厂等不同需求的 RDF 制品。实现多种废物协同处理一体化。

2）源头提质：对垃圾进行源头分类，首先进行一级分类，分为干湿两类，该分类符合我国国情，居民易于接受，简单实用。物料进厂后人工除去对燃烧造成危害，污染性大的材料，如 PVC 管等。通过现场皮带传送实现二级分类，再有多种机械处理实现废物的多级分类。该分类从源头上确保了产品质量，使产品易于成型，便于储存运输，确保产品易于燃烧。

10.5.3　陶粒与 RDF 制备检测分析

10.5.3.1　制备轻质陶粒烟气与性能监测

（1）烧结过程烟气检测

脱水污泥中的有机物含量很高，在烧结处理过程中会产生一定的烟气量，为了监测高温烟气排放可能造成的污染，对经烟气处理系统后的烟气进行常规指标以及二噁英等的检测。示范工程配备的烟气处理系统对这些常规污染物进行了有效的工艺控制。苏州市吴中区环境监测站根据《固定污染源排气颗粒物测定与气态污染物采样方法》GB/T 16157—1996 对烟气中各污染物浓度进行了测试，表 10.27 为烟气检测工况，表 10.28 为烧结炉烟气常规指标检测报告，均符合国家规定的危险废物焚烧大气污染物排放限值 GB 18484—2001，烟气中污染物排放浓度测定数值均达到相关要求，二氧化氮排放未检出。

烟气检测工况　　　　　　　　　　　　　　　　　　　　　　表 10.27

序号	测试项目	单位	测定值		
1	测试工况负荷	%	100	100	100
2	测试管道截面积	m²	0.1963	0.1963	0.1963
3	测点废气温度	℃	61	61	59
4	废气含湿率	%	3.3	3.3	3.3
5	测点废气流速	m/s	1.5	1.4	1.3
6	实测废气量	m³/h	1091	1020	919
7	标干态废气量	N.d.m³/h	855	800	

烧结炉烟气常规指标检测报告　　　　　　　　　　　　　　　表 10.28

序号	测试项目	单位	监测结果			标准限值 GB 18484—2001
1	烟尘排放浓度	mg/Nm³	46.4	61.2	26.1	100
2	Ni 及其化合物	mg/Nm³	0.008	0.012	0.010	1.0（砷＋镍）
3	As 及其化合物	mg/Nm³	0.042	0.118	0.215	

续表

序号	测试项目	单位	监测结果			标准限值 GB 18484—2001
4	Cd 及其化合物	mg/Nm³	0.003	0.003	0.005	0.1
5	Pb 及其化合物	mg/Nm³	0.075	0.072	0.082	1.0
6	Hg 及其化合物	mg/Nm³	未检出	未检出	未检出	0.1
7	Zn 及其化合物	mg/Nm³	0.180	0.152	0.180	
8	Cu 及其化合物	mg/Nm³	0.025	0.034	0.038	4.0（锰＋铜＋铬）
9	Cr 及其化合物	mg/Nm³	0.154	0.179	0.144	
10	SO₂ 排放浓度	mg/Nm³	107	163	158	400
11	NOₓ 排放浓度	mg/Nm³	未检出	未检出	未检出	500

二噁英排放浓度远低于《生活垃圾焚烧污染控制标准》中的安全值 1.0ngTEQ/Nm³。烧结炉烟气中含氧量为 12%，由于烧结过程中氧气基本不参加反应，所以根据 11% 含氧量换算后的二噁英总毒性当量浓度为 0.0084ng TEQ/m³，低于欧盟规定的二噁英总毒性当量浓度不高于 0.1ng TEQ/m³ 的标准，详见表 10.29。

烧结炉烟气二噁英详细检测报告 表 10.29

项目		Total-TEQ(ngTEQ/Nm³)		
		检测 1	检测 2	检测 3
1	2,3,7,8-TeCDD	0.0015	0.0015	0.0015
	TeCDDs	—	—	—
	1,2,3,7,8-PeCDD	0.002	0.002	0.0025
	PeCDDs	—	—	—
	1,2,3,4,7,8-HxCDD	0.0005	0.0005	0.0005
	1,2,3,6,7,8-HxCDD	0.00035	0.00035	0.00035
	1,2,3,7,8,9-HxCDD	0.0003	0.0003	0.0003
	HxCDDs	—	—	—
	1,2,3,4,6,7,8-HpCDD	0.00019	0.00017	0.00013
	HpCDDs	—	—	—
	OCDD	0.000012	0.000012	0.0000075
	Total PCDDs	0.0049	0.0048	0.0053
2	2,3,7,8-TeCDF	0.0004	0.0004	0.0004
	TeCDFs	—	—	—
	1,2,3,7,8-PeCDF	0.00006	0.00006	0.00006
	2,3,4,7,8-PeCDF	0.0014	0.0014	0.0014
	PeCDFs	—	—	—
	1,2,3,4,7,8-HxCDF	0.00025	0.00025	0.00025
	1,2,3,6,7,8-HxCDF	0.0003	0.0003	0.0003
	1,2,3,7,8,9-HxCDF	0.0005	0.0005	0.0005
	2,3,4,6,7,8-HxCDF	0.0005	0.0005	0.0005
	HxCDFs	—	—	—
	1,2,3,4,6,7,8-HpCDF	0.00005	0.00005	0.00005
	1,2,3,4,7,8,9-HpCDF	0.00004	0.00004	0.00004
	HpCDFs	—	—	—
	OCDF	0.0000087	0.0000069	0.0000015
	Total PCDFs	0.0035	0.0035	0.0035

续表

项目	Total-TEQ(ngTEQ/Nm³)		
	检测 1	检测 2	检测 3
Total PCDD/Fs	0.0083	0.0083	0.0087
3,3′,4,4′-TeCB(♯77)	0.0000033	0.0000033	0.0000034
3,4,4′,5-TeCB(♯81)	0.0000011	0.0000011	0.0000011
3,3′4,4′,5-PeCB(♯126)	0.00035	0.0003	0.00025
3,3′,4,4′,5,5′-HxCB(♯169)	0.00017	0:000075	0.000075
Total non-orthoPCBs	0.00053	0.00038	0.00033
2,3,3′,4,4′-PeCB(♯105)	0.0000006	0.00000066	0.0000006
2,3,4,4′,5-PeCB(♯114)	0.0000003	0.0000003	0.0000003
2,3′,4,4′,5-PeCB(♯118)	0.0000017	0.0000014	0.0000013
2′,3,4,4′,5-PeCB(♯123)	0.00000012	0.00000012	0.00000012
2,3,3′,4,4′,5-HxCB(♯156)	0.0000015	0.0000015	0.0000015
2,3,3′,4,4′,5′-HxCB(♯157)	0.000000045	0.000000045	0.000000045
2,3′,4,4′,5,5′-HxCB(♯167)	0.00000006	0.00000006	0.00000006
2,3,3′,4,4′,5,5′-HpCB(♯189)	0.00000006	0.000000075	0.00000006
Total mono-orthoPCBs	0.000003	0.0000028	0.0000026
Total DL-PCBs	0.00053	0.00038	0.00033
Total (PCDD/Fs+DL-PCBs)	0.0088	0.0087	0.0091

（序号 2 对应第二行至 Total DL-PCBs 行）

（2）产品性能检测

按照城镇建设行业标准 CJ/T 299—2008 中"水处理用人工陶粒滤料"标准，通过第三方对示范工程的陶粒进行了检测，检测结果见表 10.30。可见优化工艺条件下得到的陶粒指标均满足行业标准，并具有良好的质量。由于甪直镇污水处理厂的脱水污泥钙含量较高，导致陶粒的盐酸可溶率偏高，基于研究结果改进了原料及添加比例，污泥由工业污泥和生活污泥的混合而成。另外，由表 10.30 中可以看出粉煤灰的添加在一定程度上提高了盐酸可溶率，但是同时又减小了陶粒的空隙率，参照陶粒滤料标准，污泥底泥粉煤灰联合烧结制备陶粒滤料的最佳生产工艺是配方 1∶3∶6∶0、烧结温度 1100～1120℃、烧结时间 25～32.5min。

陶粒滤料的检测结果   表 10.30

序号	含泥量（%）	盐酸可溶率（%）	破碎率（%）	比表面积（m²/g）	空隙率（%）
1	0.11	1.21	3.35	1.3145	46.41
2	0.06	0.76	3.10	0.5454	44.03
3	0.04	0.52	3.29	0.5395	42.25
4	0.07	0.69	2.99	0.5875	43.21
5	0.04	0.34	3.30	0.5095	40.41
6	0.53	1.78	2.32	0.6531	43.11
7	0.36	1.43	2.89	0.5874	46.95
8	0.49	1.59	3.58	0.8025	43.82

根据《轻骨料及其试验方法》GB/T 17431.1—2010，委托第三方对陶粒质量进行了检测，详见表 10.31，经过工艺优化的陶粒产品满足轻骨料标准。测试结果表明各原料的

不同添加量在烧结工艺条件下的陶粒产品基本上均符合轻骨料的相关标准，但是建筑轻骨料要求高强度、轻质和低吸水率，所以陶粒建筑轻骨料的生产工艺适宜条件是生活污泥量尽量不要超过40%，烧结温度在1130℃左右。

陶粒产品根据轻骨料及其试验方法的检测结果   表 10.31

序号	密度等级	堆积密度（kg/m³）	筒压强度（MPa）	吸水率（%）
1	700	697	5.4	3.0
2	800	771	10.2	2.9
3	900	867	11.6	2.0
4	1000	929	20.4	2.3
5	1000	989	19.1	2.9
6	1100	1092	36.7	2.0

（3）陶粒滤料的应用

生产的陶粒用于中试曝气生物滤池，如图 10.65 所示。

图 10.65   陶粒滤料应用于中试曝气生物滤池

1）后混凝开启前两种滤料的对比

混凝启动前，控制两滤柱进水流量为 100L/h，水力负荷为 0.63m³/(m²·h)，停留时间 3.18h，气水比为 3:1，反冲洗周期为 4d。比较不同滤料的曝气生物滤柱对 COD_{Cr} 和 TP 的去除效果，如图 10.66 和图 10.67 所示。曝气生物滤池进水 COD_{Cr} 平均值为 141.6mg/L，活性炭柱出水 COD_{Cr} 平均值为 107.28mg/L，陶粒出水 COD_{Cr} 平均值为 106.95mg/L，活性炭柱 COD_{Cr} 去除率平均值为 23.39%，陶粒柱 COD_{Cr} 去除率平均值为 24.17%。可见，陶粒滤料的性质与商业滤料相比，性能基本持平。曝气生物滤池进水 TP 平均值为 1.57mg/L，活性炭柱出水 TP 平均值为 1.08mg/L，陶粒柱出水 TP 平均值为 1.09mg/L，活性炭柱 TP 去除率平均值为 28.6%，陶粒柱 TP 去除率平均值为 29.1%。

由图 10.66 和 10.67 中可以看出，在 100L/h 进水流量，气水比为 3:1，反冲洗周期为 4 天的工况下，两曝气生物滤柱对 COD_{Cr} 和 TP 均有较好的去除效果，差异不大，但是陶粒柱对 COD_{Cr} 和 TP 的去除率较活性炭柱的去除率更加稳定。陶粒滤料由于是颗粒近球状状固体，粒径为 3～5mm，层间堆积没有细棒状活性炭紧密，不易发生堵塞板结现象，与此同时，微生物附着能力也就没有活性炭滤料强，因此挂膜培养需要更多的时间，但挂膜成功后运行效果逐步提高，并趋于稳定。

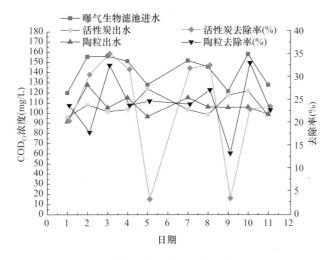

图 10.66　混凝启动前两柱出水 COD_{Cr}

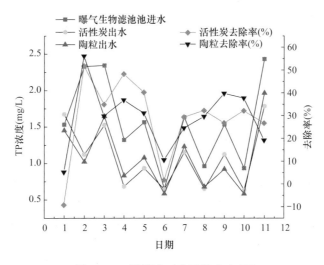

图 10.67　混凝启动前两柱出水 TP

2）后混凝开启后两种滤料的对比

混凝启动后，控制两滤柱进水流量为 100L/h，水力负荷为 $0.63m^3/(m^2 \cdot h)$，停留时间 3.18h，气水比为 3∶1，反冲洗周期为 4d。混凝剂投加量为 100mg/L 和 120mg/L，在这两组投加量下比较两生物滤池对 COD_{Cr} 和 TP 的去除效果，如图 10.68 和图 10.69 所示。

混凝剂投加量为 100mg/L，曝气生物滤柱进水 COD_{Cr} 平均值为 106.46mg/L，活性炭柱和陶粒柱出水 COD_{Cr} 平均值分别为 87.94mg/L 和 79.12mg/L，去除率平均值分别为 17.76％和 26.11％；混凝剂投加量为 120mg/L，曝气生物滤池进水 COD_{Cr} 平均值为 88.76mg/L，活性炭柱和陶粒柱出水 COD_{Cr} 平均值分别为 66.48mg/L 和 57.76mg/L，去除率平均值分别为 24.42％和 34.3％。

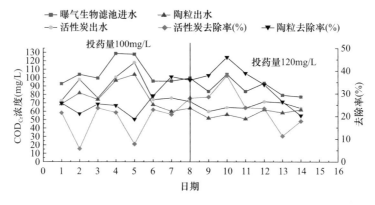

图 10.68 混凝启动后两柱出水 COD_{Cr}

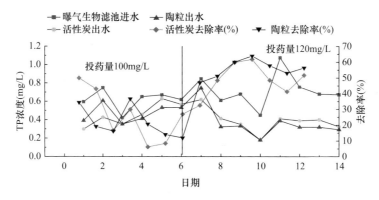

图 10.69 混凝启动后两柱出水 TP

混凝剂投加量为 100mg/L，曝气生物滤柱进水 TP 平均值为 0.65mg/L，活性炭柱和陶粒柱出水 TP 平均值分别为 0.47mg/L 和 0.51mg/L，去除率平均值分别为 25.77% 和 21.78%；混凝剂投加量为 120mg/L，曝气生物滤池进水 TP 平均值为 0.7mg/L，活性炭和陶粒出水 TP 平均值分别为 0.35mg/L 和 0.31mg/L，去除率平均值分别为 49.1% 和 55.5%。由图 10.69 可见，混凝启动后，陶粒柱净化效果优于活性炭柱，表明：颗粒状陶粒和棒状活性炭作为曝气生物滤柱滤料对 COD_{Cr} 和 TP 均有较好的去除效果。

（1）活性炭滤料由于表面良好微孔率，利于微生物附着生长和有机物吸附，但随着使用时间的增长，吸附性能逐渐减小，过度生长的微生物可能会使柱内发生板结，有效使用容积大幅减少，去除效果下降；

（2）陶粒滤料由于粒间空隙较大且表面孔隙率不如活性炭好，挂膜需要时间较长，且前期处理效果明显不如活性炭柱，但随着运行时间的增长，附着在陶粒表面的微生物膜越来越多，处理效果表现为稳定增长，且不易发生板结现象，故运行后期处理效果反而略高于活性炭柱；

（3）陶粒滤料有利用系统的长期稳定运行，在系统最优运行条件下，采用陶粒作为填料，出水可以满足要求。

10.5.3.2 热电厂链条炉煤中掺混 RDF 焚烧检测分析

针对目制备的 RDF 燃料特点，结合当地的热电厂炉子类型，本次 RDF 与煤掺混燃烧由于执行的炉型为普通链条炉，在理论意义上说不太适合 RDF 的焚烧（原因是 RDF 属于高挥发分燃料），因此采用与煤混燃的燃烧方式进行焚烧测试。本次使用的物料的工业分析见表 10.32。

物料的工业分析 表 10.32

物料	水分（%）	灰分（%）	挥发分（%）	固定碳（%）	热值（MJ/kg）
辅料：布＝1：3 含 5%CaO	1.96	4.48	79.21	4.35	18.39

（1）热电厂焚烧炉选择要求

根据此前在现场调查情况发现，甪直镇热电厂只有一台 60t 链条锅炉是独自烟囱排烟，比较适合进行本次 RDF 与煤混燃焚烧锅炉的烟尘监测。因此选择此链条炉作为试验用燃烧锅炉。

（2）焚烧炉运行监测要求

1）焚烧炉在进行混燃焚烧之前，应保证已经在投煤燃烧稳定运行工况在 3 小时之上；当入炉燃料发生波动时，焚烧炉给料量以及一次风量及其分布和温度均应及时准确地予以调节。

2）RDF 在焚烧过程中，需要保证一定的过量空气系数，因此，根据监控台的仪表变化，也可以根据在线监测的 CO 浓度，及时调整进风量，即一次风机和二次风机的风量，保证 RDF 焚烧用空气量；因此监测项目至少应包括炉膛温度、出口烟气中氧气含量（6%～12%）和 CO 含量、炉膛压力等；将整个燃烧过程划分为焚烧阶段和烟气中可燃有害物质的燃烧阶段，后一阶段烟气的燃烬需要足够的空气。在焚烧阶段需限制燃烧空气量，以避免炉膛温度的强烈波动以及产生过多飞灰。

3）炉渣和焚烧飞灰可以分别收集，储存，运输和处理。

4）保证链条炉燃烧稳定 1h 以上，方可进行各参数测定与记录。

（3）混料焚烧运行方案要求

1）由于 RDF 属于高挥发分燃料，考虑实际结合链条炉运行实际制订了物料运行配比：RDF 占入炉燃料的 10%（即烟煤：RDF＝9：1）。

2）为了保证 RDF 的及时引燃、充分燃烧和燃烬，炉排应分成干燥和引燃区、主焚烧区和灰渣燃烬区三个区域。

3）在达到实验用配比之前，应该缓慢进行配比物料入炉，防止入炉燃料的成分发生变化，影响炉子的稳定运行，因此，要慢慢调整，调整后及时观察控制台仪表变化，在稳定运行一定时间后，再缓缓增加比例，直至达到实验要求配比范围。

（4）监测标准

本次链条炉掺混 RDF 焚烧过程中，废气样品监测内容包括：烟尘排放浓度、二氧化硫（SO_2）排放浓度、氮氧化物（NOx）排放浓度。监测标准选择：《固定污染源排气中颗粒物测定与气态污染物采样方法》GB/T 16157—1996；《固定污染源排气中二氧化硫的测定定电位电解法》HJ/T 57—2000；氮氧化物的测定定电位电解法《空气和废气监测分析方法》第四版国家环保总局（2003）3.1.3.3。

废气样品中二噁英监测内容主要包括：PCDDs、PCDFs、DL-PCBs。

（5）掺混 RDF 链条炉运行

本次链条炉掺混 RDF 的比例为 3%（wt.%），焚烧过程中为保证炉子的连续运行以及监测结果的可代表性。按照掺混比例进行入炉燃烧，经过连续运行近 10h 开始监测，掺混燃烧过程中，时时监控炉子的运行过程，未发现异常现象，炉子运行一切正常。图 10.70 为实验用链条炉，图 10.71 为废气以及二噁英采样监测点位置。

图 10.70　实验用链条炉　　　　　　　图 10.71　监测点位置

（6）监测结果

表 10.33 为 RDF 的混烧采样工况，经过将近一整天的连续运行，保证了监测结果的可靠性与代表性。废气的监测结果见表 10.34 和表 10.35，废气中二噁英的监测结果见表 10.36。

RDF 混烧采样工况　　　　　　　　　表 10.33

序号	测试项目	单位	测定值		
1	测试工况负荷	%	100	100	100
2	测试管道截面积	m²	19.635	19.635	19.635
3	测点废气温度	℃	64	63	62
4	废气含湿率	%	3.4	3.4	3.4
5	测点废气流速	m/s	5.92	5.82	6.01
6	实测废气量	m³/h			
7	标干态废气量	N·d·m³/h			

热电厂混燃 RDF 烟气常规指标检测报告　　　　　表 10.34

测量仪器以及编号	智能烟尘平行采样仪 TH880V 型（RM02-02）			
测试工况	运行负荷达到80%	治理设施　文丘里水膜除尘器		排气筒高度　　60m
编号	测试断面	监测项目　　mg/m³（标态）		
		烟尘排放浓度	二氧化硫排放浓度	氮氧化物排放浓度
QF11-702	锅炉废气排放口 1	33.0	225	361
QF11-702	锅炉废气排放口 2	21.5	189	345
QF11-702	锅炉废气排放口 3	37.9	215	375
锅炉烟尘排放口均值		30.8	210	360
《火电厂大气污染物排放标准》GB 13223—2003		≤50	≤400	≤450
评价		达标	达标	达标

热电厂混燃 RDF 烟气重金属监测结果　　　　表 10.35

序号	测试项目	单位	监测结果					标准限值 GB 18484—2001
1	Ni 及其化合物	mg/Nm³	0.030	0.040	0.053	0.030	0.044	1.0（砷＋镍）
2	As 及其化合物	mg/Nm³	0.387	0.226	0.701	0.500	0.827	
3	Cd 及其化合物	mg/Nm³	0.040	0.066	0.035	0.035	0.053	0.1
4	Pb 及其化合物	mg/Nm³	0.304	0.440	0.361	0.314	0.408	1.0
5	Hg 及其化合物	mg/Nm³	ND	ND	ND	ND	ND	0.1
6	Zn 及其化合物	mg/Nm³	0.671	1.741	0.881	1.108	2.338	
7	Cu 及其化合物	mg/Nm³	0.320	0.094	0.084	0.170	0.107	4.0（锰＋铜＋铬）
8	Cr 及其化合物	mg/Nm³	0.121	0.198	0.153	0.144	0.180	

热电厂混燃 RDF 烟气二噁英详细检测报告　　　　表 10.36

项目	Total-TEQ(ngTEQ/Nm³)		
	检测 1	检测 2	检测 3
2,3,7,8-TeCDD	0.0035	0.004	0.004
TeCDDs	—	—	—
1,2,3,7,8-PeCDD	0.005	0.005	0.005
PeCDDs	—	—	—
1,2,3,4,7,8-HxCDD	0.0015	0.0015	0.0015
1,2,3,6,7,8-HxCDD	0.001	0.001	0.001
1,2,3,7,8,9-HxCDD	0.0005	0.0005	0.0005
HxCDDs	—	—	—
1,2,3,4,6,7,8-HpCDD	0.0001	0.0001	0.0001
HpCDDs	—	—	—
OCDD	0.000009	0.000009	0.000009
Total PCDDs	0.012	0.012	0.012
2,3,7,8-TeCDF	0.001	0.001	0.001
TeCDFs	—	—	—
1,2,3,7,8-PeCDF	0.00015	0.00015	0.00015
2,3,4,7,8-PeCDF	0.003	0.003	0.003
PeCDFs	—	—	—
1,2,3,4,7,8-HxCDF	0.0005	0.0005	0.0005
1,2,3,6,7,8-HxCDF	0.0005	0.0005	0.0005
1,2,3,7,8,9-HxCDF	0.001	0.001	0.001
2,3,4,6,7,8-HxCDF	0.0015	0.0015	0.0015
HxCDFs	—	—	—
1,2,3,4,6,7,8-HpCDF	0.00015	0.00015	0.00015
1,2,3,4,7,8,9-HpCDF	0.0001	0.0001	0.0001
HpCDFs	—	—	—
OCDF	0.0000045	0.000012	0.000019
Total PCDFs	0.0079	0.0079	0.0079
Total PCDD/Fs	0.02	0.02	0.02
3,3′,4,4′-TeCB(♯77)	0.00001	0.0000067	0.000007

续表

项目	Total-TEQ(ngTEQ/Nm³)		
	检测 1	检测 2	检测 3
3,4,4′,5-TeCB(♯81)	0.000003	0.000003	0.000003
3,3′4,4′,5-PeCB(♯126)	0.0005	0.0005	0.0005
3,3′,4,4′,5,5′-HxCB(♯169)	0.00015	0.00015	0.00015
Total non-orthoPCBs	0.00066	0.00066	0.00066
2,3,3′,4,4′-PeCB(♯105)	0.0000015	0.00000075	0.0000019
2,3,4,4′,5-PeCB(♯114)	0.0000006	0.0000006	0.0000006
2,3′,4,4′,5-PeCB(♯118)	0.0000033	0.0000025	0.0000042
2′,3,4,4′,5-PeCB(♯123)	0.000003	0.0000028	0.000003
2,3,3′,4,4′,5-HxCB(♯156)	0.00000045	0.00000075	0.00000045
2,3,3′,4,4′,5′-HxCB(♯157)	0.00000011	0.000003	0.00000012
2,3′,4,4′,5,5′-HxCB(♯167)	0.00000014	0.0000009	0.00000014
2,3,3′,4,4′,5,5′-HpCB(♯189)	0.00000015	0.00000045	0.00000015
Total mono-orthoPCBs	0.0000065	0.000009	0.0000078
Total DL-PCBs	0.00067	0.00067	0.00067
Total(PCDD/Fs+DL-PCBs)	0.02	0.021	0.021

根据热电厂混烧 RDF 稳定运行时烟气检测结果，按照《工业炉窑大气污染物排放标准》GB 9078—1996 和《火电厂大气污染物排放标准》GB 13223—2003，烧结过程中烟尘排放浓度和二氧化硫排放浓度均达标，二氧化氮排放未检出。二噁英排放浓度远低于《生活垃圾焚烧污染控制标准》中的安全值 0.1ng-TEQ/Nm³。热电厂烟气中含氧量为16.8%，由于烧结过程中氧气基本不参加反应，所以根据 11% 含氧量换算后的二噁英总毒性当量浓度为 0.021ng-TEQ/m³，表 10.36 中监测数据为已经换算后的数据，低于国家规定的二噁英总毒性当量浓度不高于 0.1ng-TEQ/Nm³ 的标准，说明将 RDF 用于工业用替代燃料是可行的。

本次检测对热电厂混烧 RDF 时产生的灰渣的二噁英也进行了检测，由于该热电厂是文丘里水膜除尘，所以飞灰和灰渣是混合后收集，混烧过程产生的灰渣检测结果见表 10.37，可见灰渣中二噁英含量为 3.9ngTEQ/kg。

热电厂混燃 RDF 灰渣的二噁英详细检测报告 表 10.37

项目	Total-TEQ(ngTEQ/kg)
2,3,7,8-TeCDD	0.5
TeCDDs	—
1,2,3,7,8-PeCDD	1
PeCDDs	—
1,2,3,4,7,8-HxCDD	0.3
1,2,3,6,7,8-HxCDD	0.15
1,2,3,7,8,9-HxCDD	0.15

项目	Total-TEQ(ngTEQ/kg)
HxCDDs	—
1,2,3,4,6,7,8-HpCDD	0.02
HpCDDs	—
OCDD	0.0015
Total PCDDs	2.1
2,3,7,8-TeCDF	0.2
TeCDFs	—
1,2,3,7,8-PeCDF	0.03
2,3,4,7,8-PeCDF	0.6
PeCDFs	—
1,2,3,4,7,8-HxCDF	0.1
1,2,3,6,7,8-HxCDF	0.15
1,2,3,7,8,9-HxCDF	0.25
2,3,4,6,7,8-HxCDF	0.25
HxCDFs	—
1,2,3,4,6,7,8-HpCDF	0.035
1,2,3,4,7,8,9-HpCDF	0.02
HpCDFs	—
OCDF	0.0009
Total PCDFs	1.6
Total PCDD/Fs	3.8
$3,3',4,4'$-TeCB(♯77)	0.0002
$3,4,4',5$-TeCB(♯81)	0.00045
$3,3'4,4',5$-PeCB(♯126)	0.1
$3,3',4,4',5,5'$-HxCB(♯169)	0.03
Total non-ortho PCBs	0.13
$2,3,3',4,4'$-PeCB(♯105)	0.00012
$2,3,4,4',5$-PeCB(♯114)	0.00012
$2,3',4,4',5$-PeCB(♯118)	0.00015
$2',3,4,4',5$-PeCB(♯123)	0.000045
$2,3,3',4,4',5$-HxCB(♯156)	0.000075
$2,3,3',4,4',5'$-HxCB(♯157)	0.000015
$2,3',4,4',5,5'$-HxCB(♯167)	0.00003
$2,3,3',4,4',5,5'$-HpCB(♯189)	0.000045
Total mono-orthoPCBs	0.0006
Total DL-PCBs	0.13
Total(PCDD/Fs+DL-PCBs)	3.9

10.6 径流污染控制、水动力调控与生态系统恢复

10.6.1 水系优化与水动力调控工程

10.6.1.1 工程设计方案

通过水系现状结构、形态、水动力特征的实测和分析，结合水系水动力学模型的情景分析，发现上游来水水质欠佳、河网水系结构欠佳、水动力不足、流场分布不合理是造成水环境污染的因素。因此，通过识别城镇水系的缓流区和滞留区，以上游清流入镇、中游优化水网结构和改善水动条件、下游出镇水系通畅为指导思想，提出水系结构优化方案，以及基于闸泵联合调度的应急状态下水动力学调控方案。

（1）水系结构优化和连通

水系结构优化和连通主要是连通河网的断头浜，尤其是位于居民生活区的断头浜，实现河道之间的水流通畅，改善水流条件，提高水体的关联程度。包括六号河（东支和西支）、十号河、思安浜、云家娄、石家湾、眠牛泾浜桥、吉家浜等。此外，还包括疏通支家库以促使工业区和商贸区污染负荷往南排，减小对古镇的影响。清除西汇河、眠牛泾浜的阻水建筑，以水乡文化园建设为依托，开挖河道，直接沟通古镇中市河、西汇河和水乡文化园水体，如图 10.72 所示。

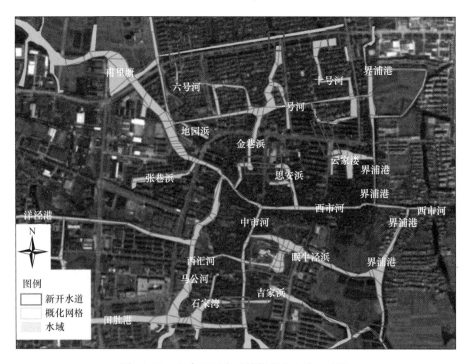

图 10.72 角直河网水系结构优化方案示意图

（2）水动力调控

入镇水源的主要通道为"甫里塘—西市河—中市河—眠牛泾浜"，以及"甫里塘—西市河—马公河—西汇河—眠牛泾浜"。充分利用现有的闸、泵等水利工程，新建和改建必要的水利工程实施，进行水动力科学调度，以在较短时间内快速改善并维持古镇区河道水质。水动力调控方案所涉及的水闸、泵站位置如图 10.73 所示。

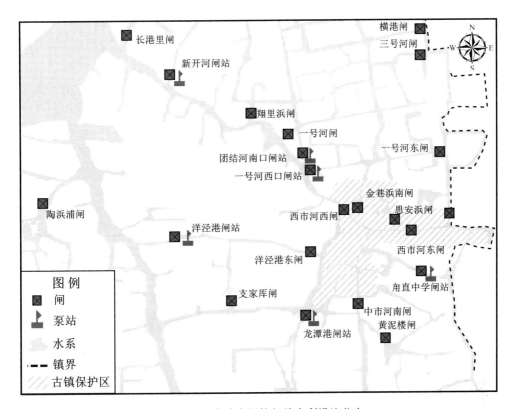

图 10.73　水动力调控相关水利设施分布

10.6.1.2　工程建设

根据提出的水系结构优化与沟通方案，结合甪直镇的实际情况，制订了分期实施的方案。第一期以古镇水质改善为主要目标，沟通和调控古镇区水系，做到古镇水系"水流畅通"和"水质维持"；沟通古镇下游的眠牛泾浜、吉家浜、张家库、南塘港等河流，做到镇区水系"出流通畅"，达到甪直镇区水系的结构优化和畅通。

具体工程包括：以甪直水乡文化园建设为依托，恢复该区域水环境，增加古镇河网水面率，改善古镇区河道景观，如图 10.74 所示。在水系连通性增强的基础上，考虑到研究区水系水流滞缓、河道坡降低，拟采用外力作用，通过闸泵改、扩建，优化闸泵控制规律等措施来提高河道的水流流速，增强河道的自净能力。将建成后泵站群系统的引调水扩容与其他措施结合起来，可以在较短时间内使甪直古镇区水系水质得到改善。

图 10.74 水系沟通节点及优化

通过对甪直水系结构和水利工程现状的分析，从水环境改善的角度，新建支家库湿地泵站、西汇河西端双向闸泵站和改建洋泾港闸泵站，工程参数见表 10.38。

研究区河道闸、泵建设工程表　　　　　　　　　表 10.38

序号	项目名称	工程量	规格/规模
1	支家库湿地泵站	1	8 寸/1000m³/d
2	西汇河西端双向闸泵站建设	1 座	10 寸/0.5m³/s
3	洋泾港双向闸泵站建设	1 座	20 寸/1m³/s

10.6.1.3　工程效果评估

(1) 古镇核心区泵站调控监测分析

为了验证甪直中学泵站调控对改善古镇核心区水系水文水质的效果，进行了水系断面的布设，开展了调控前后水文同步试验监测。古镇区水系监测点的布设如图 10.75 所示。调控前后各监测断面的监测指标比较分别见表 10.39。

由表 10.39 结果可见，经过调控，所设断面的流量整体上呈增加状态（除绍钧桥断面流量下降），众安桥断面流量由调水前的 0.333m³/s 增加到 0.682m³/s，增加 1 倍以上。其余断面流量较调水前增加 3 倍以上。

图 10.75 水动力调控前后水文水质监测点

古镇核心区调控前后水文监测数据　　　　　　　　　　　表 10.39

	流速（m/s）		流量（m³/s）	
	调控前	调控后	调控前	调控后
眠牛泾浜桥	0.020	0.020	0.255	0.192
君临桥	0.027	0.064	0.186	0.412
绍钧桥	0.019	0.015	0.188	0.160
众安桥	0.056	0.115	0.333	0.682
万安桥	0.075	0.209	0.188	0.601
香花桥	0.015	0.030	0.026	0.101
正源桥	0.010	0.064	-0.017	-0.514

注：流量负值说明是逆向流动。

（2）镇区闸泵动力调控监测分析

为更大范围内检验应急方案对用直河网水动力调控效果，按照调控方案，进行了调控实验。监测结果显示，河网水动力调控对古镇区河道及其关联河道的水动力改善效果明显，见表 10.40 和图 10.76 所示。

流速流量对比　　　　　　　　　　　表 10.40

点位	流量（m³/s）			流速（m/s）		
	沟通前	沟通后	调控后	沟通前	沟通后	调控后
眠牛泾浜桥	0	0.171	1.3	0.024	0.278	
绍钧桥	0	0.171	0.562	0.016	0.038	

续表

点位	流量（m³/s）			流速（m/s）		
	沟通前	沟通后	调控后	沟通前	沟通后	调控后
甪直廊桥	0	0.35	0.803		0.006	0.015
君临桥	0	0.166	0.554		0.04	0.083
万安桥	0	0.191	0.751		0.09	0.418
正源桥	0	0.095	0.252		0.008	0.039
中市河	0.099	0.317	0.98	0.053	0.066	0.188
西汇河	0.039	0.058	0.059	0.019	0.024	0.022
马公河	0.781	0.483	0.222	0.040	0.049	0.029
西市河西	0.706	0.933	1.132	0.103	0.125	0.144
甫里塘	1.288	1.273	1.433	0.065	0.054	0.143
西市河东	0.534	0.631	0.262	0.055	0.103	0.027
古镇区平均	0.575	0.616	0.681	0.056	0.070	0.092

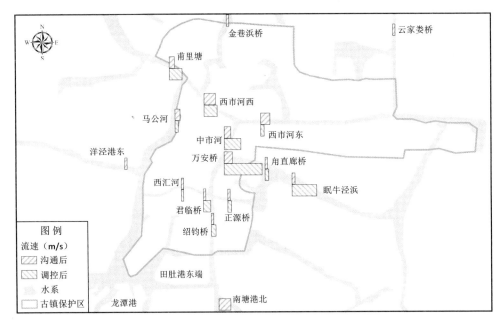

图 10.76 应急方案实验结果—流速

　　古镇区内主要河道的流速大幅提高，尤其是前文所述调水通道中的河水流速。调控措施对于古镇区河道水质改善主要有两个方面的作用：一是引进外江优质水，达到稀释、推移和置换劣质水的效果；二是增强水动力，改善复氧能力等水体理化作用，促进污染物的转换。据此，以调水操作为主的应急方案，尤其是在古镇河道水质较差而外江水质较好的情况下，能够快速有效地改善古镇保护区河道水质。

　　在方案实施后，进行了流速和水质的对比监测。通过数据的实测，古镇水系平均流速从沟通前 0.056m/s，增到沟通后的 0.07m/s，再进一步增到动力学调控时的 0.092m/s。

10.6.2 污染河道水质改善的支家库湿地工程

10.6.2.1 工程设计

(1) 工程布局及规模

支家库湿地工程位于水流不畅，水质较差的支家库河湾处，通过泵站提水，湿地净化提高水体流动性和水环境。湿地位于现状荒地内，长76m，宽40m。取水点位于支家库上游，布置取水泵站，河水通过取水泵站提升进入河道西侧人工湿地，湿地布置分为潜流湿地和表流湿地两部分，河水经过潜流湿地处理后进入表流湿地，通过溢流管进入支家库河湾，在河湾停留并汇入支家库下游，形成河道内水体净化、循环系统，其布局如图10.77所示。设计处理能力 $500m^3/d$，应急处理能力 $1000m^3/d$。工程建设滤池与潜流湿地 $375m^2$，表流湿地 $1000m^2$。

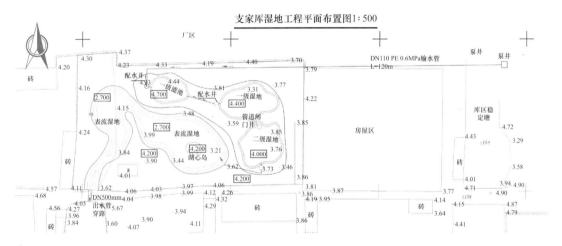

图 10.77 工程整体设计图

(2) 工艺流程及特点

人工湿地的工艺流程有多种，目前采用的主要有推流式、阶段进水式、回流式和综合式4种。阶梯进水可避免处理床前部堵塞，使植物长势均匀，有利于后部的硝化脱氮作用。回流式可对进水进行一定的稀释，增加水中的溶解氧并减少出水中可能出现的臭味，出水回流还可促进填料床中的硝化和反硝化作用，采用低扬程水泵，通过水力喷射或跌水等方式进行充氧综合式则一方面设置出水回流，另一方面还将进水分布至填料床的中部，以减轻填料床前端的负荷。

将不同类型的人工湿地进行组合，有利于提高系统的处理能力。本工程选择"滤池＋复合垂直流人工湿地＋表流人工湿地"工艺如图10.78所示。

1) 泵站

该工程取水自支家库河，通过泵房提升运输到滤池进行初次处理。提水泵站采用地下结构，采用 C30 钢筋混凝土主体。进水口设置于

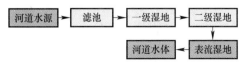

图 10.78 湿地工程工艺流程图

河道常水位以下，河底以上，取河道中层水，减少上部漂浮物和底层淤泥及垃圾的污染，进水口后设置格栅，格栅间距 10mm，内部设置水泵 3 台，出水管设置逆止阀、排气阀、水表及筛网过滤器，筛网过滤器规格为 80 目，手动反冲洗。输水管道采用 DN110PE 管。

根据项目试验性特点，设计泵站采用多台水泵组合布置形式，设计组合如下：

a. 设计运行条件 500m³/d，运行一台 25m³/h 水泵；

b. 试验运行条件 750m³/d，运行一台 25m³/h 水泵，一台 12m³/h 水泵；

c. 试验运行条件 1000m³/d，运行一台 25m³/h 水泵，两台 12m³/h 水泵。

2）滤池

在工艺的前端设滤池如图 10.79 所示。功能是有效去除 SS，避免后续单元堵塞，延长湿地使用年限和维护周期。除此之外，待湿地系统稳定后，滤池中填料表面将由于大量微生物的生长而形成生物膜，水流经生物膜时，不但 SS 被填料阻挡截留，一部分的污染物也将被分解、吸附等。

根据同类工程实践经验，滤池分为 3 组并联，便于运行中维护，设计滤速 0.5m/h。同时设计中考虑试验运行模式，设计滤速分别为 0.6m/h 和 0.8m/h，计算成果见表 10.41。

<table>
<tr><td colspan="4">滤池设计参数计算表　　　　　　　　　　　　　　　　表 10.41</td></tr>
<tr><td>计算参数</td><td>设计条件</td><td>运行条件 1</td><td>运行条件 2</td></tr>
<tr><td>滤池面积（m²）</td><td>63</td><td>78</td><td>78</td></tr>
<tr><td>设计流量（m³/d）</td><td>500</td><td>750</td><td>1000</td></tr>
<tr><td>设计滤速（m/h）</td><td>0.5</td><td>0.6</td><td>0.8</td></tr>
</table>

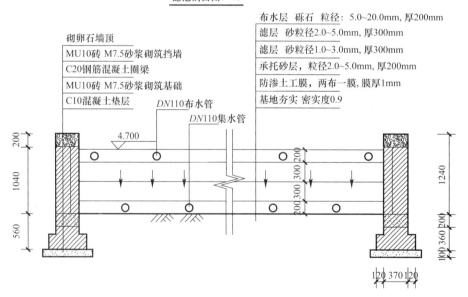

图 10.79　滤池结构图

3）潜流湿地

复合垂直流人工湿地（integratedvertical-flow constructed wetland，IVCW）具有独特的下行流和上行流两个串联单元，在水流路线上形成好氧—缺氧、厌氧—好氧的功能区，氮的去除主要在这些功能区下通过硝化—反硝化途径得到净化。IVCW 系统由于大气复氧、植物根系输氧和间歇式进水等共同作用，使得湿地表层形成了好氧环境，下行流池表层氧化还原电位（Eh）最高，表现为强好氧环境，具有最强的硝化作用，氨氮在该层被转化。一级湿地采用下行流方式布水，二级湿地上行流方式布水如图 10.80、图 10.81 所示，形成一级湿地的好氧环境和二级湿地的厌氧环境，增强湿地的脱氮除磷能力。

一级湿地剖面图1:40

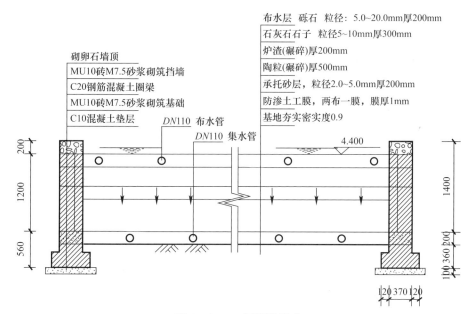

图 10.80　一级湿地示意

二级湿地剖面图1:40

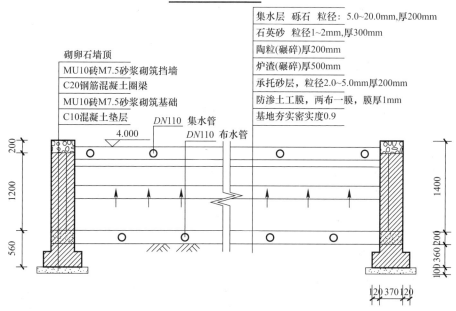

图 10.81　二级湿地设计图

由于本次工程水源为支家库河道水，其河道流速较低，在水质监测过程中未发现其藻类暴发，且本次工程中前端设置了筛网过滤器去除主要藻类，因此，设计水源按照预处理过的微污染河道水计算。目前潜流湿地设计计算一般按照试验和经验进行估算，本次设计中采用了负荷法和一级推流动力公式进行了计算。设计考虑潜流湿地对河水进行处理后进入表流湿地二次处理，以 BOD 为目标，潜流湿地设计负荷 ALR_{BOD}：$8g/(m^2 \cdot d)$。

4）表流湿地

该处理系统的工艺目标包括：①直接处理污水；②对经人工或其他工艺处理后的污水进行再处置或深度处理；③利用污水营造湿地自然保护区，为野生群落提供有价值的生态栖息地，为生物多样性研究提供场地。表面流人工湿地系统主要通过植物吸收/收获、硝化/反硝化、氨气挥发、离子交换等途径脱氮。污水沿一定方向流动过程中，随着有机氮的氨化、硝化和反硝化，氮素转化频率增加，TN 被去除。

该工程表流湿地主要为项目区内人工湖面，同时兼考虑支家库河湾区水面，计算采用负荷法，目前对于表流湿地 BOD 负荷研究结果差异较大，同时进水浓度不同对处理效果影响也较大，由于本项目水源 BOD 较低，设计取值采用较为保守 $1g/(m^2 \cdot d)$。表流湿地设计深度 0.8m，容积 700m^3，水力停留时间 33.6h，出水进入支家库河湾，河湾面积 1900m^2，平均水深 1.5m，河湾内停留时间 5.85d。

（3）湿地填料选取

填料主要用于构成湿地的滤床，是承载植物的媒介，是湿地构成中最基本的部分。一方面为植物的生长提供载体，另一方面也可吸附、过滤其中的部分有机污染物。目前应用较多的填料有土壤、卵石、塑料、炉渣、陶粒、活性炭、自然岩石与矿物材料等，每种填料性能各有优缺点，但所选填料都应具有以下特点：质轻，松散容量小，有足够的机械强度；比表面积大，孔隙率高，属多孔惰性载体，不含有害于人体健康和妨碍工业生产的有害物质；化学稳定性良好；水头损失小，形状系数好，吸附能力强滤速高，工作周期长，产水量大，水质好。为了综合发挥各填料优势，湿地床往往由多种填料组成。

填料级配十分重要，可有效去除各种污染物质，同时有效避免堵塞，提高运行周期。填料粒径的大小是影响湿地系统水力传导性的主要因素，直接关系到污染物在湿地中的停留时间和系统的孔隙度。粒径大的填料，空隙度大，所能容纳的污水量也大，污水能在湿地内部受到较长时间的吸附与吸收，有利于污水净化。

通过比较各种基质的净化能力及对堵塞的影响，并结合示范工程当地实际情况，选择既去污能力强而又经济效益好的基质。为增加项目区景观效果，该示范工程滤池设计为不规则形状，侧面采用砖砌结构，并在底部和侧墙做防渗处理，底部设置 20cm 承托层，内部布设集水管，向上依次布置 1～3mm 粒径砂层，2～5mm 粒径砂层，5～20mm 布水层，内部设置布水管。

一级湿地水流方向下行，上层布置布水管，水流依次经过 30cm 石子，20cm 沸石，50cm 陶粒，承托层，内设集水管，经连接管接入二级湿地。

二级湿地水流方向为上行，水流依次经过承托层，内设布水管，50cm 沸石，20cm 陶粒，30cm 石英砂，20cm 砂层，20cm 集水层，出水进入表流湿地。

（4）植物的选取

1）植物选取的原则

① 耐污能力强

强耐污能力是选择人工湿地植物的首要考虑因素。大多数植物对污染的特殊逆境有一定的适应性，并且会产生一定的抗性，一定程度上这种抗性具有遗传性。但不同植物耐污能力相差较大，所以构建人工湿地选择种时要选择耐污能力强的植物，可以保证植物的正常生长，也有利于提高人工湿地的污染物净化能力。

② 净化能力强

为了提高人工湿地的去污能力，不但要选择耐污能力强的植物，同时也要求植物的净化能力要高。根据所要处理污水中的主要污染物，来选择相应种类的超累积植物，尤其在处理污水中的重金属元素方面，具有非常好的应用前景。

③ 根系发达、茎叶茂密

植物的吸收、吸附和富集作用与植株的生长状况和根系发达程度密切相关，因而不同植物构成的人工湿地净化污水效果存在着差异。植物的根系还在固定床体表面，对保持湿地生态系统的稳定性具有重要意义。

④ 因地制宜

构建的人工湿地应适应不同的水文地貌，植物也一定要适合具体湿地设计的要求，必须做到因地制宜，最起码要使所选植物能够正常生长，适合当地的条件。同时，由于设计的人工湿地系统是周围景观的一部分，因而必须将融入其中。所以构建人工湿地选择物种的适地适种原则包括适应当地的气候条件、地形条件和人文景观条件也是重要原则之一。

⑤ 经济和观赏价值高

以往人工湿地植物的选择多局限于凤眼莲、喜旱莲子草和宽叶香蒲等，但因其经济价值不高、景观效果欠佳等原因，难以在城市中广泛应用。同时，引入园林设计的理念，将治污与营造生态公园融为一体，使保护环境与美化人们的生活相映生辉。

⑥ 重视物种间的合理搭配

为了增强人工湿地的污染物净化能力和景观效果，有利于植物的快速生长，一般在人工湿地中选择一种或几种植物作为优势种搭配栽种，但也要考虑到不同种类的植物之间存在的相互作用，构建人工湿地选择植物时一定要重视合理搭配，既有利于群体的快速形成，也具有较高的污染物净化能力和观赏价值。

2）工程所选植物

① 漂浮植物：选择水芹菜等作为漂浮植物配置于表流湿地。

② 根茎、球茎及种子植物：慈姑、睡莲、菱角、荸荠配置于表流湿地中。

③ 挺水草本植物类型：西伯利亚鸢尾、香蒲、花叶菖蒲、菖蒲、水葱、再力花、梭鱼草，种植与潜流湿地和表流湿地。

④ 沉水植物类型：金鱼藻等作为沉水植物，布置于表流湿地中深水部分。

10.6.2.2 工程施工

支家库人工湿地工程施工主要分以下三个阶段：

（1）场地整理阶段

支家库人工湿地工程所在地地况复杂，施工前为当地百姓种植的蔬菜等植物区，而大部分地块为淤泥池塘等。这给施工顺利进行带来了很大困难。因此，在施工前要进行场地整理。

首先，要进行三合土回填。由于场地地基不稳，必须填一定量的三合土，保障各种施工车辆能进入场地施工；

其次，清理场地中的杂物，包括废弃垃圾、杂草等。

（2）土建阶段

1）泵房建设，泵房选址在支家库河的东岸，长宽高为：$2m×2m×2m$；

2）滤池及潜流湿地建设，为了避免由于淤泥太深而导致地基不稳，必须对每个池子底部进行深挖直至原状土。接下来是砌外围墙体、集水井；

（3）防渗膜铺设、管材安装及滤料填充

外围墙体完成后，整理好每个池体的底层，先填一层10cm的砂，然后按要求开始铺设防渗膜，待防渗膜铺设完毕，进行试水，检查是否漏水，如果漏水便进行修补，直至不漏或达到要求标准。接下来进行内部墙体建设。

上述基础设施完毕后，进行管道安装及滤料填充，管道分为上下两层，各有布水管和集水管组成。滤料填充按级配比例严格填充。给水管由泵房引出，管材为110mmPE，河中部分为焊接铁管。其他部件如：流量计、水表、过滤器等均按图纸要求安装。

（4）试运行

待整个流程全部安装完成并检查无误后开始试运行，分别打开3个泵，对整个流程进行逐个检查，确保每个环节没有问题。

支家库湿地工程如图10.82所示。

图10.83和图10.84表现出一级、二级湿地美人蕉、再力花、千屈菜等植物生长状态良好，表流湿地中睡莲基本上已经布满了整个表流湿地，景观效果良好。

图10.82 支家库湿地工程图

二级湿地整体植物长势

表流湿地

图10.83 二级湿地植物生长状况（8月）

10.6.2.3　水质净化运行效果分析

(1) 污染物浓度的变化

通过对各种水质指标进出水浓度变化的分析，可以看出，各污染物进出水浓度变化比较大。但是总的来说，滤池出水污染物浓度低于系统进水浓度，湿地出水浓度低于滤池出水浓度，系统对各污染物有一定的去除效果。

图 10.84　支家库湿地植物全景图

由图 10.85 可以看出，进出水中 COD_{Cr} 浓度变化比较大。系统进水 COD_{Cr} 浓度范围为 7.60～58.00mg/L，平均浓度约为 24.58mg/L；滤池出水 COD_{Cr} 浓度范围为 5.20～40.00mg/L，平均浓度为 16.70mg/L；湿地出水 COD_{Cr} 浓度范围为 2.40～40.00mg/L，平均浓度为 12.00mg/L。

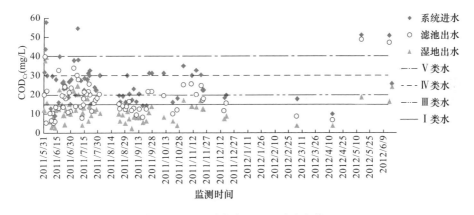

图 10.85　进出水 COD_{Cr} 浓度变化

由图 10.85 可见，系统进水 COD_{Cr} 浓度只有很少一部分没有达到 V 类水标准，浓度偏高，可能是当天支家库河边的化工厂排入大量废水导致的。滤池出水 COD_{Cr} 浓度基本上都达到了 V 类水标准，其中一部分达到了 IV 类水、III 类水、甚至 I 类水标准。湿地出水 COD_{Cr} 浓度都达到了 V 类水标准，其中个别达到了 IV 类水标准，其余大部分都达到了 I 类水标准，都达到设计标准。

从图 10.86 中可以看出，系统进水浊度变化比较大，滤池出水和湿地出水浊度比较稳定。系统进水浊度范围为 2.69～21.60NTU，平均浊度约为 8.79NTU；滤池出水浊度范围为 0.98～7.33NTU，平均浊度为 3.23NTU，湿地浊度范围为 0.73～3.51NTU，出水平均浊度为 1.54NTU。可以看出，该系统对浊度有很好的降低效果，且出水浊度比较稳定。

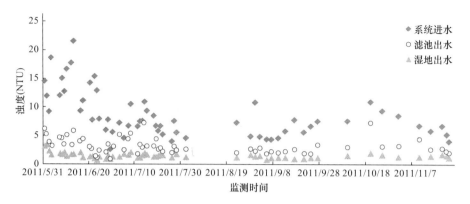

图 10.86　进出水浊度变化

从图 10.87 中可以看出，进出水 TN 浓度变化比较大。系统进水 TN 浓度范围为 1.56~8.33mg/L，平均浓度约为 4.20mg/L；滤池出水 TN 浓度范围为 0.69~7.00mg/L，平均浓度为 3.11mg/L；湿地出水 TN 浓度范围为 0.69~6.64mg/L，平均浓度为 2.07mg/L；系统进水 TN 浓度基本上都属于劣 V 类水标准，滤池出水 TN 浓度只有一部分达到了Ⅲ、Ⅳ类水标准，湿地出水 TN 浓度也只有一部分达到地表水Ⅳ类水、Ⅲ类水标准。

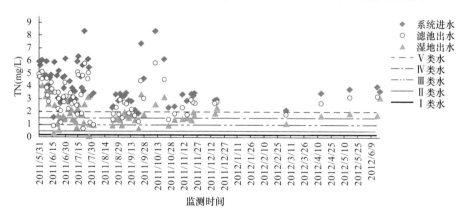

图 10.87　进出水 TN 浓度变化

从图 10.88 中可以看出，进出水 NH_3-N 浓度变化比较大。系统进水 NH_3-N 浓度范围为 0.09~2.63mg/L，平均浓度约为 0.81mg/L；滤池出水 NH_3-N 浓度范围为 0.08~1.67mg/L，平均浓度为 0.58mg/L；湿地出水 NH_3-N 浓度范围为 0.04~1.28mg/L，平均浓度为 0.37mg/L；系统进水中 NH_3-N 浓度基本上都达到了地表水 V 类水标准，其中绝大部分达到了Ⅳ类水、甚至Ⅲ类水标准，湿地出水中 NH_3-N 浓度基本上都达到了Ⅲ类水标准。

从图 10.89 中可以看出，进出水 NO_3^--N 浓度变化比较大。系统进水 NO_3^--N 浓度范围为 0.19~1.46mg/L，平均浓度约为 0.86mg/L；滤池出水 NO_3^--N 浓度范围为 0.09~1.27mg/L，平均浓度为 0.49mg/L；湿地出水 NO_3^--N 浓度范围为 0.01~0.91mg/L，平均浓度为 0.26mg/L。可以看出，湿地出水中 NO_3^--N 浓度相比系统进水降低很多。

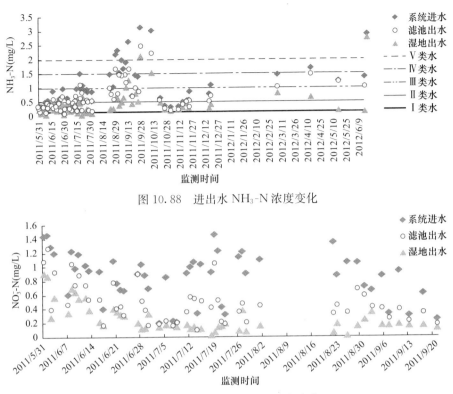

图 10.88 进出水 NH$_3$-N 浓度变化

图 10.89 进出水 NO$_3^-$-N 浓度变化

从图 10.90 中可以看出，进出水 NO$_2^-$-N 浓度变化比较大。系统进水 NO$_2^-$-N 浓度范围为 0.009～0.57mg/L，平均浓度约为 0.26mg/L；滤池出水 NO$_2^-$-N 浓度范围为 0.001～0.27mg/L，平均浓度为 0.10mg/L；湿地出水 NO$_2^-$-N 浓度范围为 0.0005～0.22mg/L，平均浓度为 0.05mg/L；滤池出水中 NO$_2^-$-N 浓度比系统进水有所降低，湿地出水中 NO$_2^-$-N 浓度相比滤池出水又有所降低，系统很好地完成了 NO$_2^-$-N 的转化。

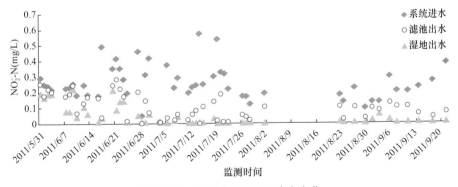

图 10.90 进出水 NO$_2^-$-N 浓度变化

从图 10.91 中可以看出，进出水 TP 浓度变化比较大。系统进水 TP 浓度范围为 0.10～0.44mg/L，平均浓度约为 0.26mg/L，滤池出水 TP 浓度范围为 0.03～0.38mg/L，平均浓度为 0.20mg/L，湿地出水 TP 浓度范围为 0.02～0.31mg/L，平均浓度为 0.13mg/L。可以看出，滤池出水中 TP 浓度比系统进水有所降低，湿地出水中 TP 浓度相比滤池出水又有所降低，TP 得到了有效的去除。

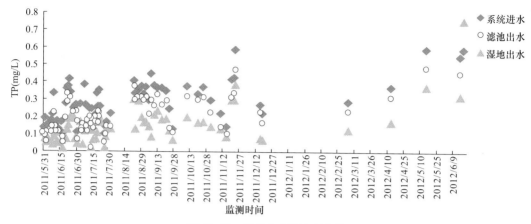

图 10.91　进出水 TP 浓度变化

从图 10.92 看出，系统进水 PO_4^{3-}-P 浓度范围为 0.01～0.35mg/L，平均浓度约为 0.16mg/L，滤池出水 PO_4^{3-}-P 浓度范围为 0.01～0.27mg/L，平均浓度为 0.12mg/L，湿地出水 PO_4^{3-}-P 浓度范围为 0.0002～0.18mg/L，平均浓度为 0.07mg/L。可以看出，滤池出水中 PO_4^{3-}-P 浓度比系统进水有所降低，湿地出水中 PO_4^{3-}-P 浓度相比滤池出水又有所降低，PO_4^{3-}-P 得到了有效的去除。

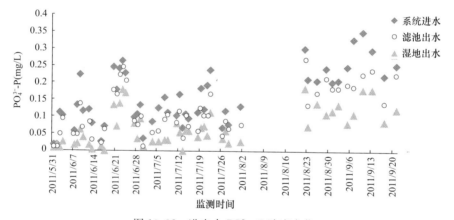

图 10.92　进出水 PO_4^{3-}-P 浓度变化

从图 10.93 看出，系统进水 UV_{254} 平均浓度约为 0.13cm^{-1}，滤池出水 UV_{254} 平均浓度为 0.11cm^{-1}，湿地出水 UV_{254} 平均浓度为 0.09cm^{-1}。

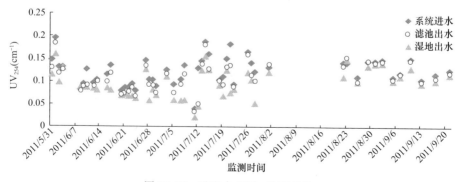

图 10.93　进出水 UV_{254} 浓度变化

从图 10.94 中可以看出，系统进水、滤池出水、湿地出水各污染物浓度是逐渐降低的，说明了滤池和两级湿地的对污染物的去除效果。

（2）污染物去除率的变化

各种污染物指标的去除率如图 10.95 所示。

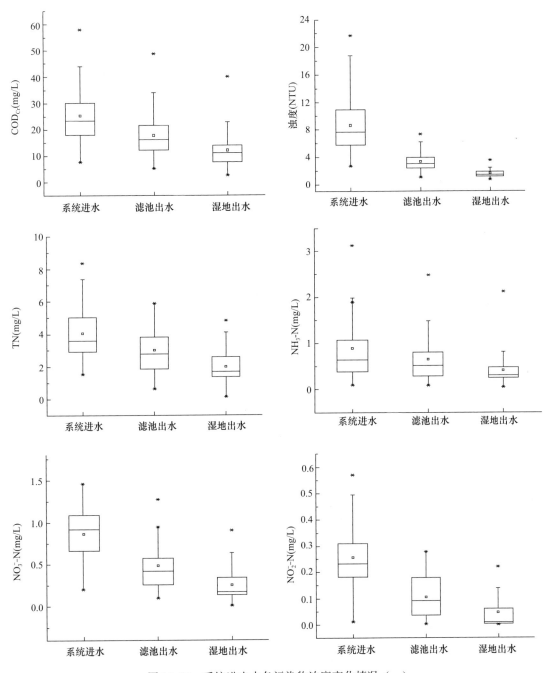

图 10.94　系统进出水各污染物浓度变化情况（一）

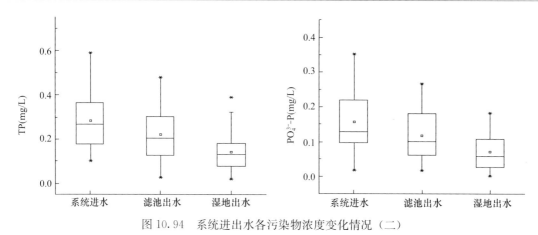

图 10.94 系统进出水各污染物浓度变化情况（二）

注：图中上下两短横线内区域为监测结果变化范围，方框为监测结果 25%～75%覆盖区域，框内细横线为均值。

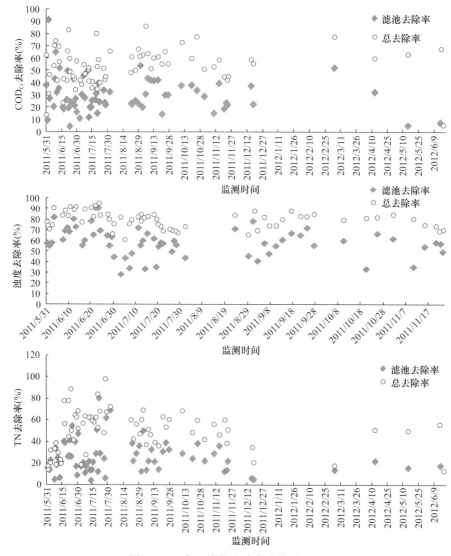

图 10.95 各污染物去除率变化图（一）

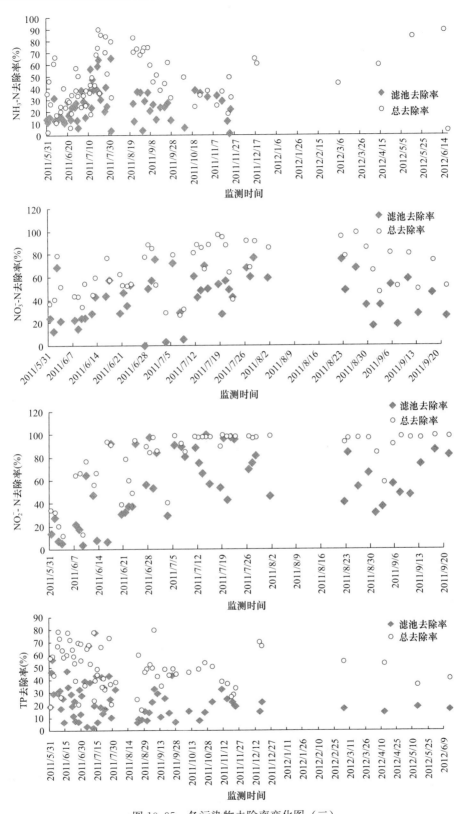

图 10.95　各污染物去除率变化图（二）

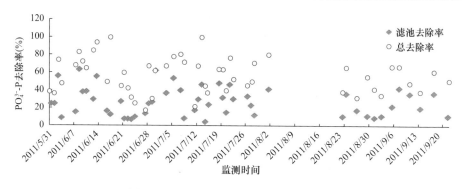

图 10.95　各污染物去除率变化图（三）

从图 10.96 中可以看出，整个系统对 COD_{Cr}、TN、TP、$NO_3^- $-N、$NO_2^- $-N 的平均去除率都达到了 50％以上，对 NH_3-N 的去除率达到 40％以上，对浊度的去除率达到了 80％左右。

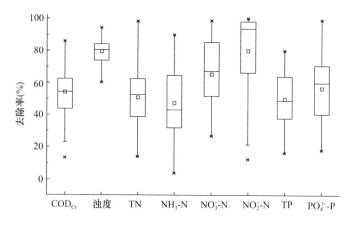

图 10.96　系统对不同污染物的去除率

注：图中上下两短横线内区域为监测结果变化范围，方框为监测结果 25％～75％覆盖区域，框内细横线为均值。

对于不同污染物组分的取出效果见表 10.42。

不同污染组分去除效果汇总表　　　　　　　　　　　表 10.42

污染物组分	去除率（％）	平均去除率（％）
COD_{Cr}	13.63～86.04	53.22
浊度	60.59～94.37	79.64
TN	14.43～98.31	52.29
NH_3-N	3.58～90.08	45.05
$NO_3^- $-N	27.09～98.80	66.57
TP	16.44～79.95	51.28

系统对各污染物的去除率比较高。整个系统对 COD_{Cr}、TN、$NO_3^- $-N、$NO_2^- $-N、$NH_3$-N、TP、$PO_4^{3-} $-P 的去除主要是由滤池完成的。系统开始运行阶段湿地系统运行环境不稳定，硝化能力低。大部分基质本身含有少量的本底磷，湿地系统连续运行，填料表面吸附和积累了一定浓度的磷，当进水磷浓度过低时，基质中的磷在矿化作用或溶解作用下

从基质得以释放出来，导致了较低的除磷效果。随着运行时间的推移，系统脱氮除磷逐步稳定，有了较高的去除效果。

（3）主要监测指标的年削减负荷总量

支家库湿地工程目前最大污水量为 $550m^3/d$，系统进水 COD_{Cr} 平均浓度约为 24.58mg/L，湿地出水 COD_{Cr} 平均浓度为 12mg/L；系统进水 TN 平均浓度约为 4.2mg/L，湿地出水 TN 平均浓度为 2.07mg/L；系统进水 NH_3-N 平均浓度约为 0.81mg/L，湿地出水 NH_3-N 平均浓度为 0.43mg/L；系统进水 TP 平均浓度约为 0.26mg/L，湿地出水 TP 平均浓度为 0.13mg/L，以此估算 COD_{Cr}、TN、NH_3-N、TP 年削减负荷总量分别为 2.53t、0.43t、0.088t、0.026t。

10.6.3　古镇垂直-水平人工湿地工程

10.6.3.1　工程现场概况

角直古镇现有的临河民居布置，使的居民所产生的生活污水一部分直接排入古镇河道。再加上河道长期淤积，河流受闸控等的影响，河流流速低，甚至停滞，这些原因造成了古镇区河道水环境恶化，尤其是位于古镇入口处角端广场附近的西汇河，其河流水质有时为劣Ⅴ类。为了改善古镇重要河道西汇河的水质状况，选择西汇河上游的马公河为处理对象，在马公河与西汇河间空地建设人工湿地，引马公河水到湿地进行处理，湿地出水引入西汇河。通过湿地改善西汇河水质，并加快其流动速度，增强河水自净能力。湿地的空间位置如图 10.97 所示。

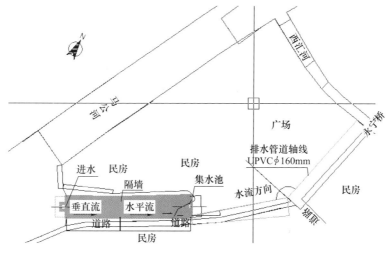

图 10.97　人工湿地位置图

10.6.3.2　湿地生态系统的设计

湿地系统位于马公河下游距西汇河入口 120m 处，设计面积 $470m^2$，采用复合流运行方式，分为水平流池和垂直流池。采用水泵将马公河污染河水输送入湿地，通过湿地的净化后由暗管排入西汇河。

湿地系统对水体的净化主要依靠湿地生态系统中的物理、化学和生物的三重协同作用，通过过滤、吸附、沉淀、离子交换、植物吸收和微生物分解来实现水体对污染物的高效净化。

（1）湿地系统的设计要求

1）设计出水水质

西汇河的水域功能是景观用水，因此处理出水应达到地表Ⅴ类水的标准，表 10.43 为人工湿地的设计进、出水水质及各项主要污染物所应达到的去除率目标。由此看出，N 的去除是人工湿地设计的关键。

设计出水水质　　　　　　　　　　　　表 10.43

	COD_{Cr}	SS	PO_4^{3-}-P	TP	NH_3-N	NO_3-N	TN
进水	40	135	0.27	0.3	4	3	10
出水	28	40.5	0.27	0.3	2.4	2.7	5
去除率（%）	30	70	0	0	40	10	50

2）湿地系统类型比选

考虑到 N 的去除，设计选择复合人工湿系统。根据前人对 4 种不同工艺组合人工湿地系统（推流床—下行流湿地，下行流—推流床湿地，下行流—上行流湿地，推流床湿地）的对比分析，给出相同水力负荷及进水水质下对污染物的去除率，见表 10.44。

组合工艺进出水主要水质指标去除率（%）　　　　　　表 10.44

水质指标	1	2	3	4
COD_{Cr}	55.64 (14.07)	59.09 (13.54)	55.32 (12.38)	46.58 (18.83)
BOD_5	77.67 (10.97)	71.86 (15.06)	73.76 (21.38)	71.96 (12.51)
NH_3-N	27.15	29.40	29.63	19.20
NO_2-N	30.94	32.95	−5.58	20.15
KN	26.36	15.43	30.56	23.20
NO_3-N	−36.15	−33.76	−71.18	−181.67
TP	40.35 (23.75)	37.53 (25.48)	39.68 (20.31)	35.58 (24.36)
IP	31.88 (37.94)	32.48 (32.74)	33.76 (28.46)	32.25 (30.21)
TSS	69.18 (24.30)	68.40 (25.60)	73.91 (23.70)	65.33 (24.70)
细菌数量	85.53 (4.56)	96.22 (4.60)	94.67 (6.00)	94.00 (3.93)

注：1 号为推流床—下行流湿地，2 号为下行流—推流床湿地，3 号为下行流—上行流湿地，4 号为推流床湿地。

通过比较可以看出：组合人工湿地对污染物的去除率普遍高于单纯推流式潜流湿地；就总体去除效果看，下行—推流组合湿地与下行—上行组合湿地较好；下行—上行组合湿地除磷效果较好，但优势并不明显；下行—推流组合湿地脱氮效果较好，尤其是对 NO_2-N 及 NO_3-N 的去除，优势明显。

针对马公河及西汇河的水质特点，设计选择脱氮效果突出的下行—推流人工湿地系统。

3）工艺特征分析

针对平原河网地区滞留型河道水溶解氧低、氮磷含量尤其是氨氮含量高的特点，古镇湿地系统采用前垂直后水平的组合式工艺，垂直流段进行硝化作用并除磷，水平流阶段进行反硝化脱氮并除磷。为了强化脱氮除磷效果，湿地生态系统前垂直流阶段填充了对氨氮具有特效吸附作用的 0.5m 厚的沸石填料，水平流阶段填充石灰石填料，加强对磷的去除。

为了保证湿地生态系统布水集水的均匀性，垂直流阶段采用对称的"丰"字形布水及集水方式，进入水平流后采用正立的"工"字形布水；为延缓湿地系统的堵塞，设置放空管，定期对池体进行放空落干。

（2）湿地系统的设计

1）设计参数的确定

人工湿地的主要设计参数包括水力停留时间（HRT）、水深、水力坡度、湿地床的长与宽及污染负荷。此外，还需确定人工湿地的填料种类及厚度。

由于该人工湿地在已有人工湿地上复建，因此湿地的形状即长、宽及底坡均为已知。已知西汇河河段的平均总水量为 1200m³，考虑每 4～6d 利用人工湿地出水将其置换一次，则人工湿地的设计流量为 200～300m³/d。借鉴前人的研究成果，并结合已有实例及设计规范，对湿地填料层布置进行设计。确定垂直流高度为 1.2m，水平流高度为 1.1m。

2）湿地系统设计

根据已确定的参数，对人工湿地进行设计，并绘制设计图，如图 10.98 至图 10.100 所示。

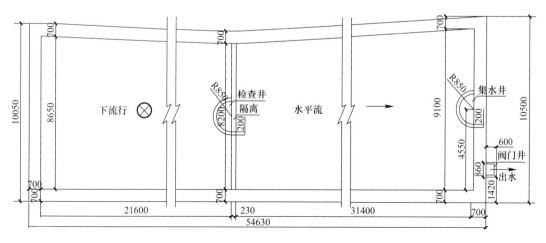

图 10.98 湿地系统平面布置图

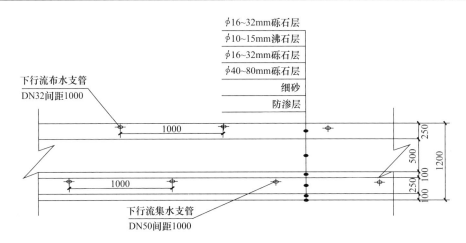

图 10.99 垂直流填料布置图

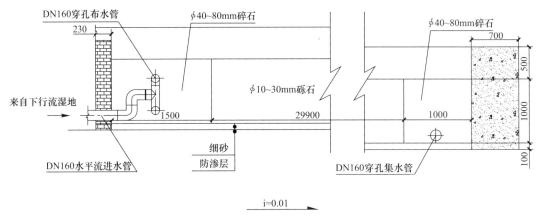

图 10.100 水平流填料布置图

10.6.3.3 现场施工与湿地系统的运行

（1）现场施工

为了防止污水的渗漏对地下水造成污染，以及对其他处理系统造成影响，湿地床的墙面采用水泥砂浆抹面，底部铺设两层 1mm 厚聚乙烯卷材进行防渗处理。在卷材安装完毕后，在其上部回填 10cm 左右的粉质壤土，防止在安装填料和砌墙时扎破卷材。垂直流池体的特点在于填充了 0.5m 厚的沸石床，用于吸附氨氮。水平流填充石灰石有利于磷的吸附去除。湿地施工中和建成后的照片如图 10.101、图 10.102 所示。

（2）运行条件

人工湿地在 20m³/h、16m³/h、13m³/h、10m³/h、8m³/h 不同流量下，对 COD_{Cr}、TN、$NO_3^- $-N、$NO_2^-$-N、$NH_3$-N、TP、$PO_4^{3-}$-P、$UV_{254}$ 的去除效果进行比较，探索最佳运行条件。

图 10.101 湿地系统施工中

图 10.102 湿地系统建造后

10.6.3.4 监测方案设计

(1) 监测项目

检测项目包括：COD_{Cr}、TN、$NO_3^- -N$、$NO_2^- -N$、NH_3-N、TP、$PO_4^{3-} -P$、UV_{254} 及浊度。检测频率为每两日一次，分析项目按照国家环保总局编写的《水和废水分析检测方法》（第四版）进行。

(2) 采样点的布设

针对垂直流基质高度为 1.2m，分别沿不同的深度设置取样点，分别为 10cm、25cm、75cm、100cm、110cm；水平流池长 31.12m，沿流向布置监测管，分别为 1.0m、9.5m、19.5m、29.5m 处，再加之进出水两个监测点，并对这些监测点进行编号 1 号～10 号。

10.6.3.5 工程运行效果分析

(1) 污染物沿程变化

1) 各种形态氮的沿程变化

沿程 TN、$NO_3^- -N$、NH_3-N 含量变化如图 10.103。

从图 10.103 可以看出，在进水端 0～25cm，垂直-水平流（VF-HF）组合人工湿地 TN 的浓度下降最快，此刻 TN 去除率占湿地系统 TN 去除率的 49.3%，这是由于该距离内大部分不溶解性氮被快速截留，降低了湿地系统中的氮负荷。在进水端 25～110cm，

TN 水平缓慢降低。由于水平流段湿地大部分处于厌氧和缺氧状态，理论上反硝化能力强，TN 浓度应缓慢降低，但实际过程中，TN 浓度波动比较大，呈现跳跃式降低的趋势。

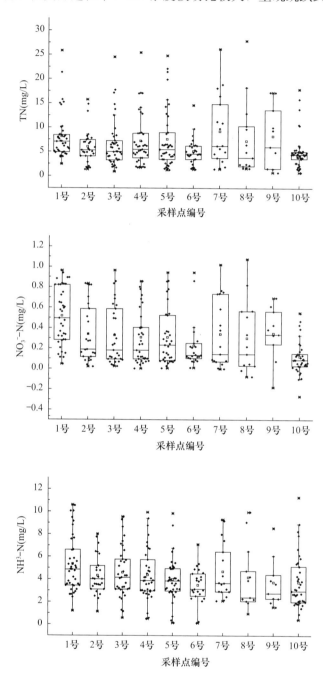

图 10.103　各种形态氮的沿程变化过程图

　　沿程 NH₃-N 浓度总体来说是一个沿水流方向不断降低的过程。在垂直流（VF）段进水处至 75cm 处，NH₃-N 浓度从 5.366mg/L 将至 4.057mg/L，去除率达 24.4%，至深度 110cm 处，氨氮的去除率达到 31.3%，占氨氮总进入水平流（HF）段，NH₃-N 浓度略微增高后缓慢降低，最终出水 NH₃-N 浓度较垂直流末端没有较明显降低，说明 NH₃-N 的去除几乎在垂直流（VF）段完成。垂直流（VF）段填充沸石，增强了对 NH_3-N 的去除，加之垂直流（VF）段水体中溶解氧量相对较高，硝化作用强。另外，NH_3-N 的沿程浓度变化也与填料填充结构有一定的关系。

在水平流（HF）段，NH_3-N 浓度降低，NO_3^--N 浓度增加，TN 浓度基本保持不变，说明 HF 段反硝化能力不足，可能存在硝态氮的累积。

2）沿程氮构成元素分析

湿地系统中氮素形态主要包括氨态氮、硝态氮、亚硝态氮、有机氮等，各种形态的氮通过物理、化学、生物的作用相互转化。试验中分析了不同水力负荷下各种形态氮在沿程中的组成变化，成分分析如图 10.104 所示。

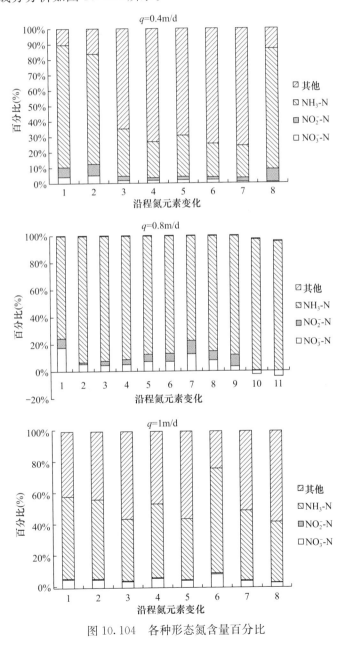

图 10.104　各种形态氮含量百分比

可见，水力负荷 0.4m/d 和 1m/d，氮的主要形态是 NH_3-N 和有机氮，NO_3^--N 和 NO_2^--N 的含量很小，水力负荷 NH_3-N 为 1m/d 时，NH_3-N 占 TN 最高百分比达 90%，NO_2^--N 和 NO_3^--N 平均百分比分别为 4%、6%，可见影响 TN 去除的主次构成因素：NH_3-N＞NO_3^--N＞NO_2^--N。

NH_3-N 含量远远大于 NO_3^--N，约为 10∶1，说明污染物负荷存在不均衡性，导致了硝化和反硝化的不均衡性，出水中氮素主要是 NH_3-N，说明硝化能力差。这是由于湿地为半淹没流，存在气水界面，氧气到达这个界面时，只能通过扩散的方式向下移动，导致浸润面一下呈缺氧状态，硝化能力不足。

3）不同流量下磷形态组分含量构成

分别在不同的流量下，对各种形态磷的含量进行监测，分析受污染水体中构成富营养化的主要氮形态，成分分析如图 10.105。

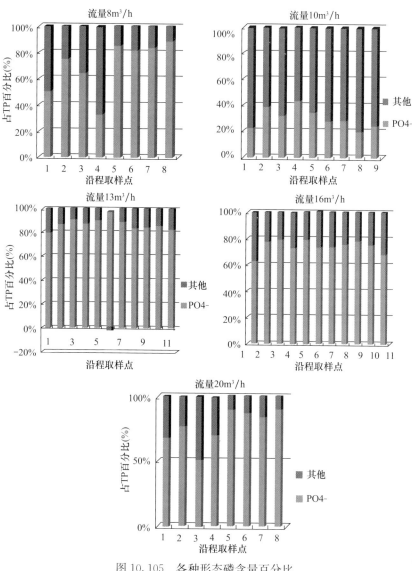

图 10.105   各种形态磷含量百分比

磷素主要由有机颗粒磷和正磷构成。从图中可以看出，不同时间阶段的磷素构成相差很大，也间接说明水体水质中不稳定。沿程取样点中，正磷所占百分比垂直流一般都小于水平流，而且在不同的水力停留时间下，出水水体中正磷含量高于进水正磷含量，这可能是虽然填充前都曾对填料进行过清洗，但是大部分基质本身含有少量的本底磷。

另外，由于湿地系统连续运行，填料表面吸附和积累了一定浓度的正磷，当进水浓度正磷过低，基质中的磷因为矿化作用或溶解作用从基质得以释放出来，导致了正磷含量高于进水的现象。

（2）污染物去除效果与负荷削减

不同流量下，多次取样检测湿地系统对 COD_{Cr}、TN、TP、氨氮的去除率变化，监测结果如图 10.106 所示。

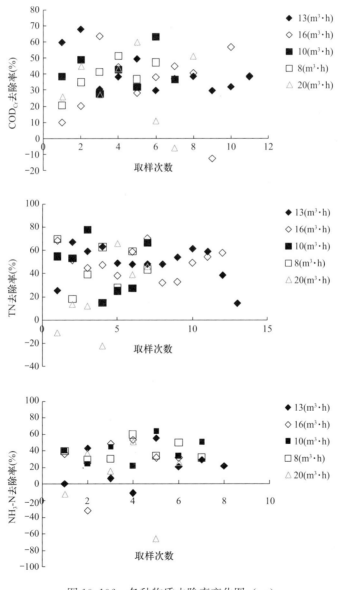

图 10.106　各种物质去除率变化图（一）

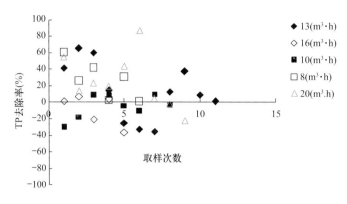

图 10.106 各种物质去除率变化图（二）

湿地系统进水流量过大或过小，对各种污染物的去除效果不稳定；COD_{Cr} 去除率最高达到 80%，在进水流量为 10m³/h 和 13m³/h 下，总 COD_{Cr} 的去除率平均为41.32% 和 41.99%，而在超过设计流量 20m³/h 的情况下，去除率降低为 29.11%；总氮在流量 13m³/h 和 16m³/h 下去除效果分别为 48.9% 和 50.9%，而且去除效果稳定，而在超过设计流量 20m³/h 的情况下，去除率降低为 20.58%；氨氮去除效率在低流量下效果最好，达到 40%，但磷的去除率波动性很大，甚至出水磷含量高于进水。

进一步分析比较不同流量下 COD_{Cr}、TN 总的削减负荷，以评估其去除总量，结果如图 10.107 和图 10.108 所示。

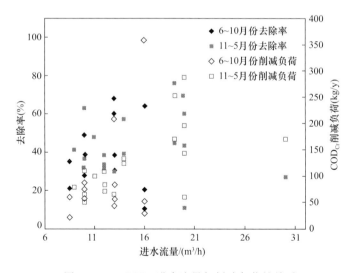

图 10.107 COD_{Cr} 进水流量与削减负荷的关系

可见，虽然在高流量下 COD_{Cr}、总氮的去除率较低，但就去除污染负荷总量来看，随流量增大去除污染负荷总量增大，但也不是无限增大的，由图 10.108 可以看出当流量为20m³/h 时，COD_{Cr} 总污染物削减负荷最高，流量达到 30m³/h 时，负荷削减总量反而降低。

湿地生态系统 COD_{Cr}、TN、TP、氨氮监测数据中位图如图 10.109 所示。

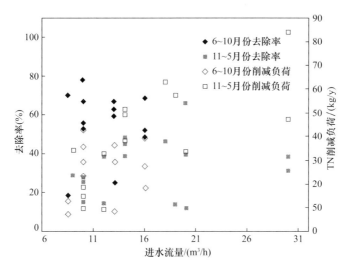

图 10.108　TN 进水流量与削减负荷的关系

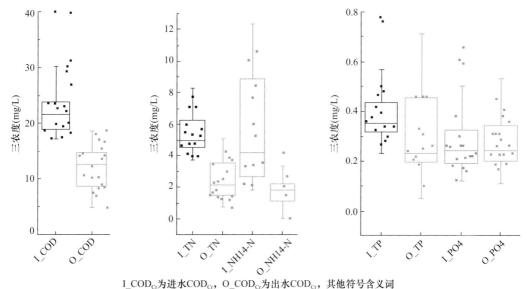

I_COD$_{Cr}$为进水COD$_{Cr}$，O_COD$_{Cr}$为出水COD$_{Cr}$，其他符号含义词

图 10.109　COD$_{Cr}$、TN、NH$_4$-N、TP 中位图分析

古镇湿地建成前后西汇河水质得到一定程度的改善，水体透明度明显变好，水体清澈，悬浮物浓度降低，COD$_{Cr}$平均值由建成前的 40mg/L 降低为 20mg/L，达地表Ⅲ类水标准；总氮浓度也有所降低，由原来的 4.6mg/L 降低为 2.4mg/L，总磷由劣Ⅴ类水 0.6mg/L 降低为 0.25mg/L，达到景观用水的标准，氨氮浓度也降低。

10.6.3.6　湿地对城镇径流去除效果分析

城镇径流污染属于面源污染，是降雨过程中雨水及其形成的地表径流冲刷地面污染物，进入城镇河道，造成河道水体的污染。降雨径流主要污染物有悬浮物，营养物质等，进入受纳水体使其悬浮物浓度升高，透明度降低。本文研究观察湿地生态系统对降雨径流期间污染物质的去除效果。

降雨期间 COD_{Cr} 浓度变化如图 10.110 所示。

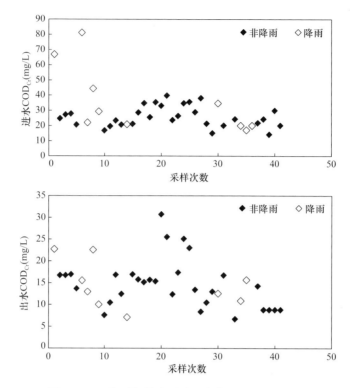

图 10.110 降雨与非降雨进、出水 COD_{Cr} 浓度变化

可以看出降雨期间 COD_{Cr} 进水浓度均质为 44.15mg/L，低于地表Ⅴ类水标准，非降雨期间 COD_{Cr} 进水浓度均质为 29.46mg/L，降雨期 COD_{Cr} 浓度明显升高，是非降雨的 1.5 倍；从湿地出水水质得出，降雨期间出水 COD_{Cr} 浓度为 14.46mg/L，非降雨期间出水 COD_{Cr} 浓度为 14.98mg/L，去除率分别为 67.25%、47.15%，出水水质相差不大，说明湿地基本可以解决径流期间 COD_{Cr} 浓度高的问题。

降雨期间与非降雨期间进水 TN 浓度变化不大，如图 10.111 所示，降雨期比非降雨期反而升高 6.4%，分别为 5.91mg/L、5.55mg/L，分别为地表Ⅴ类水的 2.96 倍、2.78 倍，说明 TN 是主要水质污染指标。降雨期间与非降雨期间出水 TN 浓度分别为 3.71mg/L、2.84mg/L，去除率分别为 37.2%、48.8%，非降雨期湿地系统去除 TN 的效果比较好。

降雨期间与非降雨期间进水 TP 浓度变化不大，如图 10.112 所示，分别为 0.415mg/L、0.405mg/L，浓度升高 2.45%。降雨期间与非降雨期间出水 TP 浓度分别为 0.327mg/L、0.368mg/L，去除率分别为 8.8%、9.1%，降雨和非降雨期湿地系统去除 TP 的效果不明显。

降雨期间与非降雨期间进水浊度浓度变化不大，如图 10.113 所示，分别为 7.22NTU、6.53NTU，降雨期比非降雨期升高 10.59%。降雨期间与非降雨期间出水浊度浓度分别为 3.3NTU、2.72NTU，去除率分别为 54.3%、58.3%，降雨和非降雨期湿地系统去除浊度的效果比较好，出水水质明显透明度升高。

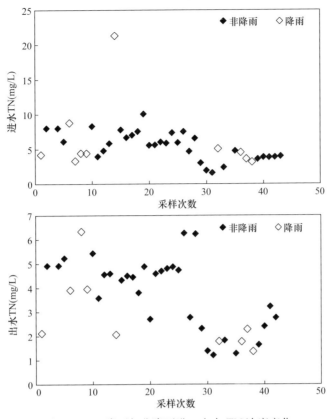

图 10.111 降雨与非降雨进、出水 TN 浓度变化

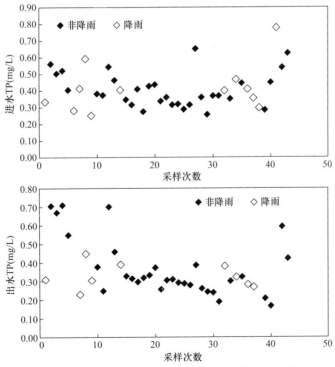

图 10.112 降雨与非降雨进、出水 TP 浓度变化图

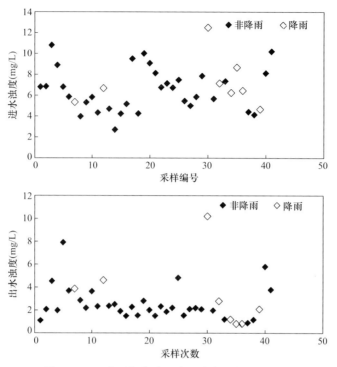

图 10.113 降雨与非降雨进、出水浊度浓度变化

针对古镇垂直—水平人工湿地工程运行效果分析，认为：

1）进水流量为 $10m^3/h$ 时，湿地系统对总氮去除率达 60%，对硝氮去除率达 80%，对氨氮去除率达 33%，去除效果较好；影响总氮 TN 去除的污染物负荷的主次因素依次为：$NH_3\text{-}N > NO_3^-\text{-}N > NO_2^-\text{-}N$。

2）氮污染负荷高的主要构成因素为氨氮和有机氮，硝氮和亚硝氮含量很低，不构成脱氮效率低的主要因素；不同时间阶段的磷素构成相差很大，间接说明水体水质中不稳定；在不同的水力停留时间下，出水水体中正磷含量高于进水正磷含量。

3）古镇湿地建成改善西汇河水质，水体透明度明显变好，水体清澈，悬浮物浓度降低。COD_{Cr} 平均浓度降低 50%，达地表三类水标准；TN、TP 浓度分别降低 52%、41.7%，达到景观用水的标准。另外，从改善后水体水质分析发现，湿地水量不足够大，对西汇河水质改善的从永宁桥到永安桥效果比较明显。由于沿程人类生活、游客增多，造成西汇河水质逐渐变差。

4）降雨与非降雨期比较，COD_{Cr}、TN、TP、浊度浓度分别升高 50%、6.4%、2.45%、10.59%，湿地系统对城镇降雨河道径流污染物去除率提高 $1\% \sim 20\%$。

10.6.4 用直城镇水系景观生态建设

紧密结合镇区河道现状特征，分类治理、突出重点，逐步完善生态、景观、文化和谐相融的古镇水网系统。强化平原河网河道自然风貌、描绘如歌般水绿江南，治理镇区河道综合环境、塑造如画般和谐水镇，提升古镇河道景观品质、刻画如诗般枕河人家。选择甫里塘和支家库河段进行生态景观河道建设。

10.6.4.1 甪直塘古镇水系引清补流及生态建设

根据甪直塘水环境现状，示范工程建设的技术路线如图 10.114 所示，甪直塘与古镇区水系水力联系如图 10.115 所示。通过两岸生活污水的收集、清淤去除内源污染的基础上，甪直塘生态建设以回归自然、维护水生态系统的连续性和完整性为主。尽量保留原有自然式驳岸断面，在原有芦苇等湿地植物的基础上丰富群落结构，如菖蒲、蒲苇、水竹、鸢尾、荷花等，在提高观赏性的同时，强化湿地净化水体、加固堤岸的功能。近水面辅以浮床植物，进一步净化河流面源污染，修复提升河道景观，建成 1.5km 的甪直塘生态。同时结合水系沟通、水系结构优化和闸泵联合调度的水动力学调控，最大限度地为古镇水系引清补流，形成以污染物控制及生态修复与景观构建为目标的水质改善与生态修复的集成技术，实现甪直塘水质的持续改善。

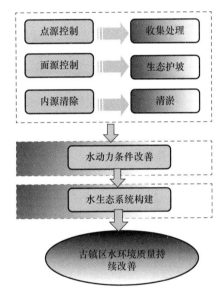

图 10.114 示范工程的技术路线

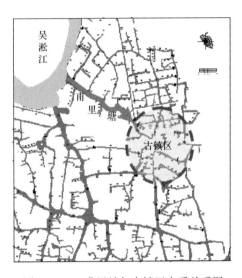

图 10.115 甪直塘与古镇区水系关系图

甪直塘浮床植物及护岸生态系统现场照片如图 10.116 所示。沿线控制 30～50m 滨水绿化景观带，通过自然群落式、景观化的植物配置，营造江南水乡独特的自然景致。植物

图 10.116 甪直塘浮床植物及护岸生态系统

选用在原有垂柳为主基础上，增加水杉、落羽杉、高杆女贞、碧桃、紫叶李、木槿、夹竹桃、金钟、连翘等各类乔灌木，营造变幻丰富的植物季相景观。同时结合水系沟通、水系结构优化和闸泵联合调度的水动力学调控，最大限度地为古镇水系引清补流，形成以污染物控制及生态修复与景观构建为目标的水质改善与生态修复的集成技术，实现甫里塘水质的持续改善。示范研究表明：对 COD_{Cr}、NH_3-N、TP 均有较好的去除，水体透明度得到有效改善。

10.7　城镇水环境改善综合效果评价

河网城镇水环境整治关键技术研发与工程建设和运行，形成河网城镇水系调控"污水收集—污水处理—再生回用—生态修复"等一体化水环境综合整治工程体系，有效削减河网城镇建城区污染物负荷，基本消除了水体恶臭，水环境质量得到明显改善。

10.7.1　污染负荷消减分析

基于对技术验证区内污水处理厂升级提标工程、污水收集系统、生态湿地工程等示范工程的运行效果分析，评价工程实施过程中对区内污染负荷削减效果见表 10.45。

区内污染负荷削减效果　　　　　　　　　　　　　　　　　表 10.45

负荷削减	COD_{Cr}(t/a)	NH_3-N(t/a)	TP(t/a)
生活污水	6.60	0.49	0.13
工业废水	5.29	0.28	0.04
湿地消减	3.98	0.23	0.09
污水处理厂提标	17.35	0.38	0.46
合计	33.21	1.38	0.72

由表 10.45 可见，通过技术验证区内示范工程的建设和运行，COD_{Cr}、NH_3-N 和 TP 的削减量分别为 33.21t/a、1.38t/a、0.72t/a。通过对于工程实施前技术验证区的污染负荷排放，COD_{Cr}、NH_3-N 和 TP 的削减量达到 31%、47% 和 51%。

针对污染负荷削减，考虑污水处理厂升级提标对甪直建成区的总负荷削减，以及再生水利用的污染负荷削减贡献，COD_{Cr}、NH_3-N 和 TP 的削减量分别达到 721.41t/a、36.26t/a、16.50t/a。

10.7.2　水环境质量改善分析

形成的"控源截污—负荷削减—质量改善"的水环境综合整治技术与工程体系，工程区水体 COD_{Cr}、TN、TP 浓度降低 30%～50%。

利用等标污染指数评价项目实施后的示范区主要河道断面的水质量状况。以 V 类水为标准，计算污染物的等标污染指数。指数>1.0，水质量属于劣 V 类水质；指数≤1.0，水质优于 V 类水。如图 10.117、图 10.118 所示。

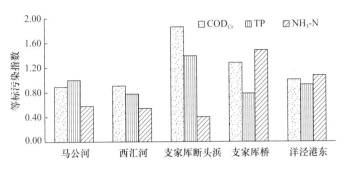

图 10.117　工程实施前示范区河道水质状况

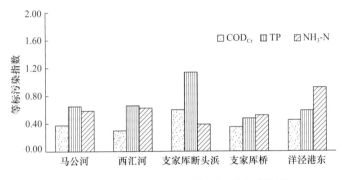

图 10.118　工程实施后示范区河道水质状况

　　图 10.119 为重污染河道—支家库河道综合治理工程实施前后的水环境质量对比。按照负压收集—多级复合生态系统—断头浜激活与水动力调控—河道生态恢复布局水环境治理工程体系，实现分散式污水 100% 的收集、降低污染负荷、水体环境质量达到或优于 V 类水。图 10.120 为支家库河道生态建设的实况照片。

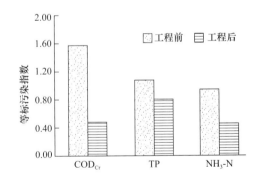

图 10.119　治理工程前后的支家库水环境质量对比

图 10.120　支家库河道生态建设

　　图 10.121 为古镇西汇河水环境综合整治工程实施前后的水环境质量对比。按照水系连通—生态快滤系统—水动力调控—水系生态恢复布局治理工程体系，提高古镇河道交换水量，提高水量交换频率，改善河道水动力条件，流速由 0.01m/s 到 0.05m/s，降低河道污染负荷，水环境质量由显著改善。

　　生态恢复工程的实施，改善水体水生生态环境，如图 10.122 为甫里塘生态建设实况照片。

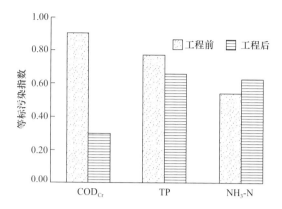

图 10.121   治理工程前后的西汇河水环境质量对比

图 10.122   甫里塘生态建设

11 结语与展望

11.1 结语

我国河网地区，尤其是太湖流域城镇具有人口密集，产业发达，区域城市化程度高等社会特征，以及河网密布、水资源总量丰富、河网平坦、水动力条件不足等自然特征。伴随着多年来经济的快速发展，河网地区城镇水环境也污染严重，普遍存在生活、工业污染负荷产生量大、成分复杂，而河网水系人工化严重、水环境容量有限、自净能力差等问题，再加上包括城镇污水收集与处理、城镇固体废弃物收集与资源化、城镇降雨径流控制、城镇河道整治在内的城镇水环境基础设施建设落后于社会和经济的发展，从而造成了河网城镇水环境的恶化，影响了当地社会的可持续发展。

（1）基于分散污水负压收集、污废水处理厂升级改造、工业废水深度处理、固体废物资源化处置、水动力调控与河道多级复合治理等关键技术突破，形成"污染负荷消减—水动力调控—生态系统恢复"为主的水环境整治技术集成和工程体系。

（2）针对河网城镇河网河道密布、纵横交错，且河道空间尺度差异明显、河道形状复杂多变等特点，提出"分区模拟，边界耦合"的河网水系的水环境模拟方法，并在调研、技术研发、数据模拟的基础上，识别了城镇水系的缓流区和滞留区，提出了保障古镇水系畅通和基于闸泵联合调度的应急状态下水动力学调控方案。

（3）针对分散居住区生活污水难以纳入市政污水管道，传统单一的重力收集方式不能满足城镇生活污水收集的需要等问题，研发了设备简单、操作方便、适合平原河网城镇地区特点的负压收集技术，在污水收集单元、管道单元布置、负压站配置及参数、污水收集控制方式等方面进行创新，管道管径和埋深小，系统稳定性好，造价较传统的重力收集减少30%以上。

（4）针对河网城镇的污染河道，提出了集河道底泥清除、污水收集与截污、河道悬浮污染物高通量分离、污染河水的复合湿地净化的污染河道水污染多级复合控制技术，重点开发了集断头浜激活与重污染河水异位净化为一体的四段式（滤池—下行式潜流湿地—上行式潜流—表流湿地）复合湿地处理净化技术，提升悬浮物、有机物、氮的去除能力，再耦合污水收集、清淤等综合技术，建设了垂直流与水平流耦合的复合湿地工程和河道景观生态修复示范工程体系。古镇水系平均流速提高了40%，溶解氧含量提高了20.99%。

（5）针对太湖流域城镇污水处理厂工业废水比例高，水质水量变化大，有机组分复杂，生物降解性差等特点，研究了Fenton氧化、ABR水解预处理工艺，确定了ABR水解反应最佳工艺条件及效果，水解后B/C值从0.22提高到0.31，VFA从0.18提高到0.35，出水中大分子物质种类和含量都明显降低，小分子有机物的种类增多，且其含量所占比例增加。

（6）结合典型污水处理厂的现状和升级改造的技术需求，基于关键技术突破与工艺优化研究，提出"水解—活性污泥—混凝沉淀—生物过滤"污废水协同处理工艺（简称HOCB工艺）并进行规模为 4 万 m^3/d 的工程示范，污水处理厂改造后出水 COD_{Cr} 平均值为 50mg/L，TP 平均值为 0.20mg/L，达到城镇污水处理厂一级 A 排放标准的要求。

（7）根据再生水的用途及水质要求，采用高级氧化、生物碳滤、膜技术及其模块化组合工艺有效去除影响尾水再生利用的有机物及色度等关键污染物指标。通过不同工艺技术及其模块化优化组合，形成 CBF（化学—生物—膜）模块化组合尾水深度处理集成技术，可有效保障再生水水质及其水质的稳定性。该项技术适用于城镇污水及基于印染等工业废水处理厂尾水的再生处理与利用，具有广阔的推广应用前景。

（8）建立了由膜系统、控制系统与清洗维护系统组成超滤技术，设计了过滤—曝气—过滤—加药反洗—排放工艺流程，进行了设备的运行参数优化，对降雨径流污染河道 COD_{Cr}、SS 和浊度的去除率分别达到了 43.67％、73.03％和 98.2％，对 TN、TP 也有一定的去除作用，去除率分别为 13.46％、13.14％。设备对水中的颗粒物有很好的去除效果，去水 SS 的平均浓度仅 5.2mg/L，进出水的粒径分析表明，设备对大于 500μm 的颗粒物的去除率达到了 91.2％。

（9）根据经济发达、产业密集的平原河网城镇固体废物流的构成特点，在充分的废物流调研的基础上，构建了以循环经济理念为指导、生活垃圾二元式分类收集为基础、多种城镇固体废物协同处理为特征、高温烧结制陶粒、压制成型制 RDF 和水解酸化制备碳源等三项技术为支撑、政府支持下的企业市场化运营为保障的城镇固体废物可持续管理模式。

（10）高温烧结制取轻质陶粒技术通过调节原料配方与烧结工艺，可以生产陶粒滤料或骨料。滤料产品质量满足《水处理人工陶粒滤料》CJ/T 299—2008 要求，骨料产品满足《轻集料及其试验方法》GBT 17431—2010 的要求。高热值垃圾和工业边角料生产的RDF 产品的热值＞4000kcal/kg，颗粒密度 1.1～1.4g/cm³，堆积密度 0.42～0.60g/cm³，颗粒长度 12～27mm，压缩比 2.1～2.6，可作为高品质燃料用于工业窑炉或垃圾焚烧炉。

（11）通过技术集成与综合工程示范，实现典型平原河网城镇甪直镇的综合技术验证区污水收集处理率达 85％以上，COD_{Cr}、$NH_3\text{-}N$、TP 污染负荷削减率分别达到 31％、47％和 51％，污染负荷的显著降低，对于示范区水环境质量改善起到重要作用。形成的"控源截污—负荷削减—质量改善"的水环境综合整治技术与工程体系，水体流速提高近一倍，水体 COD_{Cr}、TN、TP 浓度降低 30％～50％，监测断面的 95％的水质达到地面水环境质量标准 V 类，显著改善综合技术验证区水动力学条件和水环境质量。

11.2 展望与致谢

河网地区城镇水环境治理是一项长期任务，需要在科技支撑下，多方面多层次污染负荷削减与污染防控技术措施的实施，经过长期的不懈努力，实现河网地区城镇水环境全面改善与确保水环境安全。

　　本书是基于国家水体污染控制与治理科技重大专项课题"水乡城镇水环境整治技术研究与综合示范"（课题编号：2008ZX07313-006）研究成果，通过进一步的补充和完善而完成的。在此，本书作者衷心感谢国家水体污染控制与治理科技重大专项的支持，以及课题实施过程评估专家的宝贵建议。本书的出版特别感谢国家重大水专项和甪直镇政府的全力支持，感谢参加课题的全体研究人员的贡献，本书内容体现了课题组全体成员的集体研究成果。

参 考 文 献

[1] Anonymous. Vacuum sewer help clean up Michigan lakes [J]. Water Environment & Technology. 2004，16（8）：102.

[2] Jay Landers. First vacuum sewer system planned for New England [J]. Civil Engineering. 2002，72（4）：21.

[3] Jonathan H Cole，Stephen F Torchia. Defying gravity [J]. Civil Engneering. 1998，68（2）：67～69.

[4] 包虹，徐凤. 上海国际赛车场排水系统设计 [J]. 给水排水. 2005，31（5）：65～69.

[5] 李劲，李鸥. 浅谈住宅小区室外虹吸排水系统 [J]. 给水排水，2004，30（1）：83～85.

[6] Henry Wilson，Roland Baltimore. Vacuum sewer system is unique but not obsolete [J]. Public Works. 1997，128（11）：88～89.

[7] 周敬宣，叶林，李艳萍. 真空下水道系统 [J]. 中国给水排水，1998，14（1）：61～63.

[8] 李劲，李鸥. 浅谈住宅小区室外真空排水系统 [J]. 广东土木与建筑. 2003（4）：49～51.

[9] Anonymous. City evaluates its vacuum sewer system [J]. Public Works. 2001，132（12）：72～74.

[10] 周敬宣，郑慧明. 真空下水道排污系统的研究 [J]. 给水排水，1999，25（11）：55～57.

[11] 尹军. 真空式排水管道系统及其应用 [J]. 吉林建筑工程学院学报. 1999（3）：32～36.

[12] 杨维娟，戴镇生. 新兴的真空式和压力式下水道 [J]. 给水排水，1996，22（6）：52～55.

[13] 吴赛民，陈伟. 地下建筑卫生排水系统设计优化方案比较 [J]. 浙江水利科技 2003（6）：18～20.

[14] Steve Gibbs. Vacuums save time，money [J]. Public Works. 2005，136（11）：53～55.

[15] 左光应. 浅谈室外真空排水系统 [J]. 工程设计与建筑. 2005，37（3）：33～35.

[16] Anonymous. High water table/flat terrain a climate for vacuum sewer system [J]. Public Works. 2002，133（6）：36～39.

[17] Steve Gibbs. Vacuum system solves site restrictions [J]. Public Works. 2003，134（11）：24～28.

[18] 林宗虎，王树众，王栋. 气液两相流和沸腾传热 [B]. 西安：西安交通大学出版社，2003.

[19] 徐济鋆. 沸腾传热和气液两相流 [B]. 北京：原子能出版社，1993.

[20] 孔珑. 两相流体力学 [B]. 北京：高等教育出版社，2004.

[21] 郑洽馀，鲁仲琪. 流体力学 [B]. 北京：机械工业出版社，1980.

[22] 赵洪宾，严煦世. 给水管网系统理论与分析 [B]. 北京：中国建筑工业出版社，2003.

[23] S Redner. Superdiffusion in random velocity fields [J]. Statistical and Theoretical Phyiscs. 1990，168（1）：551～560.

[24] Awwad A. Measurement and correlation of the pressure drop in air-water two-phase flow in horizontal helicoidal pipes [J]. International Journal of Multiphase Flow. 1996，22（1）：121～132.

[25] 周谟仁. 流体力学泵与风机 [B]. 第三版. 北京：中国建筑工业出版社，1994.

[26] Huber N，Sommerfeld M. Modelling and numerical calculation of dilute-phase pneumatic con-

veying in pipe systems [J]. Powder Technology. 1998，99 (1)：90～101.

[27] Williams L R. Droplet flux distributions and entrainment in horizontal gas-liquid flows [J]. International Journal of Multiphase Flow. 1996，22 (1)：1～18.

[28] Sung Chang-kyung. Two instability criteria for the stratified flow in horizontal pipe at cocurrent flow conditions [J]. International Communications in Heat and Mass Transfer. 1999，16 (1)：55～64.

[29] Al-Sarkhi A，Hanratty T J. Effect of pipe diameter on the drop size in a horizontal annular gas-liquid flow [J]. International Journal of Multiphase Flow. 2002，28 (10)：1617～1629.

[30] Su Z，Gudmundsson J S. Perforation inflow reduces frictional pressure loss in horizontal wellbores [J]. Journal of Petroleum Science and Engineering. 1998，19 (3)：223～232.

[31] 王增长. 建筑给水排水工程 [B]. 第四版. 北京：中国建筑工业出版社，1998.

[32] 中华人民共和国国家标准 [B]. 建筑给水排水设计规范. GB 50015—2003.

[33] 刘鹤年. 水力学 [B]. 北京：中国建筑工业出版社，1998.

[34] 屠大燕. 流体力学与流体机械 [B]. 北京：中国建筑工业出版社，1994.

[35] 尹军. 真空式排水管道系统及其应用 [J]. 吉林建筑工程学院学报. 1999 (3)：32～36.

[36] 周敬宣，郑慧明. 真空排污系统管网的铺设 [J]. 环境工程，2000，18 (3)：22～24.

[37] 梅凯，周保昌. 室外真空排水系统与关键技术 [J]. 南京工业大学学报. 2005，27 (5)：74～77.

[38] Water Services Association of Australis. Vacuum Sewerage Code of Australia. Public Comment Draft. 2003.

[39] Anonymous. Install：Vacuum sewer system [J]. Professional Builder. 2001，66 (12)：82～83.

[40] 郭鸿震. 真空系统设计与计算 [B]. 北京：冶金工业出版社，1986.

[41] 周敬宣，王方明，李艳萍. 粪便真空输送管网与真空站参数的研究与设计 [J]. 给水排水，2002，28 (5)：67～70.

[42] 范迪. 印染废水处理机理与技术研究 [D]. 中国海洋大学. 2008 年 6 月.

[43] 张林生. 印染废水处理技术及典型工程 [M]. 北京：化学工业出版社，2005.

[44] 安虎仁等. 厌氧过程在厌氧—好氧工艺处理染料工业废水中的作用 [J]. 环境科学研究，1994，7 (3)：36～40.

[45] 赵炜. 水解酸化—生物接触氧化法处理印染废水影响因素的研究 [D]. 武汉理工大学，2009 年 6 月.

[46] 徐美倩. 废水可生化性评价技术探讨 [J]. 工业水处理. 2008，28 (5).

[47] 王凯军. 厌氧（水解）—好氧处理工艺的理论与实践 [J]. 中国环境科学，1998，18 (4)：337～340.

[48] 王凯军. 活性污泥膨胀的机理与控制 [M]. 北京：中国环境科学出版社，1992.

[49] 丁来保，施英乔，李萍等. 活性污泥法工艺污泥膨胀的主要原因及控制研究 [J]. 江苏造纸，2006 (3).

[50] 王锡清. 厌氧水解工艺在印染废水处理中的应用 [J]. 净水技术，2007，26 (3).

[51] Oliver J. Hao，Hyunook Kim，Pen-Chi Chiang. Decolorization of wastewater. Critical reviews in environmental science and technology，2000，30 (4)：449～505.

[52] Anjali Pandey，Poonam Singh，Leela Iyengar. Bacterial decolorization and degradation of azo dyes. International biodeterioration & biodegradation，2007 (59)：73～84.

［53］ C. I. Pearce，J. R. Lloyd，J. T. Guthrie. The removal of colour from textile wastewater using whole bacterial cells：a review. Dyes and pigments. 2003（58）：179～196.

［54］ Ilgi Karapinar Kapdan，Sabiha Alparslan. Application of anaerobic-aerobic sequential treatment system to real textile wastewater for color and COD$_{Cr}$ removal. Enzyme and microbial technology，2005（36）：273～279.

［55］ Wouter Delee，Cliona O'Neill，Freda R. Hawkes，et al. Anaerobic treatment of textile effluents：a review. J. Chem. Technol. Biotechnol.，1998（73）：323～335.

［56］ Harpreet Singh Rai，Mani Shankar Bhattacharyya，Jagdeep Singh，et al. Removal of dyes from the effluent of textile and dyestuff manufacturing industry：A review of emerging techniques with reference to biological treatment. Critical reviews in environmental science and technology，2005（35）：219～238.

［57］ Frank P. van der Zee，Santiago Villaverde. Combined anaerobic-aerobic treatment of azo-dyes-A short review of bioreactor studies. Water Research，2005（39）：1425～1440.

［58］ 吴晓亮. 纺织印染污水处理技术升级改造研究［硕士学位论文］. 上海：同济大学环境科学与工程学院，2009.

［59］ 李莉. 印染废水处理工艺设计探讨. 工业水处理. 2007，27（1）：78～80.

［60］ N. D. Lourenco，J. M. Novais，H. M. Pinheiro. Reactive textile dye colour removal in a sequencing batch reactor. Water science and technology，2000，42（5-6）：321～328.

［61］ 刘通. 以印染废水为主的城镇废水的水解—好氧工艺处理研究［硕士学位论文］. 北京：清华大学环境学院，2010.

［62］ E. S. Yoo，J. Libra，L. Adrian. Mechanism of decolorization of azo dyes in anaerobic mixed culture. Journal of environmental engineering，2001，127（9）：844～849.

［63］ A. Stolz. Basic and applied aspects in the microbial degradation of azo dyes. Applied microbiology and biotechnology，2001，56（1-2）：69～80.

［64］ C. M. Carliell，S. J. Barclay，C. Shaw，et al. The effect of salts used in textile dyeing on microbial decolourisation of a reactive azo dye. Environmental technology. 1998. 19（11）：1133～1137.

［65］ Brown MA，Devito SC.，Predicting azo-dye toxicity. Critical reviews in environmental science and technology，1993，23（3）：249～324.

［66］ 沈廷，姜佩华，李茵，等. 直接染料的好氧生物降解性能研究. 贵州环保科技，2006，12（2）：27～35.

［67］ 孙政. 印染废水水质特征及生物处理技术综述. 煤炭现代化，2007（1）：62～63.

［68］ Takahiro Suzuki，Simona Timofei，Ludovic Kurunczi，et al. Correlation of aerobic biodegradability of sulfonated azo dyes with the chemical structure. Chemosphere，2001，45（1）：1～9.

［69］ 李茵，奚旦立. 酸性偶氮染料的好氧生物降解性能试验研究. 工业水处理，2006，26（12）：25～27.

［70］ Kudlich M.，Hetheridge MJ.，Knackmuss HJ.，et al. Autoxidation reactions of different aromatic o-aminohydroxynaphthalenes that are formed during the anaerobic reduction of sulfonated azo dyes. Environmental science and technology，1999，33（6）：896～901.

［71］ 蒋展鹏，杨宏伟，孙立新，等. 有机物好氧生物降解性的综合测试评价方法. 环境科学，1999，6（20）：10～13.

[72] P. Gerike，W. K. Fischer. A correlation study of biodegradability determinations with various chemicals in various tests：Ⅱ. Additional results and conclusins. Ecotoxicology and environmental safety，1981，5（1）：45～55.

[73] 蒋展鹏，师绍琪，买文宁，等. 有机物好氧生物降解性二氧化碳生成量测试法的研究. 环境科学，1996，17（3）：11～14.

[74] 张志峰，于静洁，顾国维. 印染废水起始惰性溶解有机物的测定. 给水排水，2005，31（9）：64～66.

[75] 赵风云，孙根行，吴乾元. 厌氧—缺氧—好氧处理出水中溶解性有机物组分的特征分析. 环境科学学报，2010，30（6）：1144～1148.

[76] 李达宁，汪晓军. 曝气生物滤池—臭氧氧化—曝气生物滤池组合工艺对印染废水的深度处理. 工业水处理，2009，29（11）：74～76.

[77] 汪晓军，简磊等. 混凝/化学氧化/曝气生物滤池深度处理垃圾渗滤液. 中国给水排水，2008，24（6）：72～74.

[78] 刘景明，吕世海，陈立颖等. 活性炭 BAF 深度处理化工废水［J］. 华北电力大学学报，2007，27（4）：91～94.

[79] 夏明芳，陆继东，尹协东等. 曝气生物滤池处理印染废水二级出水试验研究［J］. 污染防治技术，2006，19（4）：3～5.

[80] 丁辉，付英，汪利德. 聚合氯化铝对印染废水的混凝效果研究，辽宁化工，2010，39（2）：160～163.

[81] 江道赫，杨建州，白志辉等. 曝气生物滤池中试装置处理农村污水的快速启动. 水处理技术，2010，36（3）：81～84，88.

[82] 沈耀良，孙立柱，王德兴等. 混凝沉淀工艺深度处理污水处理厂二级出水的混凝剂优化. 中国给水排水，2007，23（23）：56～58，62.

[83] 朱乐辉，杨涛，朱衷榜等. 混凝沉淀/曝气生物滤池处理废旧塑料加工废水. 中国给水排水，2007，23（8）：67～70.

[84] 许峰. 曝气生物滤池深度处理印染废水的研究［D］. 浙江大学，2010.

[85] Mo J. H.，Lee Y. H.，Kim J，et al. Treatment of dye aqueous solutions using nanofiltration polyamide composite membranes for the dye wastewater reuse［J］. Dyes and Pigments，2008，76：429～434.

[86] 群贤，刘红梅，高太忠，等. 钢渣过滤工艺处理印染废水实验研究［J］. 环境工程学报，2007，1（2）：46～48.

[87] Zhang G.，Zeng H. C.，Meng Q. Water Recycling from Dyeing Effluent Using Nanofihration and Diverse Osmosis Membranes. Annual ACS Meeting，Boston，September，2007.

[88] 阮新潮，王涛，曾庆福. 印染废水的深度处理及回用［J］. 工业水处理，2006，26（4）：22～24.

[89] 胡萃，黄瑞敏，林德贤等. 膜分离技术在印染废水回用中的应用现状［J］. 江西科学，2006，24（4）：187～190.

[90] Rautenbach R，Linn T，Al-Gobaisi D. M. K. Present and future pretreatment concepts-strategies for reliable and low-maintenance reverse osmosis seawater desalination. Desalination，1997，110（1～2）：97～106.

[91] 罗安涛，陈晓春等. 粉末活性炭用于反渗透进水预处理的新工艺［J］. 水处理技术，2006，32（3）：46～48.

［92］ Vedavyasan C，V. Pretreatment trends-an overview. Desalination，2007，203（1～3）：296～299.

［93］ 王学松编著. 现代膜技术及其应用指南［M］，北京：化学工业出版社，2005. 7.

［94］ 刘红梅，袁淑杰，吕洪涛等. 纳滤膜技术处理印染废水试验研究［J］. 水处理技术，2002，28（1）：42～44.

［95］ 朱乐辉，魏善彪，邵莉等. 混凝沉淀—曝气生物滤池—纳米材料复合膜技术在印染废水处理中的应用［J］. 水处理技术，2006，32（7）：58～60.

［96］ 谢春生，黄瑞敏，肖继波等. 曝气生物滤池—纳滤深度处理印染废水的研究［J］. 中国给排水，2007，23（15）：69～72.

［97］ Schoeberl P. Treatment and recycling of textile wastewater-case study and development of recycling concept［J］. Desalination，2005，171（2）：173～183.

［98］ Brik M，Schoeberl P，Chanmam B，et al. Advanced treatment of textile wastewater towards reuse using a menmbrance bioreactor［J］. Process Biochemistry，2006，41：1751～1757.

［99］ Rozzi A. Textile wastewater reuse in northern Italy（COMO）［J］. water science and technology，1999，39（5）：121～128.

［100］ 周军，方少明，张宏忠，等. 反渗透膜在水处理中的研究进展叨. 过滤与分离，2006，16（2）：12～15.

［101］ Marcucci M，Nosenzo G，Capannelli G，et al. Treatment and reuse of textile effluents based on new ultrafiltration and other membrane technologies［J］. Desalination，2001，138：75～82.

［102］ 卢徐节，朱华土，裘伟民. 预处理/反渗透耦合工艺深度处理印染废水［J］. 中国给水排水，2010，26（14）：116～118.

［103］ 张景，曹占平. 印染废水处理及回用实例［J］. 给水排水，2002，33（8）：65～67.

［104］ 戴海平，孙芳，李静，张惠新，杜启云. 反渗透膜处理工业废水工艺中 CaSO4 结垢问题研究［J］. 天津工业大学学报，2003，22（6）：12～14.

［105］ 郑鸿，叶永安. 反渗透膜的污染机理及危害［J］. 膜科学与技术，1990，（4）：45～48.

［106］ 金熙，项成林. 工业水处理技术问答及常用数据［M］. 北京：化学工业出社，1997.

［107］ Nakatsuka S，Nakate I. Drinking water treatment by using ultrafiltration hollow fiber membranes［J］. Desalination，1996，106（2）：55～61.

［108］ Moshe Herzberg，David Berry，Lutgarde Raskin. Impact of microfiltration treatment of secondary wastewater effluent on biofouling of reverse osmosis membranes［J］. water research，2010，44：167～176.

［109］ Ang，W. S.，Lee，S.，Elimelech，M.，2006. Chemical and physical aspects of cleaning of organic-fouled reverse osmosis membranes. ［J］. Memb. Sci. 272 (1-2)，198～210.

［110］ 邱实，吴礼光，张林，等. 纳滤分离机理［J］. 水处理技术，2009，35（1）：15～19.

［111］ 周勇，潘巧明，郑根江. 芳香聚酰胺类反渗透膜的研究进展［J］. 水处理技术，2009，35（1）：5～9.

［112］ 余跃，冯晖，吴沪宁，等. 纳滤膜处理印染废水的研究啊. 化工时刊，2004，18（9）：26-29.

［113］ 王希辉，滕子峰等. 超滤和反渗透双膜工艺在印染废水回用中的应用［J］. 山东纺织科技，2009，3：24～27.

［114］ 华耀祖. 超滤技术与应用［M］. 北京：化学工业出版社，2004.

[115] 时均，袁权，高从锴. 膜技术手册 [M]. 北京：化学工业出版社，2001：247～332.

[116] 俞三传，高从锴. 纳滤膜技术和微污染水处理 [J]. 水处理技术，2005，31 (9)：6～9.

[117] 沈江南，阮慧敏，汪华明，薛幼江等. 集成膜技术处理微污染水的工艺研究 [J]，水处理技术，2010，36 (3)：96～98.

[118] 陈建波，陈浩，反中超，金丹. 膜法技术在印染废水深度处理中的应用研究 [J]. 装备环境工程，2011，8 (1)：97～100.

[119] 曾杭成，张国亮，孟琴，陈金媛，王岐东. 超滤/反渗透双膜技术深度处理印染废水 [J]. 环境工程学报，2008，2 (8)：1021～1025.

[120] Riera-Torres M，Gutierrez-Bouzan C，Crespi M. Combination of coagulation-flocculation and nanofilteration techniques for dye removal and water reuse in textile effluwnts [J]. Desalination，2010，252：53～59.

[121] 张继伟，曾抗成，张国亮等. 絮凝—超滤组合工艺深度处理印染废水及阻力分析 [J]. 水处理技术，2009，35 (11)：84～88.

[122] 夏四清，童浩，李继香，徐胜男等. 在线混凝—超滤—反渗透组合工艺处理 MBR 出水的中试研究 [J]. 给水排水，2008，34 (12)：31～35.

[123] M Scholz，R J M artin. Ecological equilibrium on biological activated carbon [J]. Water Science and Technology，1997，31 (12)：2959～2968.

[124] 尤勇，任红强，严永红. BAF/UF/RO 联合工艺深度处理印染废水中试 [J]. 中国给水排水，2006，22 (21)：82～84.

[125] 刘玲，陈士明. 不同预处理方式对超滤膜深度处理印染废水效能影响的研究 [J]. 工业用水与废水，2010，41 (4)：24～26.

[126] Lahoussinc-Turcaud V，Wiesner M，Bottero J. Fouling in tangential-flow ultrafiltration：the effect of colloid size and coagulation pre treatment. Journal of Membrane Science，1990，52：173～190.

[127] 李富祥，李雪铭. 微絮凝-超滤-膜系统深度处理印染废水 [J]. 环境工程学报，2010，4 (3)：607～610.

[128] 董佳，黄瑞敏，高武龙. BAF-微絮凝工艺用于印染废水回用预处理 [J]. 工业用水与废水，2008，39 (5)：45～47.

[129] Amit Sonune，Rupali Ghate. Devel opments in wastewater treatment methods [J]. Desalination，2004，167：55～63.

[130] 韩剑宏，于玲红. 中水回用技术及工程实例 [M]. 北京：化学工业出版社，2006. 196～198.

[131] 闫昭辉，董秉直. 混凝/超滤处理微污染原水的试验研究 [J]. 净水技术，2006，24 (6)：9～11.

[132] TRAN T，BOLTO B，GRAY S，et al. An autopsy study of a fouled reverse osmosis membrance element used in a brackish water treatment plant [J]. Water Research，2007，41 (17)：3915～3923.

[133] Katsoufidou K，Yiantsios SG，Karabelas A J. A study of ultrafiltration membrane fouling by humic acids and flux recovery by backwashing：Experiments and modeling [J]. J. Membr. Sci，2005，266 (1-2)：40～50.

[134] Wong S，Hanna J V，King S et al. Fractionation of nature organic matter in drinking water and characterization by cross-polazation magic-angle spinning NMR spectroscopy and size

exclution chromatography [J]. Environ. Sci. Technol, 2002, 36 (16): 3497~3503.

[135] 鲁胜，杨俊，丁艳华，曾庆福. 印染废水处理回用现状 [J]. 纺织科技进展，2009，4：16~18.

[136] 谭万春，粮友明，王云波，王秋云. 混凝-Fenton 试剂对印染废水的处理 [J]. 长沙理工大学学报（自然科学版），2010，7 (1)：87~91.

[137] 雷乐成，杨岳平，汪大翚，等. 污水回用新技术及工程设计 [M]. 北京：化学工业出版社，2002.

[138] 毛艳梅，奚旦立. 混凝—动态膜深度处理印染废水 [J]. 印染，2006，32 (8)：8~11.

[139] 蒋绍阶，刘宗源. UV254 作为水处理中有机物控制指标的意义. 重庆建筑大学学报，2002，24 (2)：61~65.

[140] 胡静，张林生. 生物活性炭技术在欧洲水处理中的应用研究与发展 [J]. 环境技术，2002，2 (3)：33~37.

[141] 吴火焰，汪永辉. 曝气生物滤池处理印染废水挂膜启动研究 [J]. 工业用水与废水，2010，41 (1)：50~53.

[142] 贾跃然，代学民，高品. 生物活性炭深度处理印染废水研究 [J]. 河北建筑工程学院学报，2008，26 (3)：43~46.

[143] KunML，StenselHD. Aeration and substrate utilization in a sparged Paeked-bed biofilm reactor [J]. WPCF. 1986. 58 (11)：1066~1073.

[144] 马迎霞. 曝气生物滤池-超滤（BAF-UF）组合工艺处理二级出水试验研究 [D]. 西安科技大学，2009.

[145] 傅平青. 水环境中的溶解有机质及其与金属离子的相互作用——荧光光谱学研究 [D]. 北京：中国科学院研究生院. 2004：9.

[146] BAKER A，CURRY M. nuorescence of leachates from three contrasting landfills [J]. Water Research，2004，38：. 2605~2613.

[147] 史骏. 城市污水污泥处理处置系统的技术经济分析与评价 [J]. 给水排水，2009 (8)：32~35.

[148] 余杰，田宁宁，王凯军，等. 中国城市污水处理厂污泥处理、处置问题探讨分析 [J]. 环境工程学报，2007，1 (1)：82~86.

[149] Koenig A，Kay J N，Wan I M. Physical properties of dewatered wastewater sludge for land-filling [J]. Water Science and Technology，1996，34 (3-4)：533~540.

[150] 李金红，何群彪. 欧洲污泥处理处置概况 [J]. 中国给水排水，2005，21 (1)：101~103.

[151] 廖艳芬，漆雅庆，马晓茜. 城市污水污泥焚烧处理环境影响分析 [J]. 环境科学学报，2009 (11)：2359~2365.

[152] Martínez-García C，Eliche-Quesada D，Pérez-Villarejo L，et al. Sludge valorization from wastewater treatment plant to its application on the ceramic industry [J]. Journal of Environmental Management，2012，95，Supplement：S343~S348.

[153] 杨雷，罗树琼，张印民. 利用城市污泥烧制页岩陶粒 [J]. 环境工程学报，2010，4 (5)：1177~1180.

[154] 王兴润，金宜英，杜欣，等. 城市污水处理厂污泥烧结制陶粒的可行性研究 [J]. 中国给水排水，2007，23 (7)：11~15.

[155] 汪靓，朱南文，张善发，等. 污泥建材利用现状及前景探讨 [J]. 给水排水，2005 (3)：40~44.

[156] 何必繁，王里奥，黄川，等. 弧叶型旋转窑烧制污泥陶粒实验研究 [J]. 环境工程学报，2011，5（4）：909~916.

[157] 刘贵云. 河道底泥资源化—新型陶粒滤料的研制及其应用研究 [D]. 东华大学，2002.

[158] 潘嘉芬，冯雪冬. 利用河道淤泥等固体废弃物制备水处理多孔陶粒滤料试验研究 [J]. 非金属矿，2010（6）：68~71.

[159] Liao Y，Huang C. Effects of CaO addition on lightweight aggregates produced from water reservoir sediment [J]. Construction and Building Materials，2011，25（6）：2997~3002.

[160] Pinto P X，Al-Abed S R，Barth E，et al. Environmental impact of the use of contaminated sediments as partial replacement of the aggregate used in road construction [J]. Journal of Hazardous Materials，2011，189（1-2）：546~555.

[161] Monteiro S N，Alexandre J，Margem J I，et al. Incorporation of sludge waste from water treatment plant into red ceramic [J]. Construction and Building Materials，2008，22（6）：1281~1287.

[162] Han S，Yue Q，Yue M，et al. The characteristics and application of sludge-fly ash ceramic particles （SFCP） as novel filter media [J]. Journal of Hazardous Materials，2009，171（1-3）：809~814.

[163] Wang K，Tseng C，Chiou I，et al. The thermal conductivity mechanism of sewage sludge ash lightweight materials [J]. Cement and Concrete Research，2005，35（4）：803~809.

[164] Xu G R，Zou J L，Li G B. Effect of sintering temperature on the characteristics of sludgeceramsite [J]. Journal of Hazardous Materials，2008，150（2）：394~400.

[165] Tay J，Show K. Resource recovery of sludge as a building and construction material—A future trend in sludge management [J]. Water Science and Technology，1997，36（11）：259~266.

[166] Basegio T，Berutti F，Bernardes A，et al. Environmental and technical aspects of the utilisation of tannery sludge as a raw material for clay products [J]. Journal of the European Ceramic Society，2002，22（13）：2251~2259.

[167] Wiebusch B，Seyfried C F. Utilization of sewage sludge ashes in the brick and tile industry [J]. Water Science and Technology，1997，36（11）：251~258.

[168] 齐元峰，岳钦艳，岳敏，等. 用于水处理填料的超轻污泥-粉煤灰陶粒的研制 [J]. 功能材料，2010（6）：1097~1101.

[169] 高振华，郭玉顺，木村薰，等. 高性能轻骨料的生产、性能及其成因剖析 [J]. 混凝土，2001（2）：3~6.

[170] 闫振甲，何艳君. 陶粒生产实用技术 [M]. 北京：化学工业出版社，2006.

[171] 王兴润，金宜英，聂永丰，等. 污泥制陶粒技术可行性分析与烧结机理研究 [J]. 环境科学研究，2008，21（6）：80~84.

[172] 黄川，黄晶，王里奥，等. 采用配方均匀设计法利用脱水污泥制备陶粒的研究 [J]. 环境工程学报，2010，4（4）：919~925.

[173] Tsai C，Wang K，Chiou I. Effect of SiO2-Al2O3-flux ratio change on the bloating characteristics of lightweight aggregate material produced from recycled sewage sludge [J]. Journal of Hazardous Materials，2006，134（1-3）：87~93.

[174] Cusidó J A，Soriano C. Valorization of pellets from municipal WWTP sludge in lightweight clay ceramics [J]. Waste Management，2011，31（6）：1372~1380.

[175] Cheeseman C R，Sollars C J，Mcentee S. Properties，microstructure and leaching of sintered sewage sludge ash [J]. Resources，Conservation and Recycling，2003，40（1）：13～25.

[176] Laursen K，White T J，Cresswell D J F，et al. Recycling of an industrial sludge and marine clay as light-weight aggregates [J]. Journal of Environmental Management，2006，80（3）：208～213.

[177] 何品晶，顾国维，邵立明，等. 污水污泥低温热解处理技术研究 [J]. 中国环境科学，1996，16（4）：254～257.

[178] 王兴润，金宜英，王志玉，等. 应用 TGA-FTIR 研究不同来源污泥的燃烧和热解特性 [J]. 燃料化学学报，2007，35（1）：27～31.

[179] Mun K J. Development and tests of lightweight aggregate using sewage sludge for nonstructural concrete [J]. Construction and Building Materials，2007，21（7）：1583～1588.

[180] Klimesch D S，Ray A. DTA-TGA of unstirred autoclaved metakaolin-lime-quartz slurries [J]. The formation of hydrogarnet. Thermochimica Acta，1998，316（2）：149～154.

[181] Qi Y，Yue Q，Han S，et al. Preparation and mechanism of ultra-lightweight ceramics produced from sewage sludge [J]. Journal of Hazardous Materials，2010，176（1-3）：76～84.

[182] Chiou I，Wang K，Chen C，et al. Lightweight aggregate made from sewage sludge and incinerated ash [J]. Waste Management，2006，26（12）：1453～1461.

[183] Furlani E，Tonello G，Maschio S，et al. Sintering and characterisation of ceramics containing paper sludge，glass cullet and different types of clayey materials [J]. Ceramics International，2011，37（4）：1293～1299.

[184] 刘贵云，奚旦立. 利用河道底泥制备陶粒的试验研究 [J]. 东华大学学报（自然科学版），2003（4）：81～83.

[185] 刘瓒. 污泥干燥处理中典型恶臭的释放特点 [D]. 浙江大学，2007.

[186] 李国昌，王萍. 优质页岩陶粒滤料的制备与基本性能研究 [J]. 环境工程学报，2007（6）：123～129.

[187] Lin K，Chiang K，Lin D. Effect of heating temperature on the sintering characteristics of sewage sludge ash [J]. Journal of Hazardous Materials，2006，128（2-3）：175～181.

[188] Wang X，Jin Y，Wang Z，et al. Development of lightweight aggregate from dry sewage sludge and coal ash [J]. Waste Management，2009，29（4）：1330～1335.

[189] Montero M A，Jordán M M，Hernández-Crespo M S，et al. The use of sewage sludge and marble residues in the manufacture of ceramic tile bodies [J]. Applied Clay Science，2009，46（4）：404～408.

[190] Wang X，Jin Y，Wang Z，et al. A research on sintering characteristics and mechanisms of dried sewage sludge [J]. Journal of Hazardous Materials，2008，160（2-3）：489～494.

[191] 关艳艳，佘宗莲，周艳丽等. 人工湿地处理污染河水的研究进展 [J]. 水处理技术，2010，36（10）：10～15.

[192] 刘波，王国祥，王风贺等. 不同曝气方式对城市重污染河道水体氮素迁移与转化的影响 [J]. 环境科学，2011，32（10）：2971～2977.

[193] 赵振华，阮晓红，刑雅囡等. 城市重污染河道水质及底栖附泥藻类生态特征 [J]. 环境工程，2009，30（12）：3579～3584.

[194] 胡洪营，何苗. 污染河流水质净化与生态修复技术及集成化策略 [J]. 给水排水，2005，31（4）：1～9.

[195] Butera. Bob，et al. Urban stream restoration in Anehorage，Alaska. Proeeedings of the ASCE Wetlands Engineering River RestorationConference [J]. 1998，Mar：22～27.

[196] 夏宏生，向欣. 城市道路降雨径流中悬浮颗粒特性及其全过程削减探讨 [J]. 环境科学与管理. 2009，34 (5)：34～37.

[197] 毛益飞，朱培梁，吴红梅. 城市河道水环境现状分析及改善措施探讨 [J]. 浙江水利水电专科学校学报，2009，21 (1)：65～67.

[198] 严展悦，葛建保，河流水污染控制技术探究—以城市河流为例. 科协论坛（下半月），2010 (02)：125～126.

[199] 骆其金，谌建宇，许振成等. 曝气生态浮床/PRB组合工艺净化重污染河水研究 [J]. 中国给水排水，2009，25 (23)：22～24.

[200] 郑剑锋，罗固源. 低温下生态浮床净化重污染河水的研究 [J]. 中国给水排水，2008，24 (21)：17～20.

[201] 边博，朱伟，黄峰等. 镇江城市降雨径流营养盐污染特征研究 [J]. 环境科学，2008，29 (1)：19～25.

[202] 杜耘，陈萍等. 洪湖水环境现状及主导因子分析 [J]. 长江流域资源与环境，2005，14 (4)：481～485.

[203] 逢勇，姚琪，褚君达. 太湖地区河网水体石油类浓度预测 [J]. 湖泊科学，1997，9 (4)：374～376.

[204] 王玉芬，乔锁田. 黄河水中石油类污染物质的活性炭吸附处理初探 [J]. 山西建筑，1999，2：153～155.

[205] 李玉美，班睿. 贵阳市花溪河水体及沉积物中多氯联苯的污染状况研究 [J]. 安徽农业科学，2011，39 (15)：9185～9186.

[206] 管玉峰，涂秀云. 珠江入海口水体中多氯联苯的分布特征及其来源分析 [J]. 环境科学研究. 2011，24 (8)：865～872.

[207] 聂湘平，蓝崇钰，栾天罡. 珠江广州段水体、沉积物及底栖生物中的多氯联苯 [J]. 中国环境科学，2001，21 (5)：417～421.

[208] 程永前，蒋大和，马红梅. 常州市河流重金属污染评价 [J]. 环境保护科学，2007，33 (2)：417～421.

[209] 陈伟，叶舜涛，张明. 苏州河河道曝气复氧探讨 [J]. 给水排水，2001，27 (4)：76～78.

[210] 张闯，陶涛，李尔. 佛山水道及其支涌复氧试验研究 [J]. 工业安全与环保，2005，31 (11)：17～20.

[211] 李开明，刘军，刘斌等. 黑臭河道生物修复中3种不同增氧方式比较研究 [J]. 生态环境，2005，14 (6)：816～821.

[212] 刘延恺等. 河道曝气法—适合我国国情的环境污水处理工艺 [J]. 环境污染与防治，1994，16 (1)：22～25.

[213] 熊万永，李玉林. 人工曝气生态净化系统治理黑臭河流的原理及应用 [J]. 四川环境，2004，23 (2)：34～36.

[214] 凌晖等. 纯氧曝气在污水处理和河道复氧中的应用 [J]. 中国给水排水. 1999，15 (8)：49～51.

[215] Griffith I. M. Lloyd P. J. Mobile Oxygenation in the Thames Estuary，EFFLUENT AND TREATMENT JOURNAL，1985 (5)：165～169.

[216] Gray R. Rogers. Water Quality Management at Santa Cruz Harbor. Aire-O$_2$ News，1990，

7 (1): 4-5, 8.

[217] Aeration Industries Intl Inc., USA Company Plays Key Role Water Clean Up Eorldwide Aire-O₂ News, 1990, 7 (1): 2～3.

[218] BrettL Valle Gregory B Pastemack. TDR measurements of hydraulic jump aeration in the South Fork of the American River, California [J]. Geomorphology, 2002, 42 (1): 153～165.

[219] Palermo M, Francingues N, Averett D. Environmental Dredging and Disposal-Overview and Case Studies [J]. Proceedings, National Conference on Management and Treatment of Contaminated Sediments US Environmental Protection Agency, Office of Research and Development, Washington DC EPA, 1998, 625: 65～71.

[220] Herbich J B, Brahme S B. Literature review and technical evaluation of sediment resuspensionduring dredging [M]. Ocean and Hydraulic Engineering Group. Texas A and M University. College Station, 1983.

[221] Oglesby R. Effects of controlled nutrient dilution on the eutrophication of a lake [J]. National Academy of Science, 1969, 483～493.

[222] Welch E B, Barbiero R P, Bouchard D, et al. Lake trophic state change and constant algal composition following dilution and diversion [J]. Ecological Engineering, 1992, 1: 173～197.

[223] 董秉直, 曹达文, 范瑾初. 膜技术应用于净水处理的研究和现状 [J]. 给水排水, 1999, 25 (1): 28～31.

[224] 夏圣骥. 超滤膜净化水库水试验研究 [J]. 膜科学与技术, 2006, 26 (2): 56～59.

[225] 龚海宁. 超滤膜处理淮河水工艺研究 [D]. 上海: 同济大学, 2003.

[226] 王晓昌, 王锦. 混凝—超滤去除腐殖酸的试验研究 [J]. 中国给水排水, 2002, 18 (3): 18～22.

[227] Kunikane S, et al. A comparative study on the application of membrane technology to the public water supply [J]. Journal of Membrane Science, 1995, 102 (1): 149～154.

[228] 陈治安, 刘通, 尹华升. 超滤在饮用水处理中的应用和研究进展 [J]. 工业用水与废水, 2006, 37 (3): 7～10.

[229] 董秉直, 曹达文, 龚海宁, 范瑾初. 混凝和超滤膜联用处理淮河水的中试试验 [J]. 水处理技术. 2004, 30 (6): 356～358.

[230] Botes J P, Jacobs E P, Bradshaw S M. Long-term evaluation of a UF pilot plant for potable water production [J]. Desalination, 115: 229～238.

[231] 李玥. 浸入式微滤工艺处理滦河水的中试研究 [D]. 天津: 天津城市建设学院, 2008.

[232] 向平. 超滤膜去除饮用水中污染物的试验研究 [D]. 重庆: 重庆大学, 2004.

[233] Klaus Hagen. Removal of particales, bacteria and parasites with ultrafiltration for drinking-water treatment [J]. Desalination, 1998, 119 (2): 85～91.

[234] 吴光, 邱广明, 陈翠仙. 超滤膜法城市污水深度处理中水回用中试实验研究 [J]. 膜科学与技术, 2004, 24 (1): 40～43.

[235] Jan Vymazal. Horizontal sub-surface flow and hybrid constructed wetlands systems for wastewater treatment [J]. Ecological Engineering, 2005, 25 (7): 478～490.

[236] Greiner, R. W.; de Jong, J. The Use of Marsh Plants for the Treatment of Waste Water in Areas Designated for Recreationand Tourism; Report No. 225; RIJP: Lelystad, The Neth-

erlands，1984.

[237] Boutin，C. Domestic wastewater treatment in tanks planted with rooted macrophytes：case study，description of the system，design criteria，and efficiency. Water Sci. Technol. 1987，19 (10)：29～40.

[238] Stewart，E. A.，Ⅲ；Haselow，D. L.；Wyse，N. M. Review of operations and performance data of five water hyacinth based treatment systems in Florida. In Aquatic Plants for Water Treatment and Resource Recovery；Reddy，K. R.，Smith，W. H.，Eds.；Magnolia Publishing：Orlando，FL，1987.

[239] JAN VYMAZAL. Constructed Wetlands for Wastewater Treatment：Five Decades of Experience. Environ. Sci. Technol [J]. 2011，45：61～69.

[240] Kadlec，R. H.；Knight，R. L.；Vymazal，J.；Brix，H.；Cooper，P. F.；Haberl，R. Constructed Wetlands for Water Pollution Control：Processes，Performance，Design and Operation；Scientific and Technical Report No. 8；IWA：London，2000.

[241] 白晓慧，王宝贞，余敏，. 人工湿地污水处理技术及其发展应用 [J]. 哈尔滨建筑大学学报，1999，32 (6)：88～92.

[242] 宋新山，张涛，陈燕. 不同布水方式下水平潜流人工湿地的水力效率 [J]. 环境科学学报，2010，30 (1)：117～123.

[243] Kadlec R. H.，Knight R. L. Treatment wetlands [M]. New York：CRC Press，1996.

[244] US EPA. Constructed wetlands and aquatic Plant systems for municipal wastewater treatment manual. Washington，1988：20～52.

[245] 刘雯. 复合人工湿地系统处理生活污水的研究 [D]. 华南农业大学，2004.

[246] 何攀，何凤华，王海燕等. 操作条件对浸没式超滤膜污染影响的中试研究 [J]. 给水排水，2010，36 (3)：12～17.

[247] 倪中华，张鑫杰. 纳米胶体团聚现象的分子动力学模拟 [J]. 中国科学 E 辑：技术科学. 2009，39 (3)：416～422.

[248] 季守峰，李桂春. 超细粉体团聚机理研究进展 [J]. 中国矿业. 2005，15 (8)：54～56.

[249] 谢海林. 垂直潜流人工湿地脱氮机理及效果改善研究 [D]. 同济大学，2007. 钟春欣，张玮. 基于河道治理的河流生态修复 [J]. 水利水电科技进展，2004，24 (3)：12～14.

[250] N J Flynm，D L Snook，A J Wade，et al. Macrophyte and Periphyton dynamics in a UK Cretaceous chalk stream：the River Kennet a tributary of the Thames [J]. The Science of the Total Envirorunent. 2002，28 (3)：143～157.

[251] H P Jarvie，C neal，A Warwick，et al. Phosphorus uptake into algal biofilms in a lowland chalk river [J]. The science of the Total Environment，2002. 27 (3)：35～37.

[252] 季永兴，何刚强. 城市河道整治与生态城市建设 [J]，水土保持研究，2004，11 (3)：245～247.

[253] 董哲仁，刘蒨，曾向辉. 受污染水体的生物一生态修复技术 [J]. 水利水电技术 2002，33 (2)：1～4.

[254] Rolf Arands，David Kuczykowski，David Kosson. Process development for remediation of phenolic waste lagoons [J]. Journal of Hazardous Materials，1991，29 (1)：97～125.

[255] 浦德明，何刚强. 城市河道整治与生态城市建设. 江苏水利 [J]. 003，33 (5)：33～36.

[256] Jungwirth M，Muhar S，Schmutz S. Re-establishing and assessing ecological integrity in riverine landscapes [J]. Freshwater Biology，2008，47：867～887.

[257] 朱国平，王秀茹，王敏，等. 城市河流的近自然综合治理研究进展 [J]. 中国水土保持科学，2006，4 (1)：92～97.

[258] Church M. Geomorphic thresholds in riverine landscapes [J]. Freshwater Biology，2002，47：541～557.

[259] 黄文成. 沉水植物在治理滇池草海污染中的作用 [J]. 植物资源与环境学报，1994，(4)：29～33.

[260] 赵艳锋. 朱瑕，李伟玲. 人工湿地净化处理废水的机理探讨与效果研究闭. 环境科学与管理，2007，32 (4)：87～91.

[261] 郝桂玉，黄民生，徐亚同. 生物修复原理及其在黑臭水体治理中的应用 [J]. 净水技术，2002，23 (2)：40～43.

[262] Baron J S，Poff N L，Angermeier P L. Melting ecological and societal needs for Ecological Applications [J]，2002，12 (5)：1247～1260.

[263] 濮培民，王国祥，李正魁. 健康水生态系统的退化及其修复—理论、技术及应用 [J]. 湖泊科学，2001，13 (3)：193～203.

[264] 杨健强. 滇池污染的治理和生态保护 [J]. 水利学报，2001，(5)：17～21.

[265] 陈德超，李香萍，杨吉山，等. 上海城市化进程中的河网水系的演化 [J]. 城市问题，2002，(5)：31～35.

[266] 程江，杨凯，赵军，等. 上海中心城区河流水系百年变化及影响因素分析 [J]. 地理科学学，2007，27 (1)：85～91.

[267] 云烨，程薇，吴健平. 上海市中心城区近百年来水系演变研究 [J]. 华东师范大学学报（自然科学版），2009，6：119～127.

[268] 孟飞，刘敏，吴健平，高强度人类活动下河网水系时空变化分析—以浦东新区为例 [J]. 资源科学，2005，27 (6)：156～161.

[269] 杨凯，袁雯，赵军，等. 感潮河网地区水系结构特征及城市化响应 [J]，地理学报，2004，59 (4)：557～564.

[270] 袁雯，杨凯，吴建平. 城市化进程中平原河网地区河流结构特征及其分类方法探讨 [J]. 地理科学，2007，27 (3)：401～407.

[271] Strahler A N. Hypsometric Analysis of Erosional Topography [J]. Geol. Soc. Amer. Bull，1952，63 (11)：1117～1142.

[272] 周洪建，史培军，王静爱，等. 近30年来深圳河网变化及其生态效应分析 [J]. 地理学报，2008，63 (9)：969～980.

[273] 卢士强，徐祖信. 平原河网水动力模型及其求解方法探讨 [J]. 水资源保护，2003，3：5～8.

[274] 徐一剑，曾思育，张天柱. 基于不确定性分析框架的动态环状河网水质模型——以温州市温瑞塘河为例 [J]. 水科学进展，2005，(4)：35～39.

[275] 曾凡棠，黄水祥. 珠江三角洲潮汐河网水环境数学模型评述 [J]. 海洋环境科学，2000，19，(4)：46～50.

[276] 张明亮，沈永明. 河网水动力及综合水质模型的研究 [J]. 中国工程科学，2008. 10 (10)：78～83.

[277] Singh H. Construction and Application of a Water Quality Model of the Upper Blackfoot River Basin in the Caribou National Forest，Idaho. National Technical Information Service Doctor Dissertation，1979.

[278] Xie Yongming，Biswas N. River network model and parameter estimation [J]. International

Journal of Environmental Studies. 1994，46（2-3）：103～114.

[279] Vega，M.，Pardo，R.，Barrado，E.，et al. Assessment of seasonal and polluting effects on the quality of river water by exploratory data analysis [J]. Water Research，1998，32：3581～3592.

[280] Singh，K. P.，Malik，A.，Mohan，D.，et al. Multivariate statistical techniques for the evaluation of spatial and temporal variations in water quality of Gomti River（India）-a case study [J]. Water Research，2004，38：3980～3992.

[281] Singh，K. P.，Malik，A.，Sinha，S.，Water quality assessment and apportionment of pollution sources of Gomti River（India）using multivariate statistical techniques：a case study [J]. Analytical Chimica Acta，2005，538：355～374.

[282] Kannel，P. R.，Lee，S.，Kanel，S. R.，et al. Chemometric application in classification and assessment of monitoring locations of an urban river system [J]. Analytica Chimica Acta，2007，582：390～399.

[283] Brown，C.. Applied Multivariate Statistics in Geohydrology and Related Sciences [M]. first ed. Springer. Berlin，1998.

[284] 周丰，郝泽嘉，郭怀成. 香港东部近海水质时空分布模式 [J]. 环境科学学报，2007，27（9）：1517～1524.

[285] 邹海明，蒋良富，李粉茹. 2004年淮河流域水质状况和聚类分析 [J]. 水资源保护，2007，23（1）：60～62.

[286] Pekey，H.，Karakas，D.，Bakoglu，M. Source apportionment of trace metals in surface waters of a polluted stream using multivariate statistical analyses [J]. Marine Pollution Bulletin，2004，49：809～818.

[287] Zhou，F.，Huang，G. H.，Guo，H. C.，et al. Spatio-temporal patterns and source apportionment of coastal water pollution in eastern Hong Kong [J]. Water Research，2007，41：3429～3439.

[288] Zhang，M. K.，He，Z. L.，Calvert，D. V.，et al. Spatial and temporal variations of water quality in drainage ditches within vegetablefarms and citrus groves [J]. Agricultural Water Management，2004，65：39～57.

[289] 刘义，陈劲松，刘庆，等. 土壤硝化和反硝化作用及影响因素研究进展 [J]. 四川林业科技，2006，27（2）：36～41.

[290] 严登华，何岩，邓伟，等. 东辽河流域地表水水质空间格局演化 [J]. 中国环境科学，2001，21（6）：564～568.

[291] 张明亮，沈永明. 河网水动力及综合水质模型的研究. 中国工程科学 [J]，2008. 10（10）：78～83.

[292] 李继选，王军. 水环境数学模型研究进展. 水资源保护 [J]，2006，22（1）：9～14.

[293] 韩龙喜，张书农，金忠青. 复杂河网非恒定流计算模型—单元划分法. 水利学报 [J]，1994，2：52～57.

[294] 徐祖信，廖振良. 水质数学模型研究的发展阶段与空间层次. 上海环境科学 [J]，2003，22（2）：79～87.

[295] 雷四华. 平原河网地区水流模型及其在水资源调度中的应用 [D]. 南京：河海大学，2007.

[296] 南岚. GIS在平原河网水动力模型中的应用 [D]. 南京：河海大学，2005.

[297] 李正最. 水位流量关系分析中落差指数的直接解算方法. 水电站设计 [J]，2001，17（3）：

6～8.

[298] 何菊梅. 水位流量关系的确定方法及误差检验. 水利科技与经济 [J]，2008，14 (9)：700～701.

[299] 杨卫东，李伟娟. 南宁站洪水期水位流量关系曲线的直接拟合. 广西水利水电 [J]，2003，(3)：15～20.

[300] 门玉丽，夏军，叶爱中. 水位流量关系曲线的理论求解研究. 水文 [J]，2009，29 (1)：1～4.

[301] 徐祖信，尹海龙. 黄浦江水环境模拟计算边界条件影响分析. 同济大学学报（自然科学版）[J]，2006，34 (1)：56～61.

[302] 杨松彬，董志勇. 河网概化密度对平原河网水动力模型的影响研究. 浙江工业大学学报 [J]，2007，35 (5)：567～570.

[303] Robert V. Thomann. Verification of Water Quality Models. Journal of the Environmental Engineering Division，Proceeding of the American Society of Civil Engineers，1982，108 (EE5)：923～940.

[304] 汪健，张智勇. 南方平原河网中小城镇水系规划建设思路探讨 [J]. 水利发展研究. 2011，(3)：43～46.

[305] 王柳艳，许有鹏，余铭婧. 城镇化对太湖平原河网的影响—以太湖流域武澄锡虞区为例 [J]. 长江流域资源与环境 [J]. 2012. 21 (2)：151～156.

[306] 杨凯. 平原河网地区水系结构特征及城市化响应研究 [D]. 上海：华东师范大学 2006.

[307] 张周良，刘少宾. 中国的网状河流体系. 应用基础与工程科学学报 [J]，1994，2 (2-3)：204～212.

[308] 袁雯，杨凯，吴建平. 城市化进程中平原河网地区河流结构特征及其分类方法探讨 [J]. 地理科学. 2007 (3)：401～407.

[309] 张凯松，周启星，孙铁珩. 城镇生活污水处理技术研究进展 [J]. 世界科技研究与发展. 2003，25 (5)：5～10.

[310] 黄静. 城市水景观体系规划研究 [D]. 南京：南京林业大学. 2013.